普通高等教育"十一五"国家级规划教材

高 等 教 育 文 科 教 材

（第四版）

杨辛 甘霖 ◎等著

图书在版编目(CIP)数据

美学原理/杨辛等著. —4 版. —北京:北京大学出版社,2010.11
ISBN 978-7-301-17778-5

Ⅰ.①美… Ⅱ.①杨… Ⅲ.①美学理论-高等学校-教材 Ⅳ.①B83-0

中国版本图书馆 CIP 数据核字(2010)第 176414 号

书　　　　名：	美学原理(第四版)
著作责任者：	杨　辛　甘　霖　等著
责　任　编　辑：	倪宇洁　刘金海
标　准　书　号：	ISBN 978-7-301-17778-5/J·0336
出　版　发　行：	北京大学出版社
地　　　　址：	北京市海淀区成府路 205 号　100871
网　　　　址：	http://www.pup.cn
电　　　　话：	邮购部 62752015　发行部 62750672　编辑部 62753121
	出版部 62754962
电　子　邮　箱：	ss@pup.pku.edu.cn
印　　刷　　者：	三河市北燕印装有限公司
经　　销　　者：	新华书店
	965 毫米×1300 毫米　16 开本　23.5 印张　326 千字　彩图 27 幅
	1983 年 7 月第 1 版　2001 年 11 月第 2 版　2003 年 12 月第 3 版
	2010 年 11 月第 4 版　2021 年 1 月第 17 次印刷(总第 62 次印刷)
定　　　　价：	49.00 元

未经许可,不得以任何方式复制或抄袭本书之部分或全部内容。
版权所有,侵权必究
举报电话:010-62752024　电子邮箱:fd@pup.pku.edu.cn

彩图1[意] 达·芬奇《蒙娜丽莎》（油画）

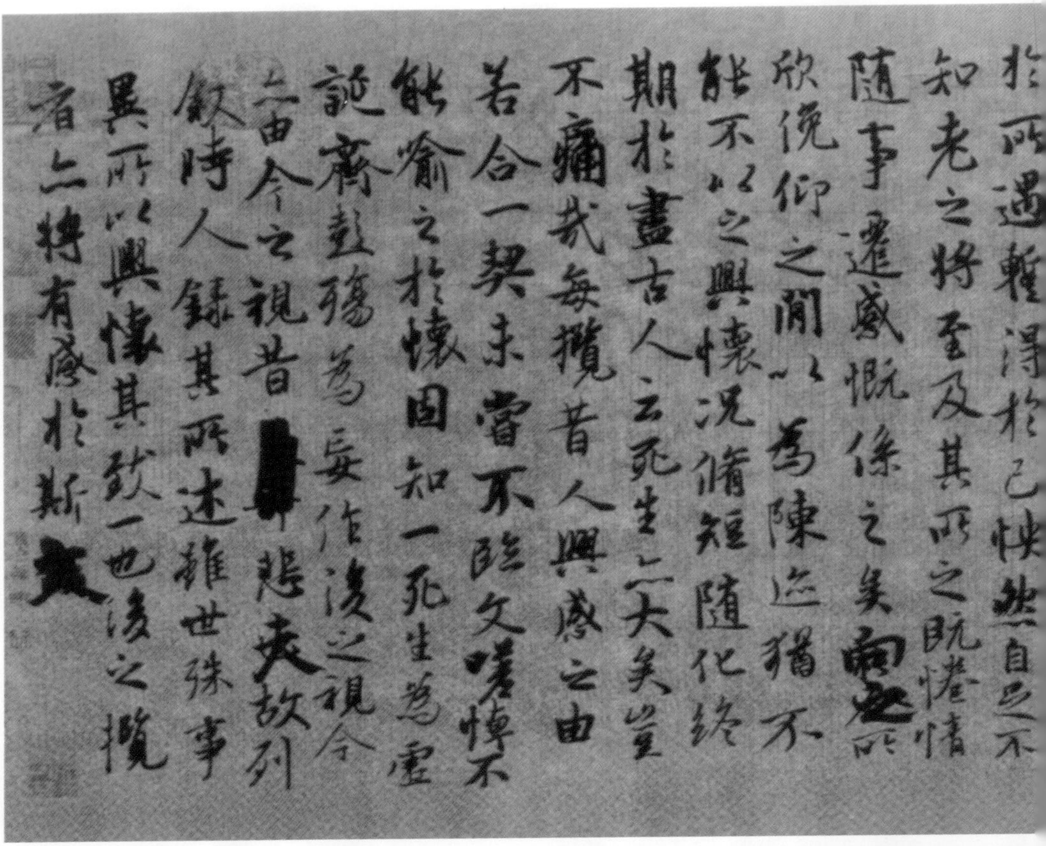

彩图2　东晋·王羲之《兰亭序》（书法）

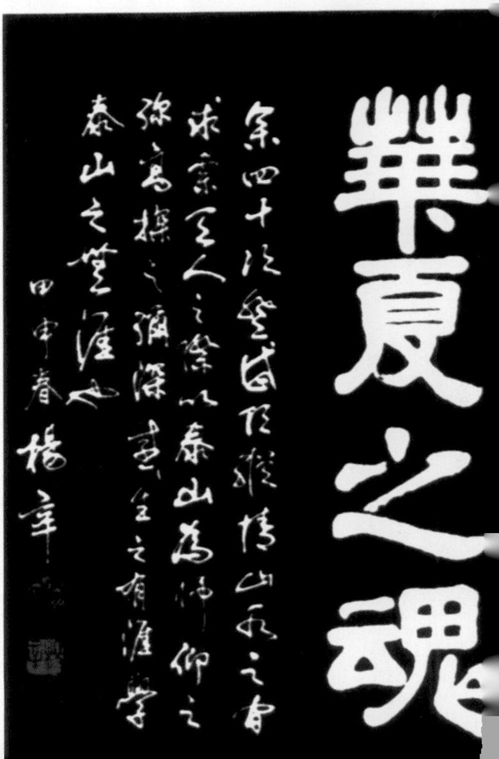

▶ 彩图3　杨辛《泰山颂》（书法）

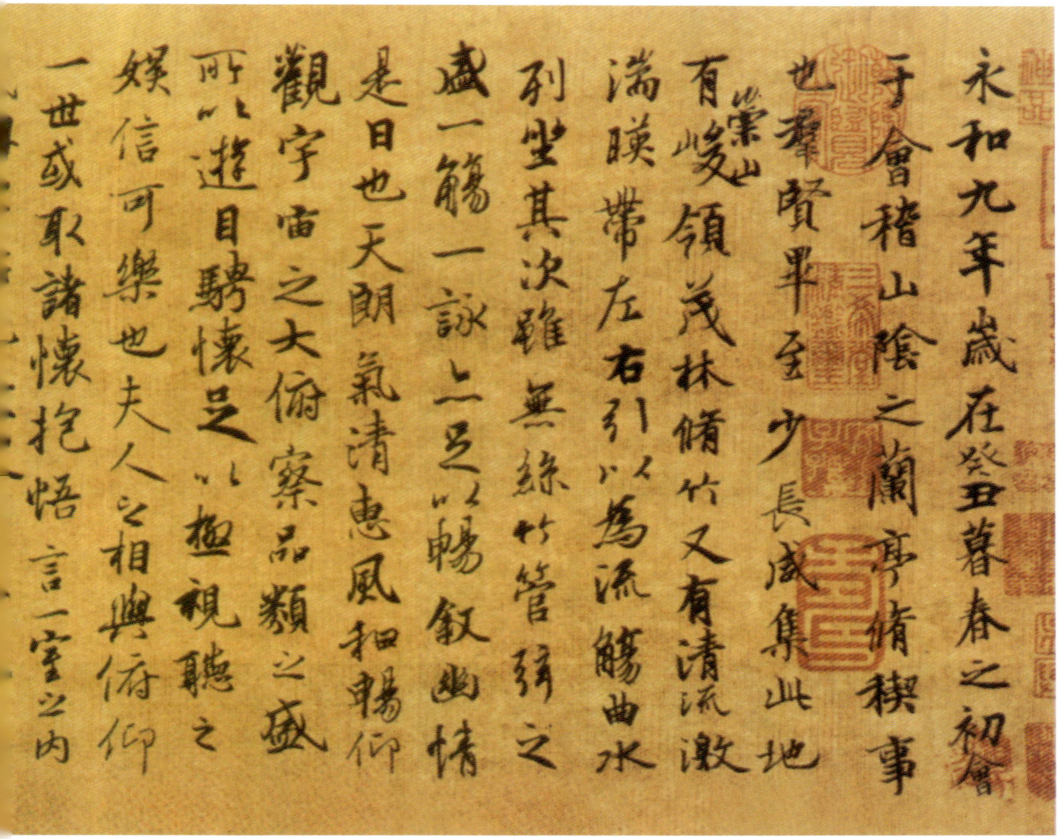

永和九年歲在癸丑暮春之初會
于會稽山陰之蘭亭脩禊事
也群賢畢至少長咸集此地
有崇山峻領茂林脩竹又有清流激
湍暎帶左右引以為流觴曲水
列坐其次雖無絲竹管弦之
盛一觴一詠亦足以暢敘幽情
是日也天朗氣清惠風和暢仰
觀宇宙之大俯察品類之盛
所以遊目騁懷足以極視聽之
娛信可樂也夫人之相與俯仰
一世或取諸懷抱悟言一室之內

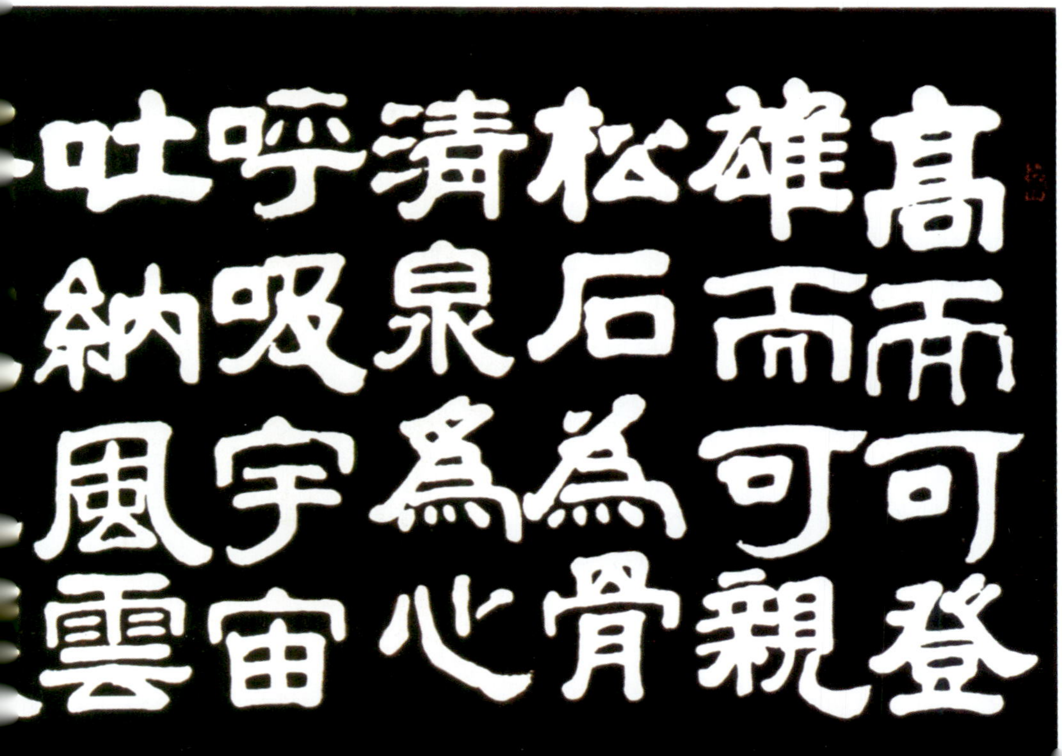

高而可登親骨肉
雄松石為為心
清泉石為為
呼吸宇宙
吐納風雲

彩图4 战国·曾侯乙墓出土《编钟》

彩图5 西汉·双人舞扣饰（青铜器）

彩图6 山东·泰山

彩图7 隋·展子虔《游春图》(国画)

彩图8 敦煌壁画《飞天》

再 版 说 明

《美学原理》自出版以来已经印刷了四十多次，历经时间的磨砺，方见此书在广大读者心目中的地位。作为作者也由衷地感到欣慰，并且非常感谢广大读者对此书的厚爱和信任。

时代在进步，美学也在发展。这源于人类对美的孜孜以求和认识的不断提升。为了适应美学的发展，本书也多次修订。本次为第四次修订，其中第三次修订增加了第十八章科学美，由北京大学原无线电电子学系教授、中国科学院院士吴全德先生撰写，弥补了本书在这方面的空白。吴先生治学严谨、虚怀若谷，在此我们对他为本书做的贡献表示崇高的敬意。

本次修订，得到北京大学哲学系教授、博士生导师朱良志老师的帮助。朱先生美学造诣深厚、成绩斐然，他的帮助，使本书得到进一步充实和完美。在此，对朱良志老师的工作表示衷心的感谢。

对美的追求是无止境的，美学研究也是无止境的。通过丰富美学知识、掌握基本的美学理论，使广大读者，特别是青年学生懂得欣赏美、热爱美、追求美、实践美，是本书的宗旨。如果一个人在青年时期就能树立正确的审美观点，那么，终其一生都是有益的。作者对于美学人生也有很多感悟，此次由于出版时间紧还未来得及加以补充，此一遗憾留待下次再版弥补吧。

诚挚希望广大读者对本书提出宝贵意见，使我们的工作更上层楼。

杨辛　甘霖
2010 年 9 月

目录

第一章 什么是美学 /1

第一节 什么是美学 /1
第二节 为什么学习美学 /9
第三节 怎样学美学 /12

第二章 西方美学史上对美的本质的探讨 /15

第一节 从精神上探索美的根源 /17
第二节 从客观现实、物质属性上探索美的根源 /24
第三节 从社会生活中探索美的根源 /29

第三章 中国美学史上对美的本质的探讨 /33

第一节 结合善(功利)研究美 /33
第二节 结合艺术研究美 /38
第三节 结合现实研究美 /46

第四章 美的本质的初步探索 /52

第一节 美的本质和人的本质、生活的本质的关系 /52
第二节 美的根源在于社会实践 /55
第三节 在自由创造中如何产生美 /57
第四节 美和生活 /62

第五章 真善美和丑 /65

第一节 美和真善的关系 /65
第二节 美和丑 /70
第三节 艺术丑 /78

第六章 美的产生 /84

第一节 从石器的造型上看美的产生 /84
第二节 从古代"美"字的含义看美的产生 /89
第三节 从彩陶造型和纹饰看美的产生 /91

第七章 社会美 /102

第一节 社会美是一种积极的肯定的生活形象 /103
第二节 社会美重在内容 /107

第八章 自然美 /119

第一节 自然美是一定社会实践的产物 /120
第二节 自然美的各种现象及其根源 /126
第三节 自然美重在形式、自然特征的审美意义 /132
第四节 自然美在美育上的意义 /137

第九章 形式美 /140

第一节 什么是形式美 /140
第二节 形式美的主要法则 /142

第十章　艺术美 /155

　　第一节　艺术美是艺术的一种重要特性 /155
　　第二节　艺术美来源于生活 /158
　　第三节　艺术美是艺术家创造性劳动的产物 /165

第十一章　意境与传神 /185

　　第一节　意境 /185
　　第二节　传神 /196

第十二章　艺术的分类及各类艺术的审美特征 /210

　　第一节　艺术分类的原则 /210
　　第二节　各类艺术的审美特征 /212

第十三章　优美与崇高 /229

　　第一节　优美与崇高的对比 /229
　　第二节　美学史上对崇高的探讨 /233
　　第三节　崇高的表现 /240

第十四章　悲剧 /248

　　第一节　悲剧的本质 /248
　　第二节　悲剧的几种类型 /255
　　第三节　悲剧的效果 /261

第十五章　喜剧 /263

第一节　喜剧的本质 /263
第二节　喜剧性艺术的特征是"寓庄于谐" /269
第三节　喜剧形式的多样性 /275

第十六章　美感的社会根源和反映形式的特征 /283

第一节　美感的社会根源 /283
第二节　美感反映形式的特征 /291

第十七章　美感的共性与个性和客观标准 /314

第一节　美感的共性与个性 /314
第二节　美感的客观标准 /321

第十八章　科学美 /328

第一节　科学美的概念 /329
第二节　科学美的客观存在 /331
第三节　科学美在创新知识中的作用 /334
第四节　科学美与艺术美的融合 /339
第五节　科学美随科技进步而发展 /347

结束语 /354

学习文献 /359

插图索引 /361

第一章 什么是美学

美学作为一门社会科学，是在社会的物质生活与精神文化生活的基础上产生和发展起来的。这门科学的渊源可以追溯到早期社会，古代的思想家对美与艺术问题所作的哲学探讨，对艺术实践经验的总结与研究，就是美学思想的起源与萌芽。

第一节 什么是美学

人类社会生活中出现了美，并相应的产生了人对美的主观反映，即美感。随着美和美感的发展，出现了作为审美意识集中表现的艺术，在长期艺术实践的基础上形成了艺术的理论。首先是各个部门艺术的理论，如音乐有乐论、绘画有画论、诗歌有诗论、舞蹈有舞论、书法有书论等等。在这些部门艺术的理论中已经涉及艺术美的本质特征和根源等问题，中国古代乐论早就提出了美在和谐的思想。例如《左传》（昭公十二年）中提出"和"的范畴。"和"与"同"不一样，"同"是单一，"和"是各种对立因素的统一，如音乐中的清浊、大小、短长、疾徐、刚柔等的相反相成，带有朴素的辩证法思想。

中国古代的《乐记》，对音乐的根源、特征、作用都有较系统的论述。在《乐记》中写道："凡音之起，由人心生也。人心之动，物使之然也。"① 意思是音是由人的感情产生的，而感情是外界影响的结果。这里所提的"心"与"物"的关系就带有哲学意味，实际上就是讲主观与客观的关系。《乐记》中的这些思想并不是凭空想出来的，而是对长期的音乐实践经验的总结。《乐记》的著者和成书时间尚有争议，据有的学者考证不会迟于纪元前3世纪的战国末期。从我国出土的文物看在战国初期音乐已发展到相当高的水平。1978年湖北随县出土的战国初期的曾侯乙墓文物，其中有一套编钟（见彩图4），由八组六十五个钟组成，分上中下三层，音色优美，音域很广，可以演奏一些现代的乐曲。中层的三组甬钟音色嘹亮可充当演奏主旋律用，下层的甬钟形大体重，音色深沉浑厚，可以起烘托气氛的作用（上层的纽钟因音列不成音阶结构，作用尚在探讨）。同时出土的还有编磬，三十二件石磬，分两层悬挂，按大小次第排列。随县曾侯乙墓编钟编磬等的发现，象征着中华民族古老而又辉煌的文化艺术。它不仅说明一种音乐理论是在长期音乐艺术实践的基础上形成的，而且具体体现了古代音乐中以和谐为美的思想。

图1.1　凤夔人物

在绘画方面，东晋顾恺之就提出了"以形写神"的理论，以后南齐谢赫又提出以"气韵生动"为中心的"六法"，这是我国古代绘画艺术经验的系统总结。从现在我们可以看到的实物可知，在战国时期人物画就已经发展到相当高的水平，如晚周帛画《凤夔人物》（图1.1）（夔状如龙而无角，一

---

① 北京大学哲学系美学教研室编：《中国美学史资料选编》上，中华书局1980年版（下同），第58页。

足,凤夔象征善与恶的斗争),画中表现了人物祈祷的神态。马王堆出土的帛画,表现了墓主生前雍容华贵、清静怡愉的神情。汉代画像砖弋猎割禾图中,表现了大雁闻声惊惶起飞,人物引弓待发,或仰射或平射,两臂平直刚健有力,人物和大雁的形象神态都很生动(图1.2)。

图1.2 汉画像砖弋猎石

画中所表现的情节是高潮前的一瞬间,能唤起人的丰富联想。顾恺之的绘画,如《洛神赋图》具体地体现了他所提出的"以形写神"的理论(图1.3)。这幅画是依据曹植所作的《洛神赋》中的诗意所作,画中表现的是在一个傍晚日落时分,曹植在洛水河边和美丽的女神宓妃相遇,洛神在水面上飘忽不定,似去还来,体态婀娜,所谓"翩若惊鸿,婉若游龙","若轻云之蔽日,若流风之回雪",而曹植站在岸边,在恍惚中看见江面上的洛神,可望而不可即,流露出一种迷惘的神情。这些作品说明"以形写神"的绘画理论是在丰富的绘画实践的基础上提出来的。

  西方古代美学思想的形成和发展同样是和文艺实践有密切的联系。在古希腊的美学思想中,如柏拉图的《文艺对话集》、亚里士多德的《诗学》和《修辞学》,都是建立在总结以往文艺实践经验的基础之上的。没有古希腊神话、雕刻、史诗和悲剧的繁荣,就不可能产生柏拉图、亚里士多德的美学思想。这些都说明古代美学思想早已存在,虽然

图1.3 洛神赋图（摹本）局部

当时美学尚未成为独立科学。

中国古代对"美"的问题也有不少论述，如孔子、孟子、荀子等都曾谈过美，但总的看来，当时对美的认识和真善尚未明确分开。值得注意的是，在先秦美学思想中，就存在着对美的概念进行深入思考的倾向。如老子曾说："天下皆知美之为美，斯恶已；皆知善之为善，斯不善已。"① 用今天的话说，就是天下人都知道什么是美，这就有丑恶了；天下人都知道什么是善的，这就有不善的了。意思是美丑、善恶都是相

---

① 《中国美学史资料选编》上，第29页。

比较而存在的。

美学思想的产生和形成虽然很早，但是美学作为一门独立的科学却是近代的事，是近代科学发展的产物。最早使用"美学"这个术语作为一门科学名称的，是被称为"美学之父"的德国理性主义者**鲍姆嘉通**（Baumgarten，1714—1762）。他是普鲁士哈列大学的哲学教授，他继承了莱布尼茨和沃尔夫等人的理性主义哲学思想，并进一步加以系统化。他发现人类知识体系有一个很大的缺陷。在人类的知识体系中理性认识有逻辑学在研究，意志有伦理学在研究，而感性认识却没有一门科学去研究，他认为感性认识也应该成为科学研究的对象。因此他建议应该成立一门新的科学，专门研究感性认识。这门新的科学叫作"伊斯特惕克"（Aesthetik），即美学，这个字照希腊文原意来看是"感觉学"的意思。由此可见，这门新科学是作为一门认识论提出来的，是与逻辑学相对立的。1735年他在其《关于诗的哲学沉思录》中，已经首次使用"美学"这个概念，1750年，他则正式以"伊斯特惕克"这个术语出版他的《美学》第一卷，来表明感性认识的理论，规定了这门科学的研究对象和任务。但鲍姆嘉通在其美学著作中，一开始便不是简单地谈感性认识，而是谈对美的认识，即美感的认识。

其后，康德、黑格尔在他们的美学著作中沿用了这一术语，黑格尔曾说："'伊斯特惕克'这个名称实在是不完全恰当的，因为'伊斯特惕克'的比较精确的意义是研究感觉和情感的科学。……因为名称本身对我们并无关宏旨，而且这个名称既已为一般语言所采用，就无妨保留。"① 在德国古典哲学中美学是作为它的一个组成部分，一个特殊的部门。由于他们把美学的基本概念联系起来，加以系统化，赋予美学进一步的理论形态和完整的体系，从而使美学成为一门独立的科学。

我国最早接受西方美学的要算王国维。他在《古雅之在美学上之位置》《红楼梦评论》等文章中，力图用西方古典美学思想作为研究《红

---

① 黑格尔：《美学》第一卷，商务印书馆1979年版，第3页。

楼梦》的指导，以及阐明"古雅"作为美学范畴的位置等。他继承了康德、叔本华的美学观点。

关于美学研究的对象问题，自鲍姆嘉通建立美学以来，就有不同的意见和争论。主要有四种意见：

第一，鲍姆嘉通认为，美学对象就是研究美，就是研究感性认识的完善。他说："美学的对象就是感性认识的完善（单就它本身来看），这就是美；与此相反的就是感性认识的不完善，这就是丑。""美，指教导怎样以美的方式去思维，是作为研究低级认识方式的科学，即作为低级认识论的美学的任务。"① 这就是说，作为低级认识论的美学，它的任务就是研究感性认识的完善，也就是美。什么是感性认识的完善呢？这有两方面的意思：一方面是指寓杂多于整一，整体与部分协调一致的意思；另一方面，是指意象的明晰生动。他非常重视审美对象的个别性和具体形象性。他认为一个意象所包含的内容愈丰富，愈具体，也就愈明晰，因而也就愈完善、愈美。

虽然鲍姆嘉通认为美学是研究美的，但他却并不排斥艺术，而且以艺术为研究的主要内容，他说："美学是以美的方式去思维的艺术，是美的艺术的理论。"② 美学所研究的规律可以应用到一切艺术，"对于各种艺术有如北斗星。"③ 由此可见，美学所研究的艺术，是研究艺术当中的美的问题。

第二，黑格尔认为，美学对象是研究美的艺术。他说：美学的"对象就是广大的**美**的**领域**，说得更精确一点，它的范围就是**艺术**，或则毋宁说，就是**美的艺术**。"④ 他所说的美并非一般的现实美，而只是艺术美。他认为美学的正当名称是"艺术哲学"，或则更确切一点说是"**美**

---

① 转引自朱光潜：《西方美学史》上卷，人民出版社1979年版，第297页。
② 同上。
③ 同上书，第300页。
④ 黑格尔：《美学》第一卷，第3页。

的艺术的哲学"①。根据美学是"美的艺术的哲学"这种名称，就把自然美排除在美学研究的领域之外。但是，黑格尔美学中还是研究了自然美，这是怎么回事呢？这是因为他认为"心灵和它的艺术美'高于'自然，这里的'高于'却不仅是一种相对的或量的分别。只有心灵才是**真实**的，只有心灵才涵盖一切，所以一切美只有在涉及这较高境界而且由这较高境界产生出来时，才真正是美的。就这个意义来说，自然美只是属于心灵的那种美的反映，它所反映的只是一种不完全不完善的形态"②。由此可见，他之所以研究自然美，是因为自然美是心灵美即艺术美的反映形态。黑格尔认为美学研究的对象只是艺术美。

第三，车尔尼雪夫斯基在批判黑格尔派美学的同时，非常强调对现实美的研究，强调艺术对现实的美学关系。但是他认为美学研究对象不应是美，而是艺术。他在论亚里士多德的《诗学》中写道："美学到底是什么呢，可不就是一般艺术、特别是诗底原则的体系吗？"③ 在对艺术的研究时，应包括美学意义的美，但艺术又不局限于美，因为美学的内容应该研究艺术反映生活中一切使人感兴趣的事物。他认为美学如果只研究美，那么像崇高、伟大、滑稽等等，都包括不进去。他说："假如美学是关于美的科学，那么论崇高或伟大的论文就不能列入美学之内；但是假如把美学看作关于'艺术'的科学，那么美学也应该讨论伟大，因为艺术有时也描写伟大，正如艺术也描写滑稽、描写善行、描写生活中可能是对我们很有意思的一切那样。"④ 艺术描写生活中使人感兴趣的一切事物，或对我们有意义的一切。他认为美学即是艺术观、或艺术的一般规律。美学研究对象大于美，而应该包括整个艺术理论。

第四，认为美学是研究审美心理学的。属于这一派的美学有"移情说""心理距离说"等。这派美学所侧重研究的问题是：在美感经验中

---

① 黑格尔：《美学》第一卷，第4页。
② 同上书，第5页。
③ 车尔尼雪夫斯基：《美学论文选》，人民文学出版社1957年版，第125页。
④ 同上书，第97页。

我们的心理活动是什么样？至于"什么样的事物才算是美"？也就是美的本质问题，这个问题在他们看来还在其次。美学所侧重研究的问题，是美感经验中我们的心理活动是什么样的。那么什么是美感经验呢？美感经验就是我们在欣赏自然美和艺术美时的心理活动。例如在研究诗句"感时花溅泪，恨别鸟惊心"引起我们的美感时，重要的不是研究花、鸟和生活本身的特点，而是研究花、鸟引起人的心理活动（惊心、溅泪）的特点。花、鸟所以成为审美对象，是由于美感经验中心理活动的结果。因此，这派认为美学的最重要任务就在于分析这种美感经验。这是近代心理学的美学的最主要研究对象。

中国大陆自 20 世纪 50 年代以来，对美学对象问题进行热烈讨论，还没有一致的意见，要下一个精确的定义还有困难。所以我们在这里只能粗略地介绍一下大陆美学对象研究中所涉及的一些主要内容：

1. **美的问题**　包括研究美的普遍本质，即决定各种美的事物成为美的原因是什么？从哲学基础上研究美究竟是主观的、客观的、还是主客观的统一等等？美和真善的联系和区别是什么？美有无客观规律可寻，有无客观标准？如何说明审美活动中的相对性问题？美的相对性和美的客观标准如何统一理解，等等。

2. **审美经验或审美意识问题**　如研究美感不同于科学认识、伦理道德认识的特点。美感与快感的联系和区别，美感中各种心理因素如知觉、想象、情感和理性的关系，这些都是属于审美心理学。例如从地质学上去考察昆明的石林，和从美学上去欣赏石林有什么不同？从实用角度衡量一棵松树，和从美学上欣赏一棵松树有什么差异？为什么看吴作人画的金鱼，画面上没有水，却使人感到满纸是水，鱼在水中，很有美感；而另一些画，纸上画了许多水纹，鱼却悬在水外，看后引不起美感？

3. **艺术问题**　这里面有两种情况：一种是对艺术的本质、创作、欣赏批评作全面的研究，也就是从哲学上研究艺术的一般规律；另一种情况是侧重于研究艺术美的问题。这两种情况都是结合艺术与现实的关系这个美学中的基本问题进行研究的。

在对艺术的研究中还包括对各个部门艺术美学的研究,如音乐美学、舞蹈美学、电影美学等等。主要是从艺术与现实的关系上研究各门艺术的美学特征,以及在艺术创造、欣赏中的特点和相互联系等等。部门艺术美学的研究,从范围上看虽然是局限在某一特殊的艺术部门,但由于研究具体而深入,从特殊性中揭示出普遍性,这是研究美学中的一个重要环节。

我们认为美学是一门古老而又年轻的科学,从鲍姆嘉通创立美学以来,美学成为一门独立的科学才不过二百多年的历史。美学研究的对象存在着争论,是必然的,毫不奇怪的,正说明美学是一门年轻的科学。美学对象争论的焦点,在于美学和艺术理论的关系问题上,这是一个一时还比较难解决的问题。

为了保持美学的特点和与艺术理论的区别,我们认为:美学是研究美、美感和艺术美的科学,比较合适。它体现了审美活动中主体与客体的关系和当前美学研究的基本内容。一方面,美学可以集中地研究美、美的各种形态以及美感问题;另一方面,又可以从审美上研究艺术,与艺术概论有所区别。艺术是审美意识和审美对象的集中表现,它是美学研究的主要对象,但美学不是研究艺术的一般问题,即艺术的所有问题,而是研究艺术美的问题,研究艺术美的创造和欣赏的问题。艺术美是艺术的本质问题之一,研究艺术美的创造和欣赏,即是从美学上对艺术的研究。这是我们对美学研究对象的初步看法。

第二节 为什么学习美学

首先是时代的需要。任何一门科学的发展都离不开社会的需要。在20世纪50年代前我国从事美学研究的人很少,当时除了鲁迅、瞿秋白等曾热情地研究和传播马克思主义的美学思想外,一般都是侧重在介绍一些西方的美学思想。20世纪50年代之后随着经济基础的深刻变化,要求在上层建筑的领域（包括各种意识形态）中也要相应的变化。当时我国的知识界热情地学习马列主义，努力运用无产阶级的世界观来观察各种问题。正是在这种历史条件下出现了50年代中期的美学讨论。这次美学讨论实质上是一次学习马克思主义的思想运动，通过学术讨论的形式，促进了知识分子的思想改造，在讨论中不仅对旧的美学观点提出了批评，并且围绕美的本质、美感及艺术等问题提出了各种不同的观点，引起了社会上较广泛的兴趣。但这次大讨论中的过分意识形态化，也影响了对美的问题研究的深入。在十年动乱时期，由于"四人帮"的倒行逆施，给美学也带来一场浩劫，当时把美学等同于"修正主义"，使人们不禁"谈美色变"，不仅不能谈美，像喜剧、讽刺、幽默都被取消了，相声、漫画等艺术形式都销声匿迹了。当时在社会生活中出现了许多美丑不分，甚至美丑颠倒的现象。20世纪80年代以来，美学在社会上重新受到重视，学术界对美学基本问题的探讨也日渐深入。随着人民物质生活和精神生活的发展，在各个生活领域中都提出美的要求，而且创造了许多具有我们时代特点的美好事物。这就要求我们从理论上对生活和艺术中美的发展加以概括，以便更自觉地按照美的规律去改造客观世界和主观世界。进入21世纪，美学领域虽然没有20世纪50年代的美学大讨论和80年代文化热中的研究热潮，但对它的研究却越来越深入了，触及美学学科建设的一些关键性问题，取得了明显的进步。

其次，是创造艺术、发展文艺的需要。在建设人类的精神文明中，文学艺术有着重要的作用。由于文学艺术是审美意识的集中表现，能把娱乐与教育相结合，因此对群众的精神生活能发生广泛而深刻的影响。但是如何能创造出更多更好的作品以满足群众的审美需要，如何使作品能引人入胜，把深刻的思想内容与完美的艺术形式统一起来，这就需要从审美上去探索艺术的规律。在文艺的实践中提出了许多美学问题，例如艺术家怎样按照美的规律来创造艺术形象，艺术美中主观与客观、个性与共性、内容与形式以及美和真善的关系等等问题，都需要从美学上很好地加以研究。美学的研究可以推动和促进艺术理论和艺术实践的发展；艺术理论和艺术实践的发展反过来又丰富了美学的研究。一件艺术品如果对群众的思想感情产生了深刻的影响，其中便包含着一定的美学道理。在文艺评论中就需要肯定其美学价值，这对艺术创作和欣赏都有指导作用。例如电视剧《新岸》受到群众的好评。从《新岸》人物形象的塑造，说明艺术美必须真实，不真实就不能感人，艺术美既要反映生活的真实，又要表现艺术家情感的真实。影片中有两个镜头，一个是刘艳华生病时睡在床上，高元钢用凉水浸过的毛巾覆盖在刘的额头上，刘艳华感动得掉泪，把湿手巾拉下来盖在眼睛上，眼泪从毛巾下面流了出来。这个细节很切合情节中人物的关系和人物性格，既体现了生活的真实，又体现了演员感情的真实。另一个镜头是刘艳华决心留在村子里和高元钢结婚，独自在屋里照镜子，脸上流露出一种幸福的微笑，笑得那么自然，那么真挚，她找到了生活中的"新岸"。这种发自内心的微笑，和她在长期生活中的沉郁形成一种强烈的对比。这些细节都真实地反映了人物的性格，表演得朴素自然，充分体现了导演和演员的创造，这样的艺术形象才能引起观众强烈的美感，并起到审美教育的作用。正如邓小平所说，我们的社会主义文艺就是"要通过有血有肉、生动感人的艺术形象，真实地反映丰富的社会生活，反映人们在各种社会中的本质，表现时代前进的要求和历史发展的趋势，并且努力用社会主义思想教育人民，给他们以积极进取、奋发图强的精神"[①]。与此相反有些影片为了追求故事的离奇，而生硬地安排一些情节，显得很不真实，便引不起美感。因此学习美学就要总结艺术创作和欣赏中成功的经验，以便加以推广；对那些失败的、或不太成功的作品，也要找出经验教训，借以推动文学艺术的发展。

再次，是开展审美教育的需要。审美教育的主要任务是要培养正确的审美观和提高审美的能力。审美观是人们对于美和丑的总的看法，它

---

① 《邓小平文选》第 2 卷，人民出版社 1994 年版，第 210 页。

是世界观的一个组成部分，有什么样的世界观，就有什么样的审美观。在学习美学中对美的普遍本质从哲学上加以研究，就有助于我们培养正确的审美观。再如对美的各种形态——社会美、自然美和艺术美的特征的研究，也有助于我们对各种美的形态的欣赏和创造。例如人物形象的美是社会美的集中表现，而心灵美又是人物形象美的灵魂，在对人的形象作审美评价时，我们并不排除形式美的因素（如长相），但是把人的外表作为衡量人物形象美的唯一标准或主要标准，则是不适宜的。如果进一步追问为什么这种看法是不适宜的，这就涉及美学问题，如社会美的特点、美和真善的关系等等。特别是对艺术美的评价和美学的关系更密切。例如有的人认为只要是新奇的就美。这种看法也是不科学的。美和新确实有密切的联系，因为人的自由创造就是一个不断地推陈出新的过程，真正的新生的事物体现了社会发展的方向、进步实践的要求，在形象上确实也是美的。但是并不是任何"新奇"的东西都是美的。例如现代的一些艺术流派否认内容对形式的决定作用，一味在形式上追求"新奇"，甚至以荒诞为美——从艺术史上看这些现代艺术流派的生命都是很短暂的。这些现代艺术流派作为世界上的一种复杂的社会现象是需要加以研究的，不能笼统地一概加以否定，但是这些流派的作品的"新奇"形式并不都是美的标志。所以，学习美学的又一个任务，就是在各种"新奇"的形式下，鉴别哪些是正确的，哪些是错误的，以便真正树立起正确的审美观。

第三节　怎样学美学

关于怎样学美学，我们有以下几点初步体会：

1. 树立正确的世界观和方法论，具体地历史地研究美的现象，避免孤立地、静止地研究问题。在学习美学中须把掌握美学的基础知识和正确的研究方法结合起来，后者较前者更为重要。

2. 学习美学原理要和研究美学史结合。学习美学史，通过对各种不同观点的比较分析，可以丰富我们的思想，实际上是一种调查研究。就像登山运动员，在攀登高峰前总要先仔细了解一下，过去有些什么人爬过这座山，走的什么路线，遇到过什么障碍，哪里摔过人，或者遇到困难怎样克服等等。研究美学也是这样，例如关于美的本质问题，在历史上提出过哪些见解，哪些是对的，对在哪里；哪些是错的，错又错在哪里？特别是对一些有过重大影响的美学家提出的见解，更需要进行较深入的分析。

3. 学习美学要注意结合艺术实践。艺术部门很多，可以就自己平时所熟悉或爱好的艺术部门，有重点地进行研究，掌握这方面的一些基本知识，培养和提高这方面的欣赏能力，有条件的同志还可以搞些创作。创作并不是什么神秘的事情，唱一首歌，如果能做到声情并茂，就是一件创作。有一些艺术创作的感性经验，写论文、谈意见，便不至于隔靴搔痒。在研究艺术美时，还可以看一些艺术史方面的书籍。

4. 在学习中注意提高独立思考的能力。在美学这个领域，许多重大问题，都没有一致的结论，而且短时间内也很难得出一致意见。对美学讨论中提出的各种不同看法，我们要虚心听取别人合理的意见，如果认为别人的意见不对，也要说出不对的理由。

在学习过程中，还要注意克服"单向性"的思维。什么是"单向性"的思维呢？即忽视了两方面的辩证关系，强调一方面而忽视了另一方面。如在美与美感的关系上，只强调了美的决定作用而忽视了美感的主动性、积极性、创造性的作用，否定了它们之间的相互作用、相互渗透、相互转化，把美感简单地看作是消极的、被动的、只反映美而已。这就是"单向性"的思维。在学习中还需要注意积累自己的经验。不少在研究美学上取得成果的学者，都很注意研究中的连续性，开始时学习体会较零散，可以选一些专题，题目不一定太大，只要方向对头，坚持研究下去，不断积累经验，总会取得成果。

思 考 题

1. 美学的对象是什么？在美学讨论中涉及哪些主要内容？
2. 美学在当代文化建设中的作用是什么？
3. 应当怎样学习美学？

参考文献

1. "鲍姆嘉通论美学对象"（见北京大学哲学系美学教研室编：《西方美学家论美和美感》，商务印书馆 1980 年版）。
2. 黑格尔：《美学》第一卷，"全书序论"，商务印书馆 1979 年版。
3. "论亚里士多德的'诗学'"（见车尔尼雪夫斯基：《美学论文选》）。
4. 克罗齐：《美学原理》，人民文学出版社 1983 年版。
5. 《礼记·乐记》。
6. 顾恺之论传神（见张彦远：《历代名画记》卷五）。
7. 蒋孔阳：《建国以来我国关于美学问题的讨论》，《复旦学报（社会科学版）》1979 年第 5 期。
8. 中国社会科学院研究生院文学系美学研究生组编：《美学问题讨论资料（1949—1966）》（"关于美学研究的对象"部分，见《美学论丛 3》，中国社会科学出版社 1981 年版）。

第二章　西方美学史上对美的本质的探讨

美的本质是美学中的一个基本理论问题，也是一个有待解决的难题。美的欣赏是生动具体、轻松愉快的，美的本质的研究却是艰难而抽象的，有时甚至是使人头痛的。研究美的本质难在什么地方呢？困难主要不在于说明"什么是美的"（对个别事物作审美判断或经验描述），困难在于回答"美是什么"（在各种美的事物中找出美的普遍本质或者在和其他事物比较中找出其特殊的本质）。在美的概念下，包含着各种性质上极不相同的事物，从日月星辰、花草树木、各种劳动产品以至人的高尚品质、动作、表情、长相等等。美的本质问题，不但引起了古往今来许多艺术家的探索，也引起了许多哲学家的思考，提出了种种的回答，都指出了这个问题的困难。

有人说："美这个东西你不问本来好像是清楚，你问我，我倒觉得茫然了。"

古希腊时期，**柏拉图**（前427—前347）所写的《大希庇阿斯篇》是西方最早的一篇系统地论美的著作，用的是对话的形式，开头希庇阿斯说："这问题（指'美是什么'）小得很，"小到不足道，但到辩论结束，才觉得问题并不那么简单。苏格拉底对希庇阿斯说：讨论中"我得到了一个益处，那就是更清楚地了解一句谚语：'美是难的'。"①

法国的唯物主义哲学家**狄德罗**（1713—1784）也指出研究美的本质问题的困难，他说："我和一切在这方面有所论述的作者一样，首先发觉的是：人们谈论最多的事物，像命运安排似的，往往是人们最不熟悉的事物；许多事物如此，美的本质也是这样……为什么差不多所有人都同意世界上存在着美，其中许多人还强烈地感觉到美之所在，而知道什么是美的人又是那样少呢？"②

黑格尔也曾说："乍看起来，美好像是一个很简单的观念，但是不久我们就会发现：美可以有许多方面，这个人抓住的是这一方面，那个人抓住的是那一方面；纵然都是从一个观点去看，究竟哪一方面是本质的，也还是一个引起争论的问题。"③

有的美学家甚至认为美是一种不可言说的东西。歌德曾说："我对美学家们不免要笑，笑他们自讨苦吃，想通过一些抽象名词，把我们叫作美的那种不可言说的东西化成一种概念。"④

上面说明美的本质研究中的困难。充分估计到这些困难，做许多艰苦而切实的工作，才能在前人研究的基础上取得新的进展。同时，也要看到今天我们研究工作中的有利条件，既要重视困难，又要藐视困难。我们感到今天主要的有利条件是：

1. 有科学的世界观和方法论的指导。美学史上对美的本质的认识和其他认识一样，都是在实践基础上有一个从低级到高级、由片面到全面的发展过程，其中每一个新的进展都和哲学的发展状况有着密切的联系。对美的本质的科学解决有赖于科学的世界观产生。今天我们有科学的世界观和方法论，这对美学的学习和研究是非常重要的。

2. 前人为我们积累了丰富的思想资料。如果从柏拉图算起，美的

---

① 柏拉图：《文艺对话集》，人民文学出版社1963年版，第210页。
② 狄德罗：《狄德罗美学论文选》，人民出版社1984年版，第1页。
③ 黑格尔：《美学》第一卷，第21页。
④ 歌德：《歌德谈话录》，人民文学出版社1980年版，第132页。

本质已经争论了两千多年，提出许多见解，特别是中国美学史上有着丰富的遗产值得很好研究。研究这些遗产可以丰富我们的思想。研究美学史上哪些见解有价值，哪些没有价值，错、错在哪里？对、对在哪里？可以作为借鉴。这是历史为我们提供的有利条件。

3. 当代学术界已经对这个问题有深入的讨论，有丰富的理论积累，相邻学科也有很多研究成果可资借鉴。同时，在今天的世界上，有很多学者对这个问题感兴趣，研究的力量也很强，讨论也比较热烈。

现在让我们从美学史上说起吧。

在西方美学史上对美的本质提出了各种不同的看法，从古希腊到20世纪初，对美所下的定义就有几十种之多，使人眼花缭乱，我们没有必要对这些定义一一进行评述，只是简略地介绍一下美学史上探索美的本质的几种主要途径。

第一节　从精神上探索美的根源

古希腊的**柏拉图**是在欧洲美学史上最早对美的问题做深入的哲学思考的人。他提出：美的本质就是美的理式，他认为现实中的一切事物的美都根源于"美的理式"，即"美本身"。它是使一切事物"成其为美的那个品质"，"这美本身，加到任何一件事物上面，就使那件事物成其为美，不管它是一块石头，一块木头，一个人，一个神，一个动作，还是一门学问"[①]。他认为理式是客观世界的根源，客观世界并不是真实世界，而理式世界才是真实世界。例如桌子有三种，第一是决定桌子所以为桌子的那个桌子的理式（道理）；第二是木工依照桌子理式所造成的个别的桌子；第三是画家模仿个别桌子所画的桌子。所以，美的理式是先于美的事物而存在的，是美的事物的创造者。而且这种"美本身是永恒的，无始无终，不生不灭，不增不减的"，是绝对的；而现实事物

---

① 柏拉图：《文艺对话集》，第188页。

的美由于它来源于美的理式，只是美的理式的影子，所以时而生，时而灭，是变幻无常的、相对的。

柏拉图的上述观点，否认了美的客观现实的根源和基础，他割裂了一般和个别的关系，把人对美的事物的认识绝对化。他认为"美的理式"，即美本身是脱离个别美的事物，而独立存在的精神实体。我们认为普遍性都是寓于特殊性之中，离开个别也就无所谓一般。所以柏拉图所说的美的理式，是一种空洞而抽象的概念。所谓"美的理式"本来是客观存在的美的事物在人们的头脑中的反映，但柏拉图却颠倒物质和意识的关系，把人们意识中的概念绝对化、实体化，反过来把它说成是具体的美的事物的根源。

但是柏拉图在研究美的本质时，有两点值得引起我们的思考：第一，他区分了"什么是美的"和"什么是美"这两个概念。他极力要找出美的普遍性，也就是"什么是美"，而不是对具体的美的事物作出评价。所以黑格尔在《美学》中说："柏拉图是第一个对哲学研究提出更深刻的要求的人，他要求哲学对于对象（事物）应该认识的不是他们的特殊性，而是它们的普遍性，它们的类性，它们的自在自为的本体。他认为真实的东西并不是个别的善的行为，个别的真实见解，个别的美的人物或美的艺术作品，而是善本身、美本身和真本身。"① 第二，他讨论了美的各种定义，提出了美不是恰当，美不是有用，美不是善，美不是视觉听觉产生的快感等等。这些讨论有助于我们从多方面的联系中去探讨美的本质。

康德（1724—1804）的美学是建立在先验论的基础上。在美的问题上，他认为美"只能是主观的"。他说："至于审美的规定根据，我们认为它只能是主观的，不可能是别的。"② 他提出审美是一种趣味判断或鉴赏判断，在其美学著作《判断力批判》中，就是讲审美判断力的

---

① 黑格尔：《美学》第一卷，第27页。
② 康德：《判断力批判》上卷，商务印书馆1987年版，第39页。

批判的（"批判"原文的字义是考察、分析、清理）。他认为趣味判断是以情感为内容的，它不同于单纯的快感。单纯的快感等于某种欲念的满足，涉及利害计较。而审美的快感则是一种不计较利害的自由的快感。它与逻辑判断也不同。逻辑判断涉及概念，而趣味判断只涉及对象形式引起的快感。所以趣味判断不是一种理智的，而是一种情感的判断。

在趣味判断中，美具有没有目的而又合目的性的形式。所谓没有目的，即没有客观的目的，指不考虑对象的性质和用途，与概念、利害无关。一个事物之所以能成为那个事物，就是具有该事物的结构形式和目的用途，就必须有关于那个事物的概念，只有符合这种目的性的概念的事物，才能是完善的和好的。康德认为，在趣味判断中，即感知美时，所呈现的形式，符合主观的两种认识功能，即想象力与理解力，并引起它们的和谐的自由的活动。例如，判断一朵花的美，并不要先弄清花的概念，也不需要考虑花的用途，这就是没有目的性；但花的形式则能引起主观的认识功能和谐的自由的活动，这又是合目的性。康德所举的簇叶饰和自由图案，它并没有什么目的性的概念，但却能引起想象力和理解力的和谐的自由的活动，所以它们是美的。因之，美就是那种不夹杂任何利害关系，没有概念的纯形式，而又必然为一切人所喜爱。

康德对美的分析，值得注意的有下列几点。

第一，趣味判断和利害、概念无关。他说："一个关于美的判断，只要夹着极少的利害感在里面，就会有偏爱而不是纯粹的欣赏判断了。"① 美是不涉及利害和概念的纯形式。欲念的对象涉及利害关系，逻辑判断的对象涉及概念，而趣味判断的对象即是美，康德企图把真善美加以区别，这是康德对美的分析中的合理内核。但由于他的形式主义和看问题的方法绝对化，把真善美之间的关系加以割裂并推向极端，认为它们之间是绝对对立的，则是错误的。

---

① 康德：《判断力批判》上卷，第41页。

第二，美虽然是合目的性的形式，但只有引起想象力和理解力的和谐的自由的活动，才能普遍必然地引起快感，而这种快与不快的情感才是判断对象美不美的真正原因。所以，对象的美不美，只有根据这种主观的快与不快的情感为转移。"判别某一对象是美或不美，我们不是把〔它的〕表象凭借悟性联系客体以求得知识，而是凭借想象力（或者想象力和悟性相结合）联系于主体和它的快感和不快感。"① 这和"用自己的认识能力去了解一座合乎法则和合乎目的的建筑物，（不管它是在清晰的或模糊的表象形态里）和对这个表象用愉快的感觉去意识它，这两者是完全不同的"②。这不同在于，前者指对建筑物合乎科学根据，有实用目的，是客观的；后者指在快与不快的名义下联系于主体的生活情绪。这就是说美不是客观的，而是主观原因造成的，美是主观的。美作为合目的性形式，不存在于现实对象的形式本身，而是在于审美判断者的心境和快与不快的情感之中。

第三，康德认为这种快与不快的情感虽是个人的，但又具有必然的普遍有效性。在他看来，我认为美的、不是出于我的私人才有的特殊情况，或私人的欲念和利害计较，而是认为产生这种愉快的理由对一切人都该有效，其他的人也必然认为是美的。所以，审美判断虽然是只关个人对个别对象的感觉，却仍可认为带有普遍性。因为，我认为美的不是从我的利害计较出发得出来的，而是引起我的认识功能的和谐的自由活动。这是人人都有、人人相通的"共通感"。因此，这种普遍性不是客观的，即不是对象的普遍属性；而是主观的，即一切人都有的先验的"共通感"。

黑格尔（1770—1831）认为绝对精神是世界的本质。在美学上，他提出了美是"理念的感性显现"③。从这个定义就可以看出，他认为美

---

① 康德：《判断力批判》上卷，第39页。
② 同上书，第40页。
③ 黑格尔：《美学》第一卷，第142页。

的根源在于理念、绝对精神，而感性的实在不过是理念生发出来的，是作为理念的客观性相。这个定义和柏拉图的"美是理式"在本质上并没有区别，两者都是把美的根源归于理念（精神），但黑格尔是辩证论者，他的理念不是与客观事物相对立，抽象地存在于客观事物之外，而是概念与实在的统一，理念"显现"于现象，成为理念与感性的具体的统一体，才能有美。黑格尔还把美的理念看作发展过程，不像柏拉图那样把美的理念看作是永恒不变的。

黑格尔是把理念打入客观存在内部去否定客观事物的美。他认为真正的美是艺术美，在艺术美中所谓"理念的感性显现"，就是指作品的"意蕴"的显现。一切造型、色彩、线条、音调的运用，都是为了显示出一种内在精神，也就是"意蕴"。他很赞赏歌德在论述古代艺术时的一句话："古人的最高原则是意蕴，而成功的艺术处理的最高成就就是美。"[1] "或者说得更清楚一点，就像寓言那样，其中所含的教训就是意蕴"，"意蕴总是比直接显现的形象更为深远的一种东西"[2]。

黑格尔以哥特式建筑艺术为例（12世纪到16世纪初期欧洲出现的一种建筑风格），具体说明了美是一种精神的外化，即理念的感性显现。黑格尔认为这种建筑符合基督教崇拜的目的，而建筑形体、结构又与基督教的内在精神协调一致。

大教寺是宗教集团聚会和虔诚默祷的场所，建筑的内容、目的体现了对天国的向往，建筑的内容决定了建筑内部和外部的形式。各种形式的设计，并不是单纯考虑实用的需要，而是为了显现一种宗教精神。教寺内部的墙壁，柱子向上耸立伸展，在上部形成尖拱形的特殊形式，表现出自由地向上升腾的外貌，好像植物的茎向上生长开放出花朵，也好像节日的焰火，在夜空里呈现出繁花似锦，如果墙面与屋顶直角相交，就达不到这种效果。黑格尔描述道："方柱变成细瘦苗条，高到一眼不

---

[1] 黑格尔：《美学》第一卷，第24页。
[2] 同上书，第24—25页。

能看遍，眼睛就势必向上转动，左右巡视，一直等到看到两股拱相交形成微微倾斜的拱顶，才安息下来，就像心灵在虔诚的修持中起先动荡不宁，然后超脱有限世界的纷纭扰攘，把自己提升到神那里，才得到安息。"①

连教堂内的色彩也是浸透了宗教的精神。"窗扇是嵌着半透明的彩画玻璃，玻璃上画的是宗教故事，有时只是涂上各种彩色，用意是使从外面射进来的光线变得暗淡些，让里面的烛光显得更明亮些。因为教堂里照明的不应该是外在自然界的光而应该是另一种光。"② 这种色彩诱使人们暂时忘掉苦难的现实而浸沉在对天国的幻想中。正如罗丹所说："12 世纪和 13 世纪教堂里的彩色窗玻璃镶嵌画，深蓝的颜色仿佛像丝绒，紫得如此温柔，红得如此热烈，充满爱娇的意味，非常悦目。因为这些色调表达出那个时代虔诚的艺术家希望在梦想的天国中能享受的那种神秘的幸福。"③

教堂的外部形状所显示出的性格则是昂然高耸，在一切方面都表现为尖角，努力向最高处飞腾，迸散为一层高似一层的尖顶。特别是主要塔楼，简直是高不可测，但并不失去镇静和稳定。"塔楼上的钟塔是专为宗教

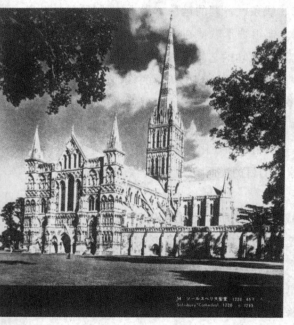

图 2.1 教堂

---

① 黑格尔：《美学》第三卷，第 92—93 页。
② 同上书，第 93 页。
③ 罗丹：《罗丹艺术论》，人民美术出版社 1978 年版，第 52 页。

礼拜仪式而设的，因为钟声特别适合基督教的礼拜，这种依稀隐约而庄严的声响能感发人的心灵深处。"①

这一切说明哥特式建筑的各种感性形式（包括形体、空间、色彩、音响）都是宗教精神生活的显现，是作为宗教精神的客观性相。这些感性形式把人们引向一定的目的，引向"天国"。从这里我们也可以体会到宗教作为"精神上的鸦片"的作用。黑格尔对艺术形式如何表现特定的精神作了许多很细致的分析，这比那种单纯从外部形式去研究美要深刻得多。

黑格尔对美的本质的探讨具有重要理论价值，首先，体现了理性与感性的统一。外部表现、感性形式不过是理性的显现，根源仍在理性。按朱光潜的解释"显现"的意思是放光辉。美就是理念借感性形式放出的光辉。没有理念感性形式等于失去光源。其次，从内容与形式的关系上看，理念是内容，感性显现是表现形式，二者是统一的。形式都是表现一定内容的形式，美的事物离开了理念，或者离开感性形式，都不成为美。所以黑格尔说："美的生命在于显现。"也就是说只有理念内容在感性形式上显现出来才能成为美。再次，从主体与客体关系看，理念的感性显现就是指人的精神劳动的外化，强调人的精神劳动的作用。他作了一个生动比喻："一个小男孩把石头抛在河水里，以惊奇神色去看水中所现的圆圈，觉得这是一个作品，在这作品中看出他自己活动的结果。"② 这里以小孩扔石头比喻人的精神劳动（不是指物质的实践活动），水圈则是指这精神活动的外化，是一种自我复现，是一种观照与认识的对象。黑格尔说："就在这种自我复现中，把存在于自己内心世界里的东西，为自己也为旁人，化成观照和认识的对象。"③ 黑格尔的这一思想如果建立在物质生产实践的基础

---

① 黑格尔:《美学》第三卷，第99页。
② 黑格尔:《美学》第一卷，第39页。
③ 同上书，第40页。

上，则有其正确的内容。

意大利美学家**克罗齐**（1866—1952）认为美的根源在于心灵。他说："美不是物理的事实，它不属于事物，而属于人的活动，属于心灵的力量。"① 美是心灵作用于事物而产生的直觉。这种直觉是先于理性，先于概念而产生的，是与理性和概念无关，孤立绝缘的现象，所谓"见形象而不见意义的认识"。克罗齐认为，自然无所谓美，自然的美是直觉创造出来的，同样自然本身也是直觉创造出来的。

第二节 从客观现实、物质属性上探索美的根源

在古希腊哲学家中，**亚里士多德**（前384—前322）坚决批判了柏拉图的唯心主义观点。亚里士多德对柏拉图的批判，首先是对他的理念论的批判。亚里士多德认为"一般"是不能脱离"个别"而单独存在的，脱离个别并且先于个别而独立存在的一般是没有的，也不可能有的。

亚里士多德认为脱离美的事物的"理念"或"美本身"是根本不存在的。他认为美在事物本身之中，主要是在事物的"秩序、匀称与明确"的形式方面，主要靠事物的"体积与安排"，他说："一个美的事物——一个活东西或一个由某些部分组成之物——不但它的各部分应有一定的安排，而且它的体积也应有一定的大小；因为美要倚靠体积与安排，一个非常小的活东西不能美，因为我们的观察处于不可感知的时间内，以致模糊不清；一个非常大的活东西，例如一个一万里长的活东西，也不能美，因为不能一览而尽，看不出它的整一性"②。美的事物的体积大小要合适，要有一定的安排，要见出它的"整一性"，也就是在各部分之间要有一定的比例关系。

---

① 克罗齐：《美学原理 美学纲要》，外国文学出版社1983年版，第107—108页。
② 亚里士多德：《诗学》，人民出版社1982年版，第25—26页。

亚里士多德对美的观点，肯定了美在事物的形式、比例。在哲学上他虽然经常动摇于唯物主义与唯心主义之间，但在美的问题上基本上遵循当时希腊朴素的唯物主义观点，这种观点抓住了美所必需的特定的感性形式，而且努力在客观事物中去发现它们，在艺术实践中产生了很大影响，从中世纪到文艺复兴，到十七八世纪的欧洲，一直为许多美学家、艺术家所信奉。

文艺复兴时期的人文主义者，在对美的观点上继承古希腊时期唯物主义传统，在客观事物中寻求美的基础，中世纪的一些美学家认为美来自神，文艺复兴时期的人文主义者认为美来自人，肯定尘世的美。**达·芬奇**（1452—1519）在《画论》一书中，劝艺术家要善于窥视自然，他认为美并不是什么神意的体现，而是存在于现实生活中，是可以用感官认识到的事物的性质。在研究物体本身的美，特别是人的美的时候，为了达到真实的再现美，他不但强调表现人的精神特征，同时很重视比例和谐，他像研究数学那样去研究人体比例。比例论在文艺复兴时期很受重视，达·芬奇的一位朋友曾写过一本著作叫《神圣比例》。达·芬奇认为"美感完全建立在各部分之间神圣的比例关系上"①，整体的每一部分都和整体成比例。在他看来人体是自然界中最完美的东西，人体的比例必须符合数学的法则，各部分之间成简单的整数比例，或与圆形、正方形等完美的几何图形相吻合。

达·芬奇曾说："绘画的和谐比例，由各部分在同一时间组合而成，……它的优美不论是整体还是细部都可同时观看。从整体看，是看它构图思想，从细部看，是看它组成整体的各部分之意图。"② 又说："从绘画中产生了谐调的比例，犹如各个声部齐唱，可以产生和谐的比例，使听觉大为愉快，使听众如醉如痴，但画中天使般面庞的协调的美，效果却更为巨大，因为这样的匀称产生了一种和谐，同时

---

① 列奥纳多·达·芬奇：《芬奇论绘画》，人民美术出版社1980年版，第28页。
② 同上书，第23页。

间射进眼帘，如同音乐入耳一般迅速。"① 达·芬奇的《蒙娜丽莎》（见彩图1）就有一种和谐的美，《蒙娜丽莎》表现了新兴资产阶级妇女的美。作者敏锐地抓住一刹那间的微笑，给观众以丰富的联想。这微笑表现在嘴角上、眼角上、面颊上，也表现在自然下垂而微有卷曲的发丝上。和面部微笑表情相适应，右手轻抚着左手，姿态显得宁静而端庄，服饰比较朴素，没有贵妇人那种珠光宝气，背景是一片自然风景。这一切与人物的特征很和谐，和中世纪圣像上那种枯燥、板滞、僵硬、冷漠的表情形成鲜明的对照。

荷迦兹（1679—1764），英国著名画家和艺术理论家，著有《美的分析》。他分析各种美的事物的特征，从而得出结论说："美正是现在所探讨的主题。我所指的原则就是：适宜、变化、一致、单纯、错杂和量；——所有这一切彼此矫正、彼此偶然也约束、共同合作而产生了美。"② 他提出蛇形线是最美的线条。蛇形线是一种弯曲并朝着不同方向盘绕的线条，能使视觉得到满足。他认为波状线比任何直线在更大程度上能创造美，在最优美的形体上直线最少，而蛇形线是最优美的线条。他说："如果从一座优秀的古代雕像上除去它的弯弯曲曲的蛇形线，它就会从精美的艺术作品，变成一个轮廓平淡、内容单调的形体。"③ 他还为《美的分析》这篇论文作了一些铜版画（图2.2），用实例来论证他的观点。荷迦兹肯定美的客观现实基础和根源，对客观事物作了具体细致的分析，这些都是可取的。但是在研究方法上存在着机械的直观的缺陷。因为曲线的美并不是无条件的，在需要表现刚劲有力的时候，使用曲线反而会造成不美，而直线在表现力量方面却是很成功的。

---

① 列奥纳多·达·芬奇：《芬奇论绘画》，第24页。
② 《西方美学家论美和美感》，第101页。
③ 荷迦兹：《美的分析》，《美术译丛》1980年第1期，第74页。

第二章 西方美学史上对美的本质的探讨

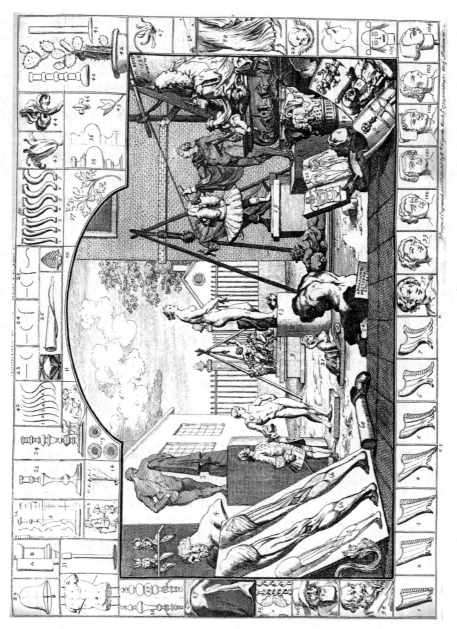

图2.2 铜版画

博克（1729—1797），英国18世纪美学家，他继承了英国经验主义的传统，在美学研究中以经验事实作为出发点。他承认美的客观性，肯定美是物体的某些属性。他说："我们所谓美，是指物体中能引起爱或类似情感的某一性质或某些性质"，"美大半是物体的一种性质，通过感官的中介，在人心上机械地起作用"，"美的外形很有灵效地引起某种程度的爱，就像冰或火很有灵效地产生冷或热的感觉一样。"① 他怀疑事物的美在于比例，他认为比例是理解力的产物（注：靠数学上的精确测量），而我们发现一个物体美，并不是靠长时间的注意和探索，美不需要借助推理。他根据经验事实对事物美的特征作了归类。"美的性质，因为只是些通过感官来接受的性质，有下列几种：第一，比较小；第二，光滑；第三，各部分见出变化；但是，第四，这些部分不露棱角，彼此像融成一片；第五，身材娇弱……；第六，颜色鲜明，但不强烈刺眼；第七，如果有刺眼颜色，也要配上其他颜色，使它在变化中得到冲淡。这些就是美所依存的特质"②。他认为这些品质作用于感官就可以引起神经松弛舒畅而获得愉快。博克的上述观点在肯定美是属于事物的某些客观属性和美的丰富多彩的感性特征以及这些特征与情感、感受的联系等方面有合理的因素，他的缺点主要是用生物学的观点从人的被动的感受上研究美，忽视人的具体的历史发展，把美感与快感相混，在论证上有感觉主义的片面性和形而上学的缺点。

狄德罗提出"美是关系"，他说："就哲学观点来说，一切能在我们心里引起对关系的知觉的，就是美的。"③ 也就是说，美是事物的客观关系。他说："我说一个存在物，由于我们注意它的关系而美，我并不是说由我们的想象力移植过去的智力的或虚构的关系，而是说那里的实在关系"④。他举出法国卢浮宫的门面为例："不管我想到或一点也没有想到卢

---

① 《西方美学家论美和美感》，第118、121、119页。
② 同上书，第122页。
③ 同上书，第129页。
④ 同上书，第133—134页。

浮宫的门面，其一切组成部分照旧有这种或那种形式，其各部分间也照旧有这种或那种安排。不论有人无人，卢浮宫的门面并不减其美。"① 他把美分为实在美和相对美，属于客观事物本身形式方面的秩序、对称、安排的关系称为"实在美"；属于对象与其他事物相比较的联系，狄德罗称为"相对美"。他所说的卢浮宫的美就是指的"实在美"。也就是指事物本身形式安排关系的美。另一种情况是指"相对美"，即指这一事物和其他事物相联系中所产生的关系。狄德罗举了文学作品中语言的例子，文学中的"妙语"体现了一种社会生活关系，例如对一句话，要看是对什么人说的，在什么环境中说的，离开了这些社会关系，这句话就失去了意义。同样一句话在不同关系中就有不同的意义。所以美是随关系的变化而变化的。总的来说，狄德罗虽然肯定了美的客观性，美在客观事物的"关系"，在美的问题上坚持了唯物主义的观点。但由于对"关系"的概念，没有完全与社会历史深刻地联系起来，因此非常宽泛模糊，带有直观的性质。

第三节　从社会生活中探索美的根源

俄国革命民主主义者**车尔尼雪夫斯基**（1828—1889）对美所下的定义是"美是生活"。他说："美是生活"；"任何事物，凡是我们在那里面看得见依照我们的理解应当如此的生活，那就是美的；任何东西，凡是显示出生活或使我们想起生活的，那就是美的。"车尔尼雪夫斯基论证美是生活时，提出两点：一、"美包含着一种可爱的，为我们心所宝贵的东西"；二、美是活生生的事物，是多种多样的对象，生活便具有上述的特点。他认为在可爱的东西中最有一般性的是生活，理想的生活，然后，他为了论证美是"应当如此的生活"，具体地分析了现实各个领域中美的表现：

首先，是社会生活中人物形象的美。他分析了三种情况：一、普通

---

① 《西方美学家论美和美感》，第 133—134 页。

人民（指农民）看来美好的生活是"丰衣足食而又辛勤劳动，因此农家少女体格强壮，长得很结实——这也是乡下美人的必要条件"，青年农民或农家少女都有非常鲜嫩红润的面色；二、上流社会中美人则是以纤手细足为美，甚至以病态为美。因为这是社会上层阶级觉得唯一值得过的生活，即没有体力劳动的生活标志。车尔尼雪夫斯基分析这种"美"是由上流社会人物的生活方式所决定的。因为"她的历代祖先都是不靠双手劳动而生活过来的；由于无所事事的生活，血液很少流到四肢去；手足的筋肉一代弱似一代，骨骼也愈来愈小；而其必然的结果是纤细的手足"① 甚至把偏头痛，也当作是有趣的病态；三、真正的有教养的人（指知识阶层）认为"真正的生活是思想和心灵的生活。这样的生活在面部表情、特别是眼睛上捺下了烙印……往往一个人只因为有一双美丽的、富于表情的眼睛而在我们看来就是美的"②。

其次，他认为自然美也是由于对生活的暗示才产生的。

车尔尼雪夫斯基关于美的本质见解的进步意义表现在以下方面：

（1）对黑格尔唯心主义的美学观点（在德国以费希尔为代表）："美是理念的感性显现"的批判。他坚持唯物主义立场，肯定了美和其他美学范畴（如崇高）的客观性。

（2）以前唯物主义美学认为美在事物的自然属性（感性特征），他把美建立在广阔的生活基础上，并且研究了社会美主要是人物形象的美，和人们所处的社会地位、生活方式之间的联系，对自然美也是联系生活来分析。

（3）他所说的应该如此的生活才是美的，表现了革命民主主义者对沙皇俄国腐朽生活的不满和强烈要求改革的愿望。

车尔尼雪夫斯基对美的本质的理解主要缺陷是：

（1）由于车尔尼雪夫斯基的哲学思想是费尔巴哈的人本主义，他对美

---

① 以上三段见车尔尼雪夫斯基：《生活与美学》，读书出版社1948年版，第6—7页。
② 同上书，第9页。

和生活的本质的理解也是从人本主义出发的。普列汉诺夫曾指出车尔尼雪夫斯基"断言美是'应当如此'的生活……他所说的是完全的真理。他的错误仅仅是他没有充分地弄明白人关于'生活'的观念在历史上是怎样发展起来的",又说:"科学的美学更确切些说,正确的艺术学说只有当正确的'生活'学说产生的时候,才能够站在牢固的基础上"①。车尔尼雪夫斯基不理解革命实践是人类社会生活的本质和基本内容。他说:"世界上最可爱的,就是生活;首先是他愿意过,他所喜欢的那种生活;其次是任何一种生活,因此活着到底比不活好……"②又说:"假使说生活和它的显现是美,那么,很自然的,疾病和它的结果就是丑。"他是从生物学观点出发,去看待生活,他把生活与死亡、生活与疾病相对照。

(2) 在分析美的本质时缺少辩证法。普列汉诺夫曾指出:"据车尔尼雪夫斯基看来,一方面,现实中的美自身就是美的;但是另一方面,他自己又说明,我们觉得美的仅仅是那符合于我们关于'美好的生活'、关于'应当如此的生活'的概念的事物。因此,事物自身并非就是美的。"为什么在车尔尼雪夫斯基身上会出现这种自相矛盾的情况呢?因为他不是把生活理解为社会实践的发展过程,因此也就不可能把应该如此的生活(理想的生活)看作是社会发展的规律所提出的客观要求。所以普列汉诺夫批评车尔尼雪夫斯基在这些问题上"不善于找出客体与主体之间的真实的联系,不善于用事物的进程来说明观念的过程"。尽管车尔尼雪夫斯基关于美的本质的理解存在上述缺陷,但仍应肯定其在美学史上的进步意义,正如普列汉诺夫所说:"对于他自己的时代来说,我们的作者的学位论文毕竟是非常严肃的和卓越的著作。"③

从以上分析可以看出,在美学史上关于美的本质的探讨是和哲学中的基本问题密切联系在一起的,各个哲学家,从各自不同的哲学体系对

---

① 以上两段见普列汉诺夫:《普列汉诺夫美学论文集》I,人民出版社1983年版,第301、302页。
② 车尔尼雪夫斯基:《生活与美学》,第6、9页。
③ 以上三段见普列汉诺夫:《普列汉诺夫美学论文集》I,第306页。

美的本质作出不同的回答。

一部分美学家是从精神世界去探索美的本质，把美的本质的根源归结为绝对观念，或主观意识、审美感受。他们在哲学根本问题上颠倒了物质与意识的关系。其中有些美学家的思想中包含辩证法的因素，在论述主客体的关系时抽象地发展了人的主观能动因素。

另一部分美学家则从客观世界的自然特征出发探索美的本质，把美的本质的根源归结为自然事物本身的某种感性特征和属性。他们肯定美在客观事物本身，有其正确方面，但由于他们（包括车尔尼雪夫斯基在内）一般都离开了人的社会性，不懂得社会生活在本质上是实践的，不能从主客体在实践中的辩证关系来探讨美的本质，故也带着明显的直观的缺陷。

思 考 题

1. 西方美学史上探索美的本质主要通过哪些途径？其中有哪些合理因素值得我们吸收和借鉴？
2. 西方美学家对美的看法和他们的哲学观点有什么联系？

参考文献

1. 柏拉图：《文艺对话集》，"大希庇阿斯篇"。
2. 亚里士多德：《诗学》。
3. 列奥纳多·达·芬奇：《芬奇论绘画》。
4. 博克：《论崇高与美》。
5. 荷迦兹：《美的分析》，《美术译丛》1980年第1期。
6. 狄德罗：《美之根源及性质的哲学的研究》。
7. 黑格尔：《美学》第一卷，"全书序论"。
8. 车尔尼雪夫斯基：《生活与美学》。
9. 普列汉诺夫：《车尔尼雪夫斯基的美学理论》。

第三章　中国美学史上对美的本质的探讨

早在中国的先秦时代，对美的本质就开始有较多的研究，但那时对美的研究大都与善（功利）密不可分，甚至混同使用。先秦诸子的许多著作中都有关于美的言论，虽然他们对美的提法有种种的不同，但从这种不同中也可以看出美与善的密切关系。

第一节　结合善（功利）研究美

《国语·楚语上》中记载的"伍举论美"，比较早地明确地提出了什么是美，美与善，美与功利的关系。楚灵王"为章华之台，与伍举升焉，曰：'台美夫'！"① "章华"是"台"的名字，"台"是堆土以为台，上建亭榭，植名花异草，专供统治者享用。一次楚灵王与伍举共同走上"章华之台"，楚灵王问伍举说："台美吗"？伍举回答："臣闻国君服宠以为美，……不闻其以土木之崇高、彤镂为美"。这就是说，臣听说当国君的以自己的服饰为美，没有听说，以土木建筑的高大雄伟，雕梁画栋为美的。这是为什么呢？因为，"夫美也者，上下、内外、大

---

① 《中国美学史资料选编》上，第9页。

小、远近皆无害焉,故曰美。若于目观则美,缩于财用则匮,是聚民利以自封而瘠民也,胡美之为?"美是对上下、左右、大小和远近的人都无害的,这就是说,对老百姓有益有用的、至少是无害的,才能算是美。若要"目观"就是美的话,那就必须要高大雄伟的雕梁画栋的建筑。这样必然要浪费很多钱财,使财用匮乏,那是"聚民利"而"瘠民也",使民穷困无以为生。这还有什么美可言呢?所以,美是有功利目的的。对民有利的,也就是"皆无害焉",就是美的;对民不利,使民穷困而"瘠民"的,就是不美的。故"其有美名也,惟其施令德于远近,而小大安之也"。只要施仁德于远近之民,使大小之家都能安居乐业,这样才能真正算美。"若敛利以成其私欲,使民蒿焉忘其安乐,而有远心,其为恶也甚矣,安用目观?"如若"敛民利"以满足其私欲,使百姓没有生产积极性而又有远离之心,这样为害就大了,哪里还值得去观赏呢?恶是与善相对立的,更是不美的。这虽是伍举对楚灵王的讽喻与进谏之言,但从中却也可以看出他的美的观点:美是有功利的,美与善是密切不可分的。

再如**墨子**(约前480—前420),在其主要著作《墨子》中,其出发点是:"必务求兴天下之利,除天下之害"。对人民有利的即为,对人民有害的即止,因此,墨子对美持否定的态度。他在《非乐》篇中说:"是故子墨子之所以非乐者,非以大钟、鸣鼓、琴瑟、竽笙之声,以为不乐也;非以刻镂华彩文章之色,以为不美也;……然上考之,不中圣王之事,下度之,不中万民之利。是故子墨子曰:为乐非也!"[①] 这就是说,在墨子看来,大钟、鸣鼓、琴瑟、竽笙等,并不是不乐的,刻镂华彩文章之色等,并不是不美的,虽"目知其美也,耳知其乐也",然墨子还是认为:"为乐非也"。这是什么原因呢?原因就在于"上考之,不中圣王之事,下度之,不中万民之利"。所以,对"为乐"持否定的观点。这种观点可说是对当时剥削者的骄奢淫逸的一种抗议与非难。但

---

① 以上三段引自《中国美学史资料选编》上,第9、17—18页。

从这种观点的反面告诉人们，"万民之利"才是美的标准，这也说明，美是与功利、与善有着密切联系的。正因此，所以墨子又说："故食必常饱，然后求美；衣必常暖，然后求丽；居必常安，然后求乐。为可长，行可久，先质而后文。此圣人之务。"① "先质而后文"，即"食必常饱，然后求美；衣必常暖，然后求丽"，这再一次说明美与功利、与善的关系。事物总是先有功利，先有善，然后才可有美。美与功利、与善是不可分的。

孔子（前551—前479）春秋末期的教育家、思想家和政治家，是儒家学派的创始人。《论语》一书，主要是有关他的言论记载，其中也有不少谈到美的地方。他认为美与善是密切联系而不可分的，甚至是善的同义语。如他所说的："里仁为美"（《里仁篇》），"君子成人之美，不成人之恶"（《颜渊篇》），"如有周公之才之美"（《泰伯篇》）等。所谓"里仁为美"，即是说和有仁德的人在一起，这样才算是善的、好的人。所谓"君子成人之美，不成人之恶"，即帮助和赞成别人做好事，不帮助和不赞别人做坏事。所谓"有周公之才之美"，即是有周公的才和美德。这里所谓"美"是和善、德一个意思，二者可以混同使用。

再如，孔子所谓的"尊五美，屏四恶"，其中的美，也是和善、德一个意思，可以共同使用。"子张曰：'何谓五美'？子曰：'君子惠而不费，劳而不怨，欲而不贪，泰而不骄，威而不猛。'子张曰：'何谓惠而不费？'子曰：'因民之所利而利之，斯不亦惠而不费乎？择可劳而劳之，又谁怨？欲仁而得仁，又焉贪？君子无众寡，无大小，无敢慢，斯不亦泰而不骄乎？君子正其衣冠，尊其瞻视，俨然人望而畏之，斯不亦威而不猛乎？'"（《尧曰篇》）子张是孔子弟子，他问道何谓"五美"？孔子回答说：君子使民得到一些利益，而自己却不耗费什么，使民勤劳而不怨恨，追求仁德而不贪婪，庄重而不骄傲，威严但却不凶猛。子张又问道："何谓惠而不费"？孔子回答说：对民有益有利的事情，才叫他们去

---

① 《中国美学史资料选编》上，第22页。

做，这样对统治者才不会有耗费。选择那些民可做的事情，然后才让他们去干，谁还会怨恨呢？追求仁德而得到仁德，怎么叫作贪婪呢？无论人有多少，势力大小，都不敢怠慢，那不就是庄重而不傲慢吗？衣冠整齐，眼光严肃，使人望而生畏，这不就是威严而不凶猛吗？这里所说的"五美"，实际上都是善，即统治者从事政治（治理百姓）的五种"美德"。

孔子也认识到美与善是有区别的，虽然如此，美和善还是密切相连而不可分的。如他所说的："恶衣服而致美乎黻冕"（《泰伯篇》），"有美玉于斯"（《子罕篇》）等，这里美与善显然是有区别的。所谓"致美乎黻冕"，即有纹饰的衣帽，它所以美，不仅在于衣帽有纹饰，而主要在于"黻冕"是古时祭祀时穿的礼服、戴的礼帽。古代祭祀鬼神是非常严肃的，所穿的礼服、所戴的礼帽也是非常庄严而华美的。"黻冕"的美在于它是祭祀时所穿戴的礼服礼帽。"有美玉于斯"，玉是洁白温润，有一定的色泽。但玉的美不仅在于一定的色泽，而且主要在于君子以玉比德。"夫玉者，君子比德焉"。"仁也""知也""义也""行也""勇也""情也""辞也"①。玉的美就在于代表了这些品德。

孔子又说："子谓《韶》：'尽美矣，又尽善也'。谓《武》：'尽美矣，未尽善也'。"（《八佾篇》）《韶》，是韶乐，舜乐也。《武》，是周武王的乐。在这里，美和善分开来使用，而且代表不同的内容。可见，美和善是有区别的。但是，美和善究竟有什么不同？何为善，何为美，二者区别在哪里？孔子没有说明。从孔子的美学思想总的倾向看，"先王天道，斯为美"（《学而篇》），以及"乐而不淫，哀而不伤"（《八佾篇》）的"中和"思想和"夫子之道，忠恕而已"（《里仁篇》）的中庸思想等，这些都强调美与善的联系。按照汉朝郑玄的注也是如此，他在注中说：《韶》乐是"美舜自以德禅于尧；又尽善，谓太平也"。《武》乐是"美武王以此功定天下；未尽善，谓未致太平也"②。因此，在他

---

① 《中国美学史资料选编》上，第49页。
② 转引自《诸子集成》第一册，中华书局1986年版，第73页。

看来，孔子所谓"尽善"与"未尽善"的区别，在于致天下"太平"或未致天下"太平"。舜自以德禅于尧，致天下于太平，所以是"尽善也"，武王以此功定天下，未致太平，所以是"未尽善也"。美是"美舜自以德禅于尧"，"美武王以此功定天下"，前者说的"文德"，后者说的"武德"。可见，美与德、善还是一致的，虽然二者分开来使用，但美仍离不开德、善的内容。事实上，从孔子好谈"仁义"，以为是立身处事以及从政的根本，从这一点看来，郑玄注的分析还是有一定道理的。

孟子（前372—前289）全面继承了孔子的思想，并发展了孔子的"仁"，变孔子的"修身"为"养性"，突出了"人性"的作用。他在美的观点上提出了"充实之谓美"（《孟子·尽心》）的论点。所谓"充实之谓美"，即充实人的品德，也就是仁、义、礼、智等。人有了仁、义、礼、智等品德，才谓之"充实"，"使之不虚，是为美人，美德之人也。"（见赵岐注）在孟子看来，美是有内容和形式的。这内容就是人的品德，也就是仁、义、礼、智等美好品质；美的形式就是品德的直接表现。焦循的《孟子正义》解释说："充满其所有，以茂好于外，故容貌硕大而为美。美指其容也。"这充分说明，美一方面要有充实的内容；另一方面，还要有"茂好于外"的形式。美是内容与形式的统一，二者缺一不可，强调了仁、义、礼、智等品质是美的根源，美与善是密切联系的。

孟子主张"人性善"，认为人的品德、仁义、善信等这些道德思想和品质，是人的本性所固有的，是先天的、是与生俱来的，而非后天所形成的。他说："仁义礼智，非由外铄我也，我固有之也。"（《孟子·告子上》）仁义等这种道德品质，非外加于我的，非由学习和实践得来的，而是先天固有的东西，这是一种十足的先验唯心论的观点。这种观点是与他的"人性论"和"养性"的观点相一致的。

荀子（约前313—前238）主张"人性恶"，他认为美不是先天的，与生俱来的，而是后天的学习和教育的结果。他说："性者，本始材朴也；伪者，文理隆盛也。无性则伪之无所加，无伪则性不能自美。"

(《荀子·礼论》)这就是说，人的本性只不过是一种原始的质朴的材料，"伪"就是人为的意思。人为是就后天的学习礼义、道德教育而说的，所以才能"文理隆盛也"。"无性"，没有原始的质朴的材料，学习和教育也就无以复加；"无伪"，即不通过道德教育和礼义的学习，则"性"即人的本性，是不能单靠它自身而成为美的。所以，美是后天学习和教育的结果，是和社会环境、伦理道德密切相关的，在这里，美和善也是有密切联系的。

荀子又说："君子知夫不全不粹之不足以为美也"（《劝学》）。只有从事学习，掌握"全"与"粹"的知识与修养才是美的。什么是"全"与"粹"呢？这就是学习道德与礼义，这是做人的根本。只有"及至其致好之也"，才能"权利不能倾也，群众不能移也，天下不能荡也。生乎由是，死乎由是，夫是之谓德操。"（《劝学》）"德操"就是"全"与"粹"的结晶，也就是美。再一次说明了美与德、善的联系。

在荀子看来，美是一种客观存在，他说："故天之所覆，地之所载，莫不尽其美，致其用"（《荀子·王制》）。美是存在于天地之间的客观事物，这些客观事物之所以是美的，就在于"致其用"。这就是说，是有功利性的，可以用来为社会服务。客观事物之所以美，就在于客观事物所具有的社会功利性质。

《易传》承继了儒家美善相兼的思路，强调人的心性的修养，认为德性提升是臻于美的境界的关键。坤卦《文言》说："君子黄中通理，正位居体，美在其中，而畅于四支，发于事业，美之至也。"意思是，君子的心灵好比黄裳，色调中和，而通达文理，身居高位但能做事得体，美在自己的内心，通畅于四肢，表现在自己的事业上，从而达到最高的美。这正是和顺集中、英华发外的思路。

第二节　结合艺术研究美

中国从先秦以后，在哲学上系统地研究美的著作很少，而结合艺术创作、艺术鉴赏来谈美的论著却十分丰富。从新石器时代的彩陶、石器，殷商的青铜器（图3.1），春秋战国的音乐，秦汉的陶俑，汉代的文学、帛画、雕刻，特别是到了魏晋南北朝产生了诗人陶潜、谢灵运，"画圣"顾恺之，"书圣"王羲之，以及后来的唐诗、宋词，宋代山水画，元代的戏曲，明清的小说等等。不但内容丰富，历史悠久，而且形成了自己独具的民族风格。中国可说是一个艺术的王国，在长期艺术实践的基础上，形成了中国古代的美学思想，它在世界美学史上占有光辉的地位。

在中国美学史上结合艺术探索美的途径，可以从三个方面来看：

一、从主客观关系研究美

图3.1 青铜器

中国古代艺术家所追求的美的境界是意境。所谓意境，就是心与物、情与景的统一，就是艺术家的主观的思想情感、审美情趣，与自然景物的贯通交融。因此，不是纯客观地描写自然，而是化景物为情思、为意境。它能引起欣赏者的想象，具有深刻的感染力。我国的诗歌、绘画以及其他艺术中，常常以精练的语言、造型、韵律，创造出感人的美的意境。如杜甫的诗句："随风潜入夜，润物细无声"，既表现了春夜怡静的气氛，又表现了诗人的愉悦的心境。短短两句诗，十个字，表现出的意境却是如此深刻细腻；特别是"随""潜""润""细"，这几个字用得精确、微妙，它能唤起读者丰富的联想和想象。这就是所谓"诗或寓义于情，而义愈至；或寓情于景，而景愈深"。

王国维说："有有我之境，有无我之境。'泪眼问花花不语，乱红飞过秋千去''可堪孤馆闭春寒，杜鹃声里斜阳暮'，有我之境也。'采菊东篱下，悠然见南山''空波澹澹起，白鸟悠悠下'，无我之境也。有我之境，以我观物，故物皆着我之色彩。无我之境，以物观物，故不知何者为我，何者为物。"① 所谓"无我之境"，并不是说真的没有"我"，不是说没有艺术家个人情感思想在其中，而是说这种情感思想没有直接外露，它主要通过客观地描写对象传达出作家的思想情感，强调的是纯粹的观照。

关于意境问题以后要专门分析，这里就不多说了。

二、从内容与形式上研究美

内容和形式的关系，既要强调内容的决定作用，也不忽视形式对内容的积极作用。艺术美是内容和形式的统一。王充所谓"意奋而笔纵，故文见而实露也"。② 既强调了美的内容的决定作用，也不忽视形式的积极作用，而把二者看作有机的统一。刘勰在《文心雕龙·总术》篇中说：如果"义华而声悴"，有好的内容而无好的形式，或者是"理拙而文泽"，辞句虽很漂亮，但理义浅薄，那也不是美的作品，这都是强调了内容的决定作用。所以，刘勰认为好的美的作品必须是"衔华佩实"（《征圣》），"舒文载实"（《明诗》），只有做到内容和形式相统一才是美的，因此，他要求"为情而造文"，反对"为文而造情"。"为情者要约而写真，为文者淫丽而烦滥"（《情采》）。那种"繁彩寡情"的文艺作品是不美的，使人"味之必厌"。

唐代画论家张彦远也说："若气韵不周，空陈形似，笔力未遒，空赋善彩"。又说："今之画纵得形似而气韵不生，以气韵求其画，则形似在其间矣。"这都强调了内容对形式的决定作用，以及内容和形式的统一。所以，他说："意存笔先，画尽意在"③，是最好的作品。宋初欧阳炯说："有气韵而无形似，则质胜于文；有形似而无气韵，

---

① 《中国美学史资料选编》下，中华书局1981年版，第434页。
② 《中国美学史资料选编》上，第120页。
③ 以上几段张彦远的论述见《中国美学史资料选编》上，第308、309、320页。

则华而不实。"① 也是强调了美的内容与形式的统一。在文艺作品中要正确处理文与情、文与质、华与实的关系，要求文质相称，既肯定质对文的决定的作用，又不忽视文对质的积极影响，这样的作品才是美的。

在音乐中要正确处理声与情的关系，要求唱声兼唱情，声情并茂，内容与形式的统一，这样才能是美的。白居易曾说："古人唱歌兼唱情，今人唱歌惟唱声。"② "声"之感人在于"情"，"感人心者，莫先乎情"③。"入耳淡无味，惬心潜有情"④，这是一种声情并茂的美。如果唱歌只有声，没有情，便不能感人心，也不能成为真正的艺术美。

在造型艺术中所谓形、神，也是讲形式和内容的关系。在中国画论中把"形神兼备"作为艺术美的重要标准。所谓"神"指人物的思想、感情、性格等，这是属于内容方面的；所谓"形"，指人物的外部表情特征。言语、动作、表情等，这是属于形式方面的。晋代顾恺之所谓"以形写神"，正是抓住人物形象的特征，表现其内在的精神品质。汉代的陶俑中就有许多传神的杰作。例如四川出土的说书俑（图3.2），刻画了古代民

图3.2　说书俑

---

① 《中国美学史资料选编》上，第320页。
② 同上书，第302页。
③ 同上书，第297页。
④ 同上书，第302页。

间说书艺人的生动形象。这位民间老艺人眉飞色舞,手舞足蹈,体态肥胖,右手扬起鼓槌,左腋下挟着一面鼓,边击鼓,边演唱,充分表现了一个喜剧情节的高潮。究竟是什么具体情节,留给人们去想象,它使我们仿佛身临其境听到说书时的哄笑声。这个塑像生动地体现了神形兼备的美学思想。艺术美离开了形,神就无所寄托;同时,形要离开了神,艺术美也就变成了没有生命的东西。

神形兼备不仅指人物形象,也指动物形象。荆浩所谓"度物象而取其真",即是通过外界物象的观察、研究而表现出其内在的本质美。如东汉工艺品《马踏飞燕》亦名《青铜奔马》(图3.3),巧妙地表现了马的神态。奔马的一只蹄,踏在一只飞燕的背上,暗示奔马的快速,连敏捷的燕子,也来不及躲闪。正好燕子的扁平躯体变成奔马的基座,把奔马升高,表现出凌空飞驰。马的躯体圆实健壮,马尾上翘,马嘴微张,仿佛可以听到喘气的声音。奔马的这些外部特征,生动地表现了马的充沛生命活力。这些艺术杰作不仅显示了两千年前的

图3.3 马踏飞燕

我国民间艺人的创造和智慧，显示了奔马的美，同时也体现了艺术中形神兼备的思想。

三、从风格上研究美

风格不单是形式问题，而是内容与形式的统一。风格的特色与时代的条件、作家的个性都密切相关。如李白在《古风二首》中说："自从建安来，绮丽不足珍。"他反对"绮丽"的风格，而要求"建安风骨"。他高唱："圣代复元古，垂衣贵清真"，说明他的美的理想放在"清真"两个字上。"清真"是他理想的风格，是他提倡的"自然"的美。他极力反对"雕虫丧天真"。这种反对"雕虫"的绮靡风格、出自自然的"天真"风格的美，是有时代与个性特点的。这是与初唐反对绮靡，提倡"建安风骨"分不开的，这是与他的浪漫主义的创造个性分不开的。正如杜甫所称赞的："白也诗无敌，飘然思不群"，"耆酒见天真"。可见"天真"正是他的风格上美的特点。

古代对艺术的品评，如《诗品》《画品》《书品》等，都是从艺术风格上研究美的。例如唐朝司空图撰廿四《诗品》，论述诗歌的风格美，分为雄浑、冲淡、洗练、劲健、绮丽、自然、含蓄、豪放等廿四目，各用四言韵语形象地描述了每种风格的特征。如描述"洗练"的特征是："犹矿出金，如铅出银。"描述"含蓄"的特征是："不著一字，尽得风流"等等。以书法的风格为例，古代对书法风格的品评，实际上就是对书法艺术美的鉴赏。例如：东晋王羲之行书的风格飘逸洒脱（见彩图2）。李白诗云："右军本清真，潇洒出风尘。""右军"是王羲之的号，是说他书法风格清真潇洒。唐朝李嗣真著《后书品》中，品评王羲之的行书"如清风出袖，明月入怀"，"如松岩点黛，翁郁而起朝云；飞泉漱玉，洒散而成暮雨"。王羲之行书风格在中国书法史上是很大的创新，它和汉魏的方劲、质朴的书法风格，迥然异趣。王的行书妍美流便，富有变化。所谓"钟繇每点多异，羲之万字不同"。因为钟繇主要擅长隶楷，风格质朴，字与字之间的变化

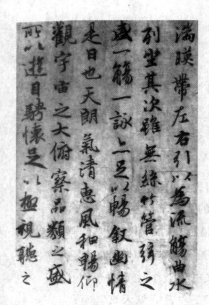

图3.4 兰亭集序（部分）

图3.5 颜真卿书法

虽不突出，但每个字的点画之间却多有异趣。王羲之主要是写行书，这里所说的"万字不同"，就是指行书在布局、结构、用笔方面的变化。如在《兰亭序》（图3.4）中"之"字多次出现，每处写法都有不同。字与字之间顾盼有情，似断还连，大小、正斜均有变化。在布局上舒展宽余，显出一种潇洒的美。

唐代颜真卿书法（图3.5）风格雄伟，大气磅礴"点如坠石，画如夏云，钩如屈金，戈如发弩"（张晏评颜真卿《刘中使帖》）。颜字用笔刚劲如"盘钢刻玉"，改变了王羲之字体欹斜结构，充分表现气势开张、结实饱满的美。柳公权楷书（图3.6）风格特点在于劲媚，所谓"筋骨舒挺，体势劲媚"颜字丰满充实，柳字舒挺劲拔，古人评为"颜筋柳骨"。怀素草书（图3.7）风格狂放。李白写诗表示惊赞："吾师醉后倚石床，须臾扫尽数千张，飘风骤雨惊飒飒，落花飞雪何茫茫。"显示了那种飘风骤雨、豪放气势的壮美风格。

绘画、雕塑、音乐等，因时代和作者的个性不同，而有各种风格，也有各种不同的美。如敦煌壁画中的"飞天"就有各种不同的形态和风格，那种在空中飘舞，轻若游丝，潇洒飘逸的美，在世界美术史上，也是少见的艺术珍品（见彩图8）。

总之，中国历史上的美学家们，关于艺

术美的研究与探讨，有以下几个特点：第一，反对以"文字入诗，以才学为诗，以议论为诗"，区分了逻辑思维与形象思维的不同，主张诗要用形象思维，而不要以抽象的说理破坏艺术形象的生动和美。第二，反对斤斤计较对于事物的外形逼真的刻画，要求抓住事物的特征，发挥艺术家的想象和创造性，达到高度集中概括，创造出真实、自然、含蓄的艺术形象；以少胜多，计白当黑，引人入胜，言有尽而意无穷的意境和美。第三，反对"死法"，提倡"活法"。主张"无法是为至法"，把"无法"与"有法"，"规矩"与"变化"结合起来，统一起来，以便生动真实地反映出客观世界的美，自由地抒发艺术家的审美的思想情感。第四，反对一味模仿古人，认为艺术家只有具备了真情实感，有了真正的创作冲动，获得新的创作意图，才能创造出美。第五，注意艺术技巧的训练。在绘画艺术中讲究笔墨的趣味，重视线条和皴法的美。所有这些关于美的创造的理论，不仅接触到艺术创作的关键问题，而且带有朴素的辩证法思想。虽然如此，但还不能科学地全面地解释艺术创造的全过程。因而往往夸大艺术家的个人天赋和灵感作用。

图3.6　柳公权书法

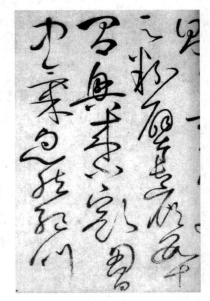

图3.7　怀素草书

第三节　结合现实研究美

中国历史上探索艺术美根源的时候，常常涉及现实美。此外，还有一些论著是直接论述现实美的。例如汉末盛行人物品藻，晋末达到高峰。南朝刘义庆编有《世说新语》，其中记载了关于人物的品评，也是很好的对美的论述。如："王武子、孙子荆各言其土地人物之美。王云：'其地坦而平，其水淡而清，其人廉且贞。'孙云：'其山嶵巍以嵯峨，其水㶁㶌而扬波，其人磊砢而英多。'"山、水和人因其条件不同，各有其不同的美。再如：

见山巨源，如登山临下，幽然深远。

时人目王右军，飘若游云，矫若惊龙。

王戎云："太尉神姿高彻，如瑶林琼树，自然是风尘外物。"

王公目太尉，岩岩清峙，壁立千仞。

有人叹王公形茂者，云："濯濯如春月柳。"

嵇康身长七尺八寸，风姿特秀。见者叹曰："萧萧肃肃，爽朗清举。"或云："肃肃如松下风，高而徐引。"①

以上这些品评说明晋人所追求的人物形象的美，是一种飘逸、洒脱、清朗、特秀的风姿、风度。这是在特定历史条件下所形成的一种性格的美。

关于自然山水的美，在《世说新语》中也有很好的论述。如：

简文入华林园，顾谓左右曰："会心处不必在远。翳然林水，便自在濠濮间想也，觉鸟兽禽鱼，自来亲人。"

王司州至吴兴印渚中看。叹曰："非唯使人情开涤，亦觉日月清朗。"

---

① 《中国美学史资料选编》上，第180—184页。

> 王子敬云:"从山阴道上行,山川自相映发,使人应接不暇,若秋冬之际,尤难为怀。"
>
> 顾长康从会稽还。人问山川之美,顾云:"千岩竞秀,万壑争流,草木蒙笼其上,若云兴霞蔚。"①

这些关于自然美的特点的记载和欣赏,有不少是值得我们重视的。

刘勰(约460—532)总结了魏晋南北朝时期文艺发展的丰富经验,建立了一个比较系统完整的美学理论。他的美的观点是建立在"自然之道"基础之上的。所谓"自然之道"的"道",指的是万事万物之理,这个"理"近似我们现在所说的万事万物的客观规律,正如黄侃在《文心雕龙札记》中说的:"万物各异理,而道尽稽万物之理"。刘勰就是用"自然之道"来说明美的产生。他认为"无识之物"的美,即自然事物的美,是由自然界本身所产生的。他说:"日月叠璧,以垂丽天之象;山川焕绮,以铺地理之形;此盖道之文也。"(《文心雕龙·原道》)这就是说,"丽天之象""地理之形",都是"自然之道"。这些自然事物,如"日月叠璧""山川焕绮",都产生自然的绚丽文采,天和地都是美的。他又说:"傍及万品,动植皆文:龙凤以藻绘呈瑞,虎豹以炳蔚凝姿;云霞雕色,有逾画工之妙;草木贲华,无待锦匠之奇;夫岂外饰?盖自然耳。"(《原道》)这段话的意思是:至于其他事物,虽有万品之多,但无论动物或植物,皆是有文采的。例如,龙和凤以美丽鳞甲、羽毛,被人看作祥瑞的象征。虎和豹以动人的皮毛,形成自己美的姿容。云霞的色彩,五色缤纷;草木的花朵,含苞待放,都不是依靠"锦匠"的奇巧加工。这些都不是外在装饰,而是自然的道理。"夫以无识之物,郁然有彩,有心之器,其无文欤!"(《原道》)无识的自然事物都这样的有文采,这样的美,何况人呢?人是有思想、有智慧的,岂能没有文采、没有美吗?可见,美在于自然事物本身,是自然事物本

---

① 《中国美学史资料选编》上,第184—185、194页。

身所固有的，不是靠外力修饰的结果，也不是人赋予的。从这一方面就说明了，美是自然的、是客观的。

柳宗元（773—819）是中唐时期的思想家，在文起八代之衰的古文运动中，其贡献可以与韩愈媲美。他认为美在于自然，一切客观事物都有它的规律，是人无法改变的。他说："山川者，特天地之物也。……自动自休，自峙自流，是恶乎与我谋？自斗自竭，自崩自缺，是恶乎为我设？"（《非国语·三川震》）他的山水游记，是他艺术创作的最高成就，他不仅从山川名胜中欣赏大自然的美，而且在山水中寄寓性情。如他在《钴鉧潭西小丘记》中说："梁之上有丘焉，生竹树，其石之突怒偃蹇、负土而出、争为奇状者，殆不可数。其嵚然相累而下者，若牛马之饮于溪。其冲然角列而上者，若熊罴之登于山，丘之小不能一亩，可以笼而有之。"在短短的不足七十字中，将山石树木的美，生动地尽情地描绘出来。他从对自然的观察中，认识到自然变化是绝对的，美也就存在于这客观的对立变化之中。

与柳宗元同时的**刘禹锡**（772—842），其美学观点基本上与柳宗元是一致的。认为美在于有形的客观物质。他在《天论》中说："今夫人之有颜目耳鼻齿毛颐口，百骸之粹美者也，然其本在乎肾肠心腑。天之有三光悬宇，万象之神明者也，然而其本在乎山川五行。"这就是说，人所以有其容颜和感官这样一些精美的部分，其根本还是在于身体；天之所以有日月星辰，也是因为它有山河五行之气作为基础。这虽然不是专门谈美的问题，但人之"粹美者"，天之"神明者"都在于客观物质，美也是如此。他提出了"理""数""势"三个哲学范畴，"理"是万事万物的原理、原则，"数"是贯穿事物发展过程的客观规律，"势"是客观事物发展的必然性。所以说："以理揆之，万物一贯也"。事物都有它们存在着的客观规律及其发展的必然性，这是任何美的创造所必须依循的根据。他又提出了"天与人交相胜"的学说，把"天"与"人"的"功能"，把自然的发展规律与社会的发展规律加以区别，认为社会美终究不同于自然美。在他看来"人"终究是社会的动物，"文以明道"，美归根结底总是要为社会服务的。

在中国古代山水画的理论中，研究自然美的特点，有不少精彩的论述。如宋代**郭熙**（生卒年月不详）《林泉高致》中的《山水训》，既是山水画的理论，又是对山水美的经验记述，鲜明地体现着对自然美的观察细致深入。"君子之所以爱夫山水者，其旨安在？丘园养素，所常处也；泉石啸傲，所常乐也；渔樵隐逸，所常适也；猿鹤飞鸣，所常亲也；尘嚣缰锁，此人情所常厌也。"① 这就是说，山水者是君子"养素""啸傲"，所"常乐"、所"常适"、所"常亲"的处所。所以，对山水美的观察十分细致，对山水的各种状态及"云气""烟岚"等做了细致的分析。关于山的"意态"美，作者说："山，近看如此，远数里看又如此，远十数里看又如此，每远每异，所谓山形步步移也。山，正面如此，侧面又如此，背面又如此，每看每异，所谓山形面面看也。如此，是一山而兼数十百山之形状，……山，朝看如此，暮看又如此，阴晴看又如此，所谓朝暮之变态不同也。如此，是一山而兼数十百山之意态，可得不究乎？"② 所谓远近，所谓正面、侧面、背面，所谓四时，所谓朝暮、阴晴看山，每看每异，而成为一山而兼数十百山的"意态"美，这种观察山的形态千变万化，是多么的细致入微。再如"春山烟云连绵人欣欣，夏山佳木繁荫人坦坦，秋山明净摇落人肃肃，冬山昏霾翳塞人寂寂"，此"景外意"也。"见青烟白道而思行，见平川落照而思望，见幽人山客而思居，见岩扃泉石而思游"，此"意外妙"也把山的四时的景色不同的美，与人的不同情感联起来，融为一体。"景外意"和"意外妙"，把山水的美人格化、心灵化，这即是艺术美的创造。

清初的**王夫之**（1619—1692）在中国美学的发展中有重大贡献。他明确地肯定了美是存在于自然的运动之中。他说："两间之固有者，自然之华，因流动生变而成其绮丽。"这就是说，天地之间固有的东西，

---

① 《中国美学史资料选编》下，第12页。
② 同上书，第14页。

是自然的精华，因"流动"即运动与变化而生"绮丽"，也就是美。美是自然事物本身所具有的，是在运动变化之中产生的。"心目之所及，文情赴之，貌其本荣，如所存而显之，即以华奕照耀，动人无际矣。"①艺术美之所以"华奕照耀，动人无际"，就在于来自现实，是现实美的能动反映，肯定了美的现实性和客观性。

叶燮（1627—1703）在对美的看法上，也有独到而精辟的见解。首先，他肯定了现实美的客观性。他说："凡物之生而美者，美本乎天者也，本乎天自有之美也。"② 其次，美虽然是客观的，但是只有人才能欣赏美。"凡物之美者，盈天地间皆是也。然必待人之神明才慧而见。"③ 肯定了美对具有一定审美能力的人才能有意义，才发生作用。再次，他列举了许多生动的例子，来说明美的客观性。如他在论到泰山之云的形态千变万化的时候说："云之态以万计，无一同也。以至云之色相，云之性情，无一同也。云或有时归，或有时竟一去不归，或有时全归，或有时半归，无一同也。此天地自然之文，至工也。"④ 在叶燮看来，泰山之云千变万化乃是自然的文采，是至美、至工的。

美是客观的，欣赏美是靠人的聪明才慧，是有条件的，这都是很对的。但美"本乎天之自有"，脱离了人的社会实践和人类社会生活，则具有旧唯物主义的直观性质。

综上所述，中国美学史上对美的本质探讨，有其独特性，与西方美学史有很大的不同。西方美学史在探讨美的本质时，直接与世界观联系起来；中国则是很朴素的，与世界观联系不是那么直接、紧密。其次，中国美学史上有许多美学范畴，如气韵、风骨、意境、神韵等等，是西方美学史上所未有的。这种美学范畴有许多辩证法思想，丰富了对美的研究，值得我们吸取和借鉴。和西方美学史一样，对美的本质问题则一

---

① 《中国美学史资料选编》下，第271、324页。
② 同上书，第324页。
③ 同上。
④ 同上书，第325页。

直没有解决。

思 考 题

1. 中国美学史上对美的本质的探索有什么特殊之点？

2. 中国美学史上结合艺术探讨美，给我们什么启示？在这方面还应该研究些什么问题？

3. 研究中国美学史上关于美的论述对于发展社会主义文学艺术有什么意义？

参考文献

1. 《国语·楚语上·伍举论美》。

2. 《里仁》《尧曰》《泰伯》《八佾》（见《论语》）。

3. 《尽心章句》《告子上》（见《孟子》）。

4. 《劝学》《王制》（见《荀子》）。

5. 《墨子·非乐》。

6. 王充：《论衡·超奇》。

7. 《征圣》《情采》（见刘勰：《文心雕龙》）。

8. 刘义庆：《世说新语》。

9. 张彦远：《历代名画记》，论顾、吴、张、陆用笔。

10. 司空图：《诗品》。

11. 郭熙：《林泉高致》。

12. 叶燮：《己畦文集》卷六、卷九。

13. 王国维：《人间词话》。

第四章 美的本质的初步探索

上面的分析说明在美学史上关于美的本质的意见分歧，归根到底是哲学观点上的分歧。由于哲学观点的不同，对美的研究的途径和对美的根源的说明也就不同。下面谈谈我们对美的本质的一些初步探索：

第一节 美的本质和人的本质、生活的本质的关系

美的本质和人的本质、生活的本质有着密切的联系。因此，在对美的本质的探索中，必然涉及对人的本质、生活的本质的理解。前面谈到，车尔尼雪夫斯基提出的"美是生活"虽有进步意义，但是由于他是从旧唯物主义人本主义出发，不能正确理解人的本质、生活的本质，因此对美的本质也不能作科学说明。随着马克思主义哲学的产生，科学地说明了人的本质、生活的本质，这对我们探索美的本质有重大的指导意义。

马克思说："人的类特性恰恰就是自由的有意识的活动"[1]，又说："人的本质……是一切社会关系的总和。"[2]

这两段话是从不同的角度说明人的本质、特征，前一段话是就人

---

[1] 马克思：《1844年经济学哲学手稿》，人民出版社1985年版，第53页。
[2] 《马克思恩格斯选集》第1卷，人民出版社1995年版，第60页。

和自然的关系,分析人与动物的本质区别在于人是自由创造的主体。动物只能适应自然,人不仅适应自然,而且能改造自然。而改造自然是一种有目的有意识的活动,如制造石器。后一段话是从人的本身进行分析,指出人不是"单个人所固有的抽象物",不是生物学上的人,而是"一切社会关系的总和"。批评费尔巴哈脱离开人的社会性、人的历史发展,假定出一种抽象的人类个体,他所理解的人的本质是从单个人中抽象出来的。实际上,每个人都是处在一定社会关系中、从属于一定社会形式的。对这两段话的内容须作统一的理解。因为人类有意识有目的的活动,从一开始就是社会的实践,是在一定社会关系下进行的。离开了人的社会关系去谈人的"自由创造",便会陷于抽象的研究之中。

对社会生活的本质的理解,必然联系到人的本质。因为社会生活是人类所特有的生活。人在一定的社会关系中从事实践活动、自由创造,这既体现了人的本质,也体现了生活的基本内容。如果离开了人的实践,生活就是空的,人类社会也不可能存在,所以马克思说:"社会生活在本质上是实践的。"

马克思还在《关于费尔巴哈的提纲》中提出对事物、现实、感性(特指客观世界)都应"当作实践去理解",意思是要结合主体的实践去了解客体。马克思批评了两种倾向,一种倾向是对事物、现实、感性,"只是从客体的或者直观的形式去理解"[1],就是把客体的形式看作是和人的实践活动没有关系的纯客观的东西。这是指的旧唯物主义(包括费尔巴哈在内)。这种哲学观点反映在美学中,就是把美看作事物的纯自然属性的感性形式,如亚里士多德提出的美是"秩序、匀称与明确",博克提出的美是细小、光滑、匀称等等。这种美学观点也可以说是见物不见人的美学。由于脱离实践、主体,所以他们往

---

[1] 《马克思恩格斯选集》第1卷,第60、54页。

往是静止地去研究美的形式，不是把美放在历史发展过程中去考察。另一种倾向是否认客观现实的存在，用精神来说明世界的本源，他们不知道现实的感性活动本身就是实践，抽象地发展了能动性。这是指的唯心主义。例如黑格尔提出的美是"理念的感性显现"就是如此。他们从根本上否认美的客观存在本身，走向了另一极端。而马克思提出的实践观点，不仅与唯心主义划清了界限，而且和旧唯物主义也划清了界限，肯定了客观现实的存在和社会生活的本质是实践，而不是什么精神。实践是历史的发展动力，也是马克思主义哲学的理论基础。客观事物首先是人们实践的对象，实践的产物，然后才能成为认识的对象。客体的形式，实际上是经过人们长期实践的产物。马克思说："打个比方说，费尔巴哈在曼彻斯特只看见一些工厂和机器，而一百年以前在那里却只能看见脚踏纺车和织布机……"① 又说："这种连续不断的感性劳动和创造、这种生产，是整个现存感性世界的非常深刻的基础……"② 再比如我们今天看到的美丽的北京城，最早不过是一个居民点。几千年前，大约在夏商奴隶社会时期才形成城市——蓟城。城市的面貌的变化是经过许多世代的实践活动的结果，而且现在还在

图4.1　南宋小品

---

① 《马克思恩格斯全集》第3卷，第49页。
② 同上书，第50页。

继续发生变化。至于各种具体的产品以及植物和动物，无不留下作为实践主体的人的意志烙印。正如马克思所说："动物和植物通常被看做自然的产物，实际上它们不仅可能是上年度劳动的产品，而且它们现在的形式也是经过许多世代、在人的控制下、借助人的劳动不断发生变化的产物。"① 这说明，动植物现在的形式都是经过许多世代的人的劳动的结果。

马克思所提出的要从实践、主体去理解事物、现实和感性，是一个很深刻的思想，这个思想体现了鲜明的辩证唯物主义世界观——后来在《德意志意识形态》中作了进一步发挥——对于探索美的根源开辟了一条广阔的道路，特别是在方法论上对研究美学有着很重要的意义。

第二节　美的根源在于社会实践

美的事物引起人们的喜悦虽然离不开一定的感性形式，但是这种喜悦的根源并不在于感性形式的本身，研究美的本质，就是要探索是什么因素决定这些感性形式成为美的。

我们认为美的事物之所以能引起人们的喜悦，就是由于里面包含了人类的一种最珍贵的特性——实践中的自由创造。关于美和自由创造的关系，旧唯物主义者根本否认实践，在美的问题上，他们从来是贬低、否认自由创造的意义。唯心主义者则是把自由创造神秘化，或者蒙上神学的迷雾、或是看做心灵的创造。马克思曾说："黑格尔唯一知道并承认的劳动是抽象的精神的劳动。"② 抽象的精神的劳动即是所谓心灵的自由创造。我们所谓自由创造是生产实践中的劳动创造。所谓自由，并非毫无必然性，不受必然性的约束；也不是任何随便的意思。自由是对

---

① 马克思：《资本论》第 1 卷，人民出版社 1975 年版，第 206 页。
② 马克思：《1844 年经济学哲学手稿》，第 120 页。

必然性的认识与把握，自由创造即按照人类认识到的客观必然性，也就是按照客观规律去改造世界，以实现人类的目的和要求的物质活动。自由创造是合目的性和规律性的统一。二者是在生产实践基础上统一起来的。人类社会的生产活动，是一步又一步地由低级向高级发展，因此，人们的认识，不论对于自然界方面，对于社会方面，也都是一步又一步地由低级向高级发展，即由浅入深，由片面到更多的方面。人对必然性和规律性的认识，也是一步又一步地由低级向高级发展，人的自由是逐步发展的，人的自由创造也是一步又一步地发展起来的。由原始社会生产的粗糙的石器，到近代生产的精美的产品、工艺品，都是在认识客观必然性和规律性的基础上进行的，都是自由的创造。自由创造，这种特性之所以是最珍贵的，首先是由于实践中创造了物质财富和精神财富，满足了人类社会生活需要的衣食住行等。人类社会生活是一天也离不开物质财富的创造的。其次，由于实践中的创造推动了历史的发展，没有创造就没有人类历史的发展。社会生活中一切进步都与创造相联系。人类社会的发展总是在继承以往发展全部丰富性的基础上不断创新，即使在"劳动异化"的条件下，人民群众的创造力受到压抑与损害，但创造也没有停息，只是由于条件不同，创造的特点不同罢了。再次，在创造中体现了人类的智慧、勇敢、灵巧、力量等品质。这些品质能普遍地为人们所喜爱。创造不仅是智慧的花朵，同时还表现了人的坚毅、勇敢的品质。真正的创造需要勇气和坚毅，创造是艰苦的劳动，在艰苦劳动中孕育着成功时的巨大喜悦。所以在实践中的自由创造是人类最珍贵的特性。这一最珍贵的特性的形象表现就是美。马克思说："劳动创造了美。"这虽然是《1844年经济学哲学手稿》中，关于"异化"劳动中的一句话，却总结了美的产生。美是在劳动中、在实践中自由创造的结果。那么，美是如何在劳动中产生？自由创造如何才产生美的呢？下面谈谈我们对这个问题的初步理解。

第三节　在自由创造中如何产生美

这个问题在理论上有三个环节需要说明：

（1）生产劳动是一种自觉的有意识有目的的活动。首先，人类的生产劳动是从制造生产工具开始的。动物也生产，但它不会制造生产工具，只能适应于自然，受限制于自然。而人类生产由于会制造工具，则能改造自然，使自然为自己的目的服务，这是人类生产与动物生产的根本不同。恩格斯曾在比较猿的手与人的手的异同时说：在"骨节和筋肉的数目和一般排列，两者是相同的"，然而"任何一只猿手都不曾制造哪怕是一把最粗笨的石刀"。① 由于人类会制造生产工具，所以能改造自然，正如恩格斯所说："动物仅仅利用外部自然界，简单地通过自身的存在在自然界中引起变化；而人则通过他所作出的改变来使自然界为自己的目的服务，来支配自然界。"② 这就是说，人类生产表现为一种有意识有目的的自觉活动。其次，"劳动过程结束时得到的结果，在这个过程开始时就已经在劳动者的想象中存在着，即已经观念地存在着"。③ 不论是建设我们的国家，还是修建一座工厂，试制一种产品都要先有规划或设计蓝图。马克思曾把蜜蜂的活动和建筑师的活动作了有趣的对比。他指出："最蹩脚的建筑师从一开始就比最灵巧的蜜蜂高明的地方，是他在用蜂蜡建筑蜂房以前，已经在自己的头脑中把它建成了。"④ 正因为建筑师在用蜂蜡建筑蜂房以前，就已经把它在头脑里建成了，所以，人能根据具体情况的改变和发展，相应地改变设计的蓝图和提高建筑蜂房的工作效率，这是动物根本做不到的，人则能在劳动过程结束以前随时改变劳动的设计蓝图。这些都说明有意识有目的的生产

---

① 《马克思恩格斯选集》第 4 卷，第 375 页。
② 同上书，第 383 页。
③ 马克思：《资本论》第 1 卷，《马克思恩格斯选集》第 2 卷，第 178 页。
④ 同上。

活动是人类区别于动物的本质特征。随着社会实践的发展，人类对自然规律的了解的增长，在生产中的目的性、自觉性也在不断发展。人们不仅从眼前局部的利益确定自己的活动目的、计划，而且能从长远的整体利益考虑自己的目的计划。"人离开动物越远，他们对自然界的影响就越带有经过事先思考的、有计划的、以事先知道的一定目标为取向的行为的特征。"① 所以在生产活动中人类是作为一种自由创造的主体而出现的。

（2）在生产物上必然打上人的意志的烙印。人类在生产中是按照预先想好的目的、计划去积极地改造自然界，在改造自然时，能在自然物上引起一个预定的变化，并且经过这个变化，使自然物成为与人类目的相适应的自然物。在这个过程中，"劳动与劳动对象结合在一起。劳动对象化了，而对象被加工了"②，创造了一个符合人类生活需要的有用的生产物。同时，这个生产物的自然形态的变化，是根据人的目的所引起的，所以生产物的自然形态的变化上，必然打上人的"意志的印记"，表现着人的目的和人改造自然的创造力量。"在劳动者方面曾以动的形式表现出来的东西，现在在产品方面作为静的属性，以存在的形式表现出来。"③ 所以，生产物的静的存在形态，即它的特征、状貌，成为表现人在劳动时动的形态中所表现的东西，这就是人类在实践中改造自然的创造力量（精神的和肉体的），又表现了人的本质和内容。所创造的对象则是人的作品，也是人的现实，是人自身的"对象化"和肯定。

（3）在对象世界中直观自身。劳动的产品不仅能够满足人类的生活需要，是有益有用的；而且能在它的静的存在形态，它的感性的形式特征和状貌中看到人类的创造劳动，看到作为自由创造的人自身的力量、

---

① 《马克思恩格斯选集》第 4 卷，第 382 页。
② 马克思：《资本论》第 1 卷，《马克思恩格斯选集》第 2 卷，第 180 页。
③ 同上。

智慧与才能。"在他所创造的世界中直观自身。"① 这种"直观自身"的能力，也是在生产实践活动中产生的。正因为人有这种"直观"能力，并能在自己创造的对象中"直观自身"，即看到了人类的自由的创造劳动，看到人类的目的、理想，与人类的力量、智慧和才能的实现，因而在对象中感到自由创造是珍贵的，能引起人的喜悦。当对象以表现创造活动内容的感性形式特征而引起人的无比的喜悦时，这个对象就被称为美的。美是什么呢？美就是人的自由创造的形象的生动表现。它是在人类改造自然的实践中产生的。美一产生，并不是像我们现在看到的那样丰富多彩，充满人间，而是在人类初期有一个从实用到审美、从低级到高级长期发展的历史过程。这个过程到今天还在不断地丰富和扩大，以至无穷。

但是在生产劳动中的产品并不是一切都是美的。这是因为，第一，并不是所有劳动中的产品都能体现人的自由创造。自由创造是有具体的历史的内容的。它所体现出的人的智慧、才能和力量，不仅是人类历史的发展的结果，而且体现了历史上发展的先进水平。因此，在这一时代的某些产品，只有体现了先进的生产水平的自由创造，才可以说，这个产品是美的。例如，原始社会的粗糙的石刀，在那个时代可能是美的，体现了人的自由创造。可是在今天，人类的生产发展大大前进了，有了本质的不同，人类的审美能力和要求也向前发展了，不会再去生产这种粗笨的石刀，我们只能把它作为特定历史条件下人的自由创造的成果来观赏或研究。第二，产品要达到美，除了自由创造的内容以外，还有一个自然形式问题。前面我们说过，在劳动生产中使自然物发生一个形式上变化，和在自然物中实现自己的目的要求，这两方面应该结合起来考察。一方面，在自然物的形式变化上要符合实用的目的、要求；另一方面，由于形式美的产生以及它的相对独立性，人们在生产一件产品时不仅考虑到实用，还要体现出人对

---

① 马克思：《1844年经济学哲学手稿》，第54页。

形式法则的自觉运用，以便满足人的进一步的审美要求。这样的形式才能成为完美的形式。美的内容和形式都是自由创造的结果，都使人感到舒畅和自由，这样美的内容和形式才能达到高度的有机结合。但事实上并不是在一切产品中二者都能有机地结合起来，有些产品虽较有实用价值，但形式是不美的，这样也不能成为美的对象。

  人的生产劳动是有目的有意识的，因而人能把人本身和劳动加以区别。劳动可以成为人的认识对象和欣赏对象，这是动物所根本做不到的。恩格斯曾讲过在动物中也有有意识、有计划行动的能力，如狐狸如何运用关于地形的丰富知识来躲避追逐者，但是他强调指出："一切动物的一切有计划的行动，都不能在地球上打下自己的意志的印记。这一点只有人才能做到。"① 马克思在说明动物的生产与人类的生产根本不同时指出：动物也生产，但动物只是片面的生产，在直接的肉体需要的支配下来生产；而人则是全面的生产，在摆脱了肉体的需要时才真正地进行生产。"动物只生产自身，而人再生产整个自然界；动物的产品直接同它的肉体相联系，而人则自由地对待自己的产品。"② 这说明人类生产的产品不仅能够满足物质生活的需要，而且能满足各种精神生活的需要。所以，马克思又说："动物只是按照它所属的那个种的尺度和需要来建造，而人却懂得按照任何一个种的尺度来进行生产，并且懂得怎样处处都把内在的尺度运用到对象上去；因此，人也按照美的规律来建造。"③ 因为动物没有人类的社会意识，只有本能的需要，所以，它只能按照"它所属的那个物种的尺度和需要来进行塑造"，所谓"物种的尺度和需要"，即该物种之所以为该物种的那种尺度和需要，如动物就只会营造巢穴，像蜜蜂、海狸、蚂蚁等所做的那样。这既是该物种的尺度，又是它的本能的需要。而人则不

---

① 《马克思恩格斯选集》第 4 卷，第 383 页。
② 马克思：《1844 年经济学哲学手稿》，第 53—54 页。
③ 同上书，第 53 页。

第四章 美的本质的初步探索

然，他的活动是有意识有目的的，是自由的自觉的创造，他不是局限于任何一种物种的尺度，而是"懂得按照任何物种的尺度来生产"，即是不受任何限制地、按照客观规律来生产。所谓"内在的尺度"，即是人本身客观要求的尺度，一方面要认识客观规律，一方面

图 4.2 恽寿平花卉

要符合人本身的需要，这两方面的有机结合，即"内在的尺度"。所以叫"内在的尺度"，因为它不是外在的物种的尺度，例如，桌子原本是木头做的，需要先认识木头的质地、性能、硬度等，再根据人自己的需要，这两方面的结合，才能制造出桌子来。桌子之所以成为桌子，即是桌子的"内在固有的尺度"，而木头的尺度对桌子来说反而是外在的。人的自由创造就是在认识客观规律的基础上，根据自己的目的需要，对对象进行能动的自由的加工的结果。再拿制造桌子来说，就要在认识木头的客观规律的基础上，再根据人的不同的目的要求，才能制造出各式各样的桌子来，根据桌子的"内在固有的尺度来衡量"，使桌子既可适合人的物质生活的需要，它的形象又可以满足人的精神上的审美需要。所以人也是按照美的规律来造就东西的，美就存在于人类劳动产品之中。美都是有形式和内容的。它的内容是自由创造活动，它的形式是感性的形象。内容和形式的辩证关系，同样也适用于美。美是内容和形式的统一，是对象的形式特征表现人的自由创造活动内容的感性形象。在生产实践的过程中，只要劳动本身成

为体现人的自由创造的生动的形象，同样也是美的。正是由于美表现着人的自由创造活动的内容（人的目的、力量、智慧与才能等珍贵的特性），所以它才能普遍地引起人的喜悦的情感，也就是美感。

第四节　美和生活

马克思说："动物和自己的生命活动是直接同一的。动物不把自己同自己的生命活动区别开来。……人则使自己的生命活动本身变成自己意志的和自己意识的对象……有意识的生命活动把人同动物的生命活动直接区别开来。"① 这就是说，动物没有意志和意识，所以不能把自身和生命活动区分开来；而人则有意志和意识，可以把自己同自己的生命活动区分开来，成为自己认识和欣赏的对象。所以只有人才能在劳动实践中，不仅可以把产品作为美的对象，人的生命活动本身、即劳动活动和生活本身也可以成为美的对象。这是一方面。另一方面，更主要的是，人类的实践活动从一开始就是社会的，在一定社会关系中进行。它是社会物质生活的基本内容。在生产中，人只有结成一定的生产关系才能进行生产活动。所以，作为自由创造主体的人，也不是抽象的生物学上的人，而是社会的具体的历史的人，是在一定的生产关系之下的人。在美的事物的感性形象中所表现人的创造活动，人的目的、力量、智慧与才能，——这些人的内容都是具体的历史的，具有一定社会关系的性质，是一定社会关系下的生活的内容。因此，我们可以说，美作为对象的形式特征表现着人的自由创造活动内容的感性形象，实际上也就是表现着一定生活内容的感性形象。

美作为表现一定生活内容的感性形象，并不是任何生活形象都是美的，在生活中有一大部分形象是不美也不丑的。美只是那种肯定着人的

---

① 马克思：《1844年经济学哲学手稿》，《马克思恩格斯选集》第1卷，第46页。

自由创造的活动，肯定着人的目的、力量、智慧与才能的实现，人在其中能感到自由创造的喜悦的那种生活形象。所以，只有符合社会发展规律，表现社会实践的前进要求，肯定人的进步理想的生活形象，才是美的。与此相反，那种违背社会发展规律，阻碍社会实践前进要求、否定先进理想的那种腐朽的、糜烂的生活形象则是丑的。美与丑是相比较而存在，相斗争而发展的。美是随着社会实践的发展而不断发展的，永恒的、绝对的美是根本不存在的。

劳动和劳动的对象化在探索美的本质上十分重要。因为它揭示了一个秘密，说明事物的感性形式所以能引起人们的喜悦而成为美的事物，是和自由创造的主体分不开的。但是劳动对象化不等于"精神的外化"，因为劳动对象化是人们在物质实践活动中对自然进行改造的结果。同时劳动对象化也区别于那种只从直观得来的形状去理解对象，而不是从实践、主体方面理解对象。如果把实践中主体与客体的关系完全割裂，这样是无法理解美的本质的。

思 考 题

1. 美的本质和人的本质是什么关系？
2. 为什么说劳动创造了美？
3. 什么是自由创造？为什么说自由创造是人类最珍贵的特性？
4. 美的规律是什么？何谓"内在固有的尺度"？

参考文献

1. 马克思：《1844年经济学哲学手稿》，"异化劳动和私有财产"。
2. 马克思：《关于费尔巴哈的提纲》（见《马克思恩格斯选集》第1卷）。
3. 马克思：《资本论》第1卷第五章（见《马克思恩格斯选集》第2卷）。
4. 恩格斯：《劳动在从猿到人转变过程中的作用》（见《马克思恩格斯选集》第4卷）。
5. 蒋孔阳：《建国以来我国关于美学问题的讨论》，《复旦学报（社会科学版）》1979年第5期。

6.《美学问题讨论资料（1949—1966）》（"关于美的本质"部分，见《美学论丛3》）。

第五章 真善美和丑

第一节 美和真善的关系

美的特殊本质表现在它与真善的相互联系和区别之中。研究真善美的关系是进一步说明美的事物与规律、功利的内在联系。

一、美学史上关于真善美的几种看法

一种看法是美与真善无关。如康德本来认为美与真善是有区别的，但由于走向了极端，结果变得美与真善不仅没关系，而且相反，真善对于美是有害的了。他认为美是完全不涉及利害计较，完全不涉及概念的一种快感，一种纯形式，无利害计较即无善。所谓概念即理性概念，即是真。真都是用概念来表达的。不涉及概念，即是说美与真也无关系。美与真善无关，美即无内容的纯形式。所以康德的美学是形式主义美学始祖。再如俄国的托尔斯泰，他虽然是一个伟大的艺术家，但反对真善美有任何联系。他认为："'善'是我们生活中永久的、最高的目的。……我们的生活总是竭力向往'善'的"。而"'美'只不过是使我们感到快适的东西。""'美'的概念不但和'善'不相符合，而且和'善'相反，因为'善'往往是和热情的克

制相符合的,而'美'是我们的一切热情的基础。"① 至于"真","只是指事物的表达或事物的定义与它的实质相符合,或者与一切人对该事物所共有的理解相符合。"它本身既不是善,也不是美,"甚至跟'善'与'美'不相符合。"② 从这里我们可以看出,对真善美的关系的理解决定于对美的本质的理解。如康德认为美是一种纯形式,因此得出美与真善无关的结论。

第二种看法是强调美与真善的关系,甚至认为美与真善不分。如法国古典主义者布瓦洛认为真善美必须统一。他说:"处处能把善和真与趣味融成一片","只有真才美,只有真才可爱"③。莎士比亚曾说:"美看起来要更美得多少倍,若再有真加给它温馨的装潢!"④ 前面讲过孔子所讲的"里仁为美",意思是和有仁德的人在一起,才能算是品德好的人。孟子所谓"充实之谓美",美也是指人的品德的充实。在这里美和善成为同义词了。

第三种看法是美和善既有联系又有区别。如法国狄德罗认为:"真、善、美是些十分相近的品质。在前面的两种品质之上加以一些难得而出色的情状,真就显得美,善也显得美。"⑤ 这里所说的出色的情状,指生动的形象。

二、我们对真善美关系的一些看法

我们认为在生活中真善美常常是结合在一起的,是一个统一的整体。所谓真,指客观规律;所谓善指功利;所谓美是指在实践中真善的形象体现。

我们举一个例子来说明。

---

① 《西方美学家论美和美感》,第261页。
② 同上。
③ 同上书,第80—81页。
④ 《莎士比亚全集》第11卷,人民文学出版社1978年版,第212页。
⑤ 《西方美学家论美和美感》,第135页。

第五章　真善美和丑

图5.1　春到西藏

有一幅画叫"春到西藏"（董希文作，图5.1），现在我们不是分析这幅画的艺术性，而是以画中所反映的生活形象，来说明真善美的统一。"春到西藏"是个双关语，既表现了西藏春天的明媚的自然景色，又表现了西藏人民解放后生活的"春天"。田野上几个农民正在锄地，一条新修的公路穿过田野伸向远方，绚丽的桃树、绿色的田野、蔚蓝的天空、皑皑的雪山、红色的长途汽车、几个村民为了搭车正沿着公路奔跑，地头的农民有的在张望，有的在交谈，流露出喜悦的表情。这些情景，作为一种生活形象看，里面体现了真善美的统一。

首先，体现了真，因为西藏人民的这种新生活，体现了社会发展的客观规律。农奴制被废除了，打破了旧的生产关系的束缚，生产力获得解放，农民在自己的土地上劳动，群众充分发挥了生产的积极性。

其次，体现了善，因为农奴制的废除，给西藏人民带来新的生活和自由、幸福，为了建设新的西藏，在偏远地区修筑了公路，这对人民的经济和文化生活都会产生重大影响，工业产品可以运进去，农村产品可以交流，这里面潜伏的功利，也就是善。

再次，这种真、善在实践中的形象体现也就是美。美不是在真善之外附加上去的东西，而是真善在实践中所显现的生动形象。如上面所说的农民们愉快的劳动、绿色的田野、绚丽的桃花、明朗的天空、新修的公路、红色的汽车等等，这些生动的形象组成了一幅美的生活画面。

从劳动产品上也能体现出真善美的统一。例如修建一座大型水库必须以"真"为前提，也就是要按照客观规律才能顺利完成水库工程的设计施工，如必须事先进行地质勘探，研究地形、水的流量等等；修建水库总是有一定功利目的，水库建成后可以灌溉、发电、养鱼等等，这种功利性，也就是广义的"善"；而水库修成后所呈现出来的生动形象，如巨大的堤坝、广阔的水面、宏伟的气势等，这些都是对人的自由创造的积极肯定，也就是美。

这里要作一点说明：当我们看到上述生活形象而引起美感的时候，不一定想到真善，但是经过分析，可以发现里面包含着"真"和"善"。人们在欣赏美的时候有以下特点：

（1）美引起人们享乐的特殊性在于直接性。即由生动鲜明的形象直接引起美感。在欣赏美的时候，往往并不想到功利、规律。在欣赏"春到西藏"的生活形象时不一定先想到这是体现生产力的解放。

（2）在美所引起的愉快的根底里，潜伏着功利。没有想到功利，不等于形象中没有功利内容。愉快的根底里潜伏着人民的利益。所谓"潜伏"是指和功利的联系是间接的，隐晦的。鲁迅讲："功用由理性而被认识，但美则凭直感底能力而被认识。享乐着美的时候，虽然几乎并不想到功用，但可由科学底分析而被发见，所以美底享乐的特殊性，即在那直接性，然而美底愉乐的根底里，倘不伏着功用，那事物也就不见得美了。并非人为美而存在，乃是美为人而存在的。"①

（3）下面分别说明一下美与真善的联系和区别。

首先是美与善的关系。

善是和功利直接联系的。但我们这里所说的善，比伦理学中所讲的善在外延上还要更广泛一些。包括人的道德行为以外的许多事物的社会功利性质，也就是指符合人的目的性。

美以善为前提。因为人类改造世界的实践活动，它的出发点和最终目的都是为了实现和满足一定社会集团、或一定阶级的利益。鲁迅在评述普列汉诺夫的美学观点时，曾说："在一切人类所以为美的东西，就是于他有用——于为了生存而和自然以及别的社会人生的斗争上有着意义的东西。"② 这是就美的内容看，美的事物是一种肯定的有积极意义的生活形象。

但是美和善又有区别。主要表现在：

（1）从功利关系上看，善直接和功利相联系，衡量一件事物是否善，是以社会功利作为客观标准，如某一道德行为是否对社会有利。而美和功利是一种间接联系，功利是潜伏在形象中。

（2）从内容和形式的关系上看，善虽有形式，但主要不是讲形式，也可以不顾及形式，人们对善的把握主要是通过概念去揭示对象的功利性质；而美是在内容和形式统一的基础上，注重形式，强调内容要显现为生动的形象，如人物要有情状，即所谓"充内形外之谓美"（张载）。

（3）善是意志活动（目的、功利）的对象，而美是认识和观赏的对象，能唤起情感的喜悦。

美与真的关系。

真是指客观世界自身的变化、发展规律。真理是指对客观事物及其

---

① 《鲁迅全集》第4卷，人民文学出版社1959年版，第207—208页。
② 同上书，第207页。

规律的正确反映。

美的产生是人在实践中，以对真的认识和掌握为前提。外部世界、自然界的规律，乃是人的有目的的活动的基础。人的实践活动只有在符合客观规律的基础上，才能实现人的目的。所以，人的自由创造，必须依靠对客观的必然性的认识才能进行。自由创造是人类在改造自然中所特有的能动性。改造自然要符合自然的规律和必然性，改造社会也要符合社会发展的规律和必然性。

但是，真并不就是美，因为美并不就是客观规律本身，客观规律可以脱离人的实践、主体而独立存在，而美却不能离开人的实践，不能离开主体的功利目的和生动形象。所以美和真的区别首先在于真是客观规律本身，而美是通过实践，在认识客观规律的基础上，肯定人的自由创造的生动形象。其次，真是求知的对象，引起人们去追求真理，了解客观世界本身的内在联系，而美却是欣赏的对象，它具有生动的形象，是对人自身本质力量的肯定。

总之，美不能离开真和善，但又有不同。只有当人掌握了客观世界的规律，也就是真的时候，并把它运用到实践中去，达到了改造客观世界的目的，实现了善，并且表现为生动的形象才可能有美存在。真、善、美的相互联系和区别，只有在社会实践中才能具体地历史地得到说明。

第二节　美　和　丑

前面分析了美的本质、美和真善的联系。这是研究美本身的性质，说明美具有一种肯定的生活意义。现在我们还要研究作为美的反面——丑。任何事物都是矛盾两方面的对立统一，善恶、美丑也是相互依存、相互转化的。下面谈谈我们对丑的本质的一些看法：

一、什么是丑

在美学史上对丑的论述远不如对美的研究充分，往往是在论述美的本质时为了进行比较才附带地谈到丑。如荷迦兹认为丑是自然的一种属性，适宜可以产生美，不适宜则会变成丑，他用赛马和战马的不同性质、体形来说明："赛马的马的周身上下的尺寸，都最适宜于跑得快，因此也获得了一种美的一贯的特点。为了证明这一点，让我们设想把战马的美丽的头和秀美的弯曲的颈放在赛马的马的肩上，……不但不能增加美，反而变得更丑了。因为，大家的论断一定会说这是不适宜的。"①他还认为变化可以产生美，而"没有组织的变化，没有设计的变化，就是混乱，就是丑陋"。②鲍姆嘉通认为："完善的外形……就是美，相应不完善就是丑。因此，美本身就使观者喜爱，丑本身就使观者嫌厌。"又说："美学的目的是（单就它本身来说的）感性知识的完善（这就是美），应该避免的感性知识的不完善就是丑。"③他对什么是感性认识的完善解释比较清楚，对什么是感性知识的不完善，则没有或很少解释。谷鲁斯则是从主观的感受来规定丑的本质，他认为"丑这个范畴是在审美的外观上肯定会使高级感官感到不快的东西。"④这里有两个问题：一是否认丑是事物本身的一种客观性质，由于这种性质才引起特定的感受；二是丑可以引起不快，但引起不快的并不一定都是丑，如室内的温度过热或过冷都能使人感到不快，但并不是丑。克罗齐认为美是成功的表现，丑是一种不成功的表现。他所谓的"表现"是指主体心中所产生的物象。他说："丑和它所附带的不快感，就是没有能征服障碍的那种审美活动；美就是得到胜利的表现活动。"又说："丑就是不成功的表现，就失败的艺术作品而言，有一句看来似离奇的话实在不错，就是：

---

① 《西方美学家论美和美感》，第 102 页。
② 同上书，第 103 页。
③ 同上书，第 142 页。
④ 转引自李斯托威尔：《近代美学史评述》，上海译文出版社 1980 年版，第 232 页。

美现为整一，丑现为杂多。"① 他也是否认丑是客观事物的一种性质，他所谓"表现"，即心中的物象，实际上都是指的精神活动，在艺术中仅仅把丑归结为形式上的杂多也是片面的。

以上说明丑是一种客观存在的社会现象。下面谈一谈我们对丑的特征的一些初步理解：

第一，丑和恶虽然有密切联系，但是丑并不等于恶。这里要说明两点：

(1) 丑是恶的表现的一个侧面。恶与功利的关系是直接的，而丑的形象和功利的关系是间接的，丑虽然涉及功利却不等于功利。例如民歌中写道："头发梳得光，脸上搽着香，只因不生产，人人说她脏。"这里所说的"脏"，实际上就是指丑。这首民歌中虽然包含着功利，但并不是直接表述一种道德观念，而是对形象美丑的评价。对丑必须从形象上才能把握，对恶则可以通过概念去把握。

(2) 长相的丑是属于人的生理特征，并不一定和恶有必然联系。一个人长相的丑并不影响他内在品质是美好的。中国古代有一位丑妇叫嫫姆，《列女传》上说嫫姆是黄帝的第四妃，"貌甚丑而最贤"。《路史》上说"嫫姆貌恶而德充"，意思是貌丑而心灵却是美的。

第二，形式丑——畸形、毁损、芜杂等等。这些丑的特征和形式美中的均衡、对称、完整、和谐等相对应。形式丑形成原因较复杂，就人物形象看，一种情况是由于先天的条件或疾病所形成的生理缺陷。按照人的正常发育，头部和全身的比例大体为 1∶7，但是古代所谓的"侏儒"，身体特别短小，看上去像是一个成年人的头长在小孩的身体上，这种畸形的体态，使人感到不协调。或者是由于疾病的摧残而形成种种躯体的毁损，如驼背、跛脚等，这些都属于形式丑。另一种情况是由于某种社会条件造成的畸形、毁损，丑作为一种社会现象体现了劳动异化条件下对人的本质的否定。车尔尼雪夫斯基在分析"丑"的时候曾说：

---

① 《西方美学家论美和美感》，第 290 页。

"长得丑的人在某种程度上都是畸形的人；他的外形所表现的不是生活，不是良好的发育，而是发育不良，境遇不顺。"① 这段话指出了人体的畸形是丑的特征，并从人本主义对生活的观点出发指出丑具有一种对生活的否定的性质。罗丹也说过类似的话："所谓'丑'，是毁形的，不健康的，令人想起疾病、衰弱和痛苦的，是与正常、健康和力量的象征与条件相反的——驼背是'丑'的，跛脚是'丑'的，褴褛的贫困是'丑'的。"② 这里还需要特别地说明一种情况，就是有的人由于种种原因，毁损了外形，甚至躯体残废，但是，身残志不残，躯体的残废反而激励了革命的意志，经过种种的艰苦的训练，克服了生理上的缺陷，在工作中做出了令人惊异的成绩。这时候外形的残废、毁损，可以成为在特定条件下心灵美的形象体现，这种美不是一般的优美，而是崇高，是在毁损的外形中显示了人的巨大的精神力量。

二、美与丑的关系

美和丑的同一性表现在两个方面：

（1）美和丑相互依存。

毛泽东同志曾说："真的、善的、美的东西总是在同假的、恶的、丑的东西相比较而存在，相斗争而发展的。"③ 晋代的葛洪曾经说："不睹琼琨之熠烁，则不觉瓦砾之可贱；不窥虎豹之或蔚，则不知犬羊之质漫。"④ 看不见美玉的光泽闪烁，则不知道瓦砾之低贱，看不见虎豹的文采，则不知犬羊之"质漫"。"质漫"是不好、丑的意思，这也说明美与丑是相比较而存在的。文艺复兴时期达·芬奇也讲过："美和丑因互相对照而显著。"法国文学家雨果曾讲："丑就在美的旁边，畸形靠近着优美"，"滑稽丑怪作为崇高优美的配角和对照，要算

---

① 车尔尼雪夫斯基：《生活与美学》，第9页。
② 罗丹：《罗丹艺术论》，第23页。
③ 《毛泽东选集》第5卷，第390页。
④ 《中国美学史资料选编》上，第167页。

是大自然所给予艺术最丰富的源泉。毫无疑问，鲁本斯是了解这点的，因为他得意地在皇家仪典的进行中，在加冕典礼里，在荣耀的仪式里也掺杂进去几个宫廷小丑的丑陋形象"。① 在艺术创作中经常运用美丑的对比，一种是在美丑对比中着重揭露丑，一种是在美丑对比中着重显示美。德苏瓦尔说："丑是一种背景，用来增强美的光辉。"在艺术作品中通过美丑对比能加深欣赏者对美的感受。雨果说"滑稽丑怪却似乎是一段稍息的时间，一种比较的对象，一个出发点，从这里我们带着一种更新鲜更敏锐的感觉朝着美而上升。"② 左拉曾写过一篇短篇小说，叫《陪衬人》，讽刺资本主义社会把"丑"当作商品。他说在法国巴黎，"这个商业的国度，美，是一种商品，可以拿来做骇人听闻的交易。大眼睛和小嘴儿可以买卖；鼻子和脸蛋儿都标有再精确不过的市价。某种酒窝、某种痣点，代表着一定的收入。"③ 但老杜

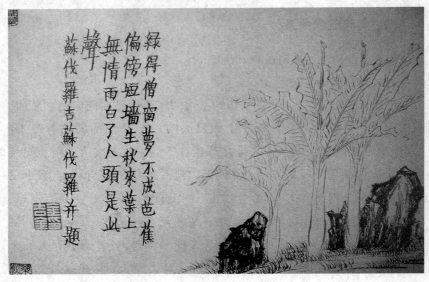

图 5.2 金农书法

① 《西方美学家论美和美感》，第 236 页。
② 《中国美学史资料选编》上，第 167 页。
③ 《外国短篇小说选》，第 231 页。

郎多（小说中的一个"工业家"）却起了一个奇妙而惊人的念头，要拿"丑"来做买卖。把"丑"的这种迄今一直是死的物质纳入商品流通，这就是以丑女作为"陪衬人"。杜郎多登了一则广告，声称他所新创一所商号，"旨在永葆夫人之美貌……无须一条丝带，无须一点脂粉，只消为夫人觅得一种手段，引人注目，而又不露蛛丝马迹。"这就是"租一陪衬人，与之携手同行，是使夫人陡增姿色……价格：每小时五法郎，全天五十法郎"①。在这里左拉无情地讽刺了资本主义社会，并指出了形式上的美丑是相比较而存在的。形式丑对形式美可以起衬托作用。

（2）美丑的转化。

美和丑是可以相互转化的，而转化要有条件，在社会生活中是很明显的。如在现实生活中人物形象存在美和丑的转化。例如在党的有力的改造政策的感召下，有些小偷、流氓、阿飞经过教育可以弃恶从善，有的转变很显著，被群众评为新长征突击手，跨入了先进青年的行列。这些青年由于内在品质的变化，在性格上、形象上也会相应地发生变化。当他们厌弃了阿飞的生活方式，也就会逐渐改变阿飞的那种放荡的性格、轻佻的动作、粗野的语言以及那些怪里怪气的服饰。在日本连续电视剧《姿三四郎》中有一个叫桧垣的，当他的内在品质由邪恶转变为善良时，在形象上（如表情、动作、语言、头发样式等）也相应地发生变化。

在改造自然上也是如此。如荒山秃岭经过综合治理，变为风景优美的花果山、游览区等。人们在改造自然、治理自然、绿化自然中，同样也存在着丑向美的转化。

与上述情况相反，美在一定条件下也可以向丑转化。如原来纯洁的青年，由于经受不住资产阶级思想的侵蚀和坏人的引诱，有的堕落

---

① 《外国短篇小说选》，第231页。

为小偷、杀人犯，相应的在形象上也会出现由美向丑的转化。在现实生活中由美向丑的这种转化，就给审美教育提出了一个现实而又重要的任务。

三、超越美丑的思想

中国的道家学说对此有丰富的论述。老子说："天下皆知美之为美，斯恶已；皆知善之为善，斯不善已。故有无相生，难易相成，长短相形，高下相倾，音声相和，前后相随。是以圣人处无为之事，行不言之教。万物作焉而不辞。"（《老子》二章）天下人都知道美的东西是美的时候，这就有丑了；都知道善的事情是善的时候，就有了不善，等等。老子认为：美和丑、善和恶都是相对而言的，人们说这个东西是美的，就有个丑的概念相比衬，没有美，也就没有丑。有和无、难和易、长和短、高和低、前和后等也是如此。

老子这里绝不是肯定美丑是相对的，不是强调事物相反相成的特点，而是从有无相生、难易相成等相对的角度，否定知识的判断。在老子看来，相反相成，是知识构成的特性，但并非世界本身所具有。人为世界分出高下美丑，是在下判断，以人的理性确定世界的意义，这样的知识并不符合世界的特性。即如美丑而言，当天下人知道追求美的时候，就有了美丑的区分，就有了分别的见解。以知识为主导所得出的美丑的概念，是不真实的，也是没有意义的。老子并非反对人们追求美，但他认为这种追求美的方式，并不能得到真正的美。

老子认为，一般的美丑是虚假判断，而"自然"是至高的美、绝对的美。真正对美的欣赏要超越人的知识判断和情感活动，而返归于无言的自然之中，所谓"塞其兑，闭其门，挫其锐，解其纷，和其光，同其尘"。他说："大白若黑""明道若昧"——一个东西看起来很光亮，很美，其实并不是真正的美，真正的美的活动是对美丑的超越。他的"大白若黑"云云，不是在"白"与"黑"之间选择"黑"，而是对"黑"

"白"分别的超越。老子特别强调,不要为表面的所谓美的现象所打动,"虽有荣观,燕处超然""道之出口,淡乎其无味"等等,都强调淡泊中有至美在焉,联系后来《庄子》所说的"淡然无极而众美归之",都不是选择平淡无奇的东西,或者以为平淡的东西才是美的,而是强调对美丑的超越。

  道家哲学超越美丑分别的思想,对中国后来的美学发展有深刻的影响。如中国的文人艺术中就有以丑为美的思想。这并不是追求丑,而是超越美丑的分别,强调对天趣的追求。陈师曾在《文人画之价值》一文中,谈到以丑为美的风气时说:"夫文人画,又岂仅以丑怪荒率为事邪?旷观古今文人之画,其格局何等谨严,意匠何等精密,下笔何等矜慎,立论何等幽微,学养何等深醇,岂粗心浮气轻妄之辈所能望其肩背哉!但文人画首重精神,不贵形式,故形式有所欠缺而精神优美者,仍不失为文人画。文人画中固亦有丑怪荒率者,所谓宁朴毋华,宁拙毋巧;宁丑怪,毋妖好;宁荒率,毋工整。纯任天真,不假修饰,正足以发挥个性,振起独立之精神,力矫软美取姿、涂脂抹粉之态,以保其可远观、不可近玩之品格。"他感叹道:"呜呼!喜工整而恶荒率,喜华丽而恶质朴,喜软美而恶瘦硬,喜细致而恶简浑,喜浓缛而恶雅澹,此常人之情也。艺术之胜境,岂仅以表相而定之哉?若夫以纤弱为娟秀,以粗犷为苍浑,以板滞为沉厚,以浅薄为淡远,又比比皆是也。舍气韵骨法之不求,而斤斤于此者,盖不达乎文人画之旨耳。"① 文人画中"丑"的表达其实是对忸怩作态、没有灵魂的所谓"美"的艺术的逃避。崇尚"丑"在一定程度上可以说是对人的生命真实的追求。

---

① 北京大学《绘学杂志》1921 年第 2 期。

第三节 艺 术 丑

艺术丑是指艺术作品的丑，艺术丑和艺术美是对应的。艺术美是对艺术家的创造、智慧、力量的肯定，而艺术丑是对艺术家创造性劳动的否定。衡量艺术作品的美丑的标准主要不是看作品所反映的对象的美丑性质，而是看艺术家怎样去表现对象。艺术家反映美的事物，由于自己主观条件的影响，可以使作品成为美的，也可以使作品成为丑的。在艺术中使用"丑"的概念常有不同的含义。例如：

一、艺术丑指艺术作品的内容虚假、腐朽、技巧低劣

罗丹曾说："在艺术中所谓丑的，就是那些虚假的、做作的东西，不重表现，但求浮华、纤柔的矫饰，无故的笑脸，装模作样，傲慢自负——一切没有灵魂，没有道理，只是为了炫耀的说谎的东西。"① 如西方现代某些艺术流派，有的在人身上涂满颜料在画布上爬滚作画；有的在女人的嘴唇抹上口红，用嘴唇在画布上作画，这就是内容虚假、腐朽的艺术丑。

在另一种情况下，艺术丑是指技巧上的失败。例如，在中国书法中对字的形势疏、密、长、短的处理不当，便会产生丑或不美。所谓："不宜伤密，密则似疴瘵缠身（不舒展也）；复不宜伤疏，疏则似溺水之禽（诸处伤慢）；不宜伤长，长则似死蛇挂树（腰肢无力）；不宜伤短，短则似踏死虾蟆（形丑而阔也）。"②

二、艺术作品中反映丑的对象不等于艺术丑

艺术家表现丑的对象时，由于所塑造的形象中体现了艺术家的创造

---

① 罗丹：《罗丹艺术论》，第26页。
② 《王右军笔势论》，转引自孙过庭：《孙过庭书谱笺证》，上海古籍出版社1982年版，第71页。

性劳动，作品本身可以是美的。在这种情况下很容易把作品的美与形象本身的丑混淆在一起，实际上这是两件事，因为作品的美是决定于艺术家的创造性劳动，而形象的丑是体现客观对象的性质。例如17世纪西班牙画家委拉斯开兹所画的《教皇英诺森十世像》（图5.3），这是丑的形象。教皇那斜视的三角眼、紧缩而微竖的眉头、鹰钩形的鼻子，表现出教皇的阴险、狠毒和威严；正襟危坐，双手扶着椅子，左手拿着一张签署的纸条，表现出教皇的权势；他那座椅上镶嵌的宝石，手指上闪光的戒指、红色缎子的僧帽、法衣象征着教皇

图5.3　教皇英诺森十世像

拥有的财富，……这一切构成了人物形象的丑，揭露了客观对象的丑的本质。但是作为一件成功的艺术作品却是美的。因为艺术美虽然来自生活，但艺术美并不是完全决定于作品所反映的对象是什么，而是决定于艺术家如何去反映对象。鲍姆嘉通曾说："丑的事物，单就它本身来说，可以用一种美的方式去想；较美的事物也可以用一种丑的方式去想。"[1] 这说明决定艺术作品内容方面的审美价值，主要在于如何评价和表现现实中的美丑，例如反映丑的事物，可以是美化它，也可以是揭露它。如果是在进步的审美理想指导下去揭露丑，那就是从反面肯定了美。同时，艺术家在反映现实丑的时候，并不是自然主义地再现一切丑的细

---

[1] 《西方美学家论美和美感》，第144页。

节,而是着重刻画丑的本质特征。《教皇英诺森十世像》这件作品的美,不仅体现了画家对现实丑的深刻的观察、理解,而且表现了艺术家在运用色彩、形体、构图等方面的精湛的技巧。所以对作品中丑的形象的欣赏,实际上是通过丑的形象对艺术家的创造智慧、才能和技巧的欣赏。

我们还可以举出一些著名的例子,如俄国19世纪画家列宾所画的《祭司长》(图5.4),被称为"教会的狮子",看看他那大腹便便的肚子,扶在胸前的肥胖的右手,还有那在黑色袈裟和无边帽衬托下的整个面孔,浓密的白胡子,使面部显得狭小,加上两道竖眉,活像一头刚刚吞食了野兽的狮子,左手拄着笏杖象征着教会的

图5.4 列宾:《祭司长》

权力。画家抓住了"祭司长"的这些本质特征,刻画出那吸人膏血的贪婪、凶残和伪善的性格,塑造了一个典型的丑的形象。还有西班牙画家**戈雅**(1746—1828)所画的《国王的一家》,深刻地揭露了西班牙国王卡洛斯四世及其家族的丑态。画面上把人物内在精神的腐朽、空虚和外表服饰的豪华、艳丽作了强烈的对比,肥胖的国王挺肚直立,身上披着各种颜色的绶带,胸前挂满了各种勋章,腰间挂着精致的佩剑。王后、公主浑身珠光宝气,打扮得花团锦簇。但是所有这些外部的装饰不仅无法掩盖他们的昏庸、腐朽、空虚,而且更加衬托出他们的丑恶的灵魂。所以有人把这国王的一家称作"锦绣的垃圾"。意大利文艺复兴时期的伟大艺术家达·芬奇在《最后的晚餐》中成功地刻画了叛徒犹大的形象。犹大侧身后倾,面部浸沉在阴影中,右手紧握钱袋,表现出一种

惊惶、卑劣、萎缩的神态，艺术家为了刻画犹大的心理和面貌，差不多用了一年的时间，经常到无赖汉聚集的地方去观察类似犹大面貌的人。以上说明在艺术作品中丑的形象中不仅可以折射出艺术家的进步理想，而且反映了艺术家的敏锐的观察力和精湛的技巧——唯此，艺术家才能通过丑的形象显示出艺术美来。当人们在欣赏这类作品的时候，一方面对艺术家的创造性劳动产生了喜悦，同时对作品中的丑的形象产生厌恶。

三、某些艺术中的"丑角"不等于丑

如戏曲中的"丑角"，不同于生活中的丑。戏剧中的丑角不一定是反面人物，例如《乔老爷上轿》中的乔溪，《金玉奴》中的金松，《七品芝麻官》中的唐知县，《苏三起解》中的崇公道等等。虽然鼻上有白点，但多是作为正面的、或较善良的人物出现。为什么正面的人物要以"丑角"的形式出现呢？因为正面人物也有各种不同的性格、气质，有些人性格庄重、严肃，使人敬仰；有些人性格则憨直使人感到可爱，甚至有几分可笑。在这后一种人的脸上涂上白点，并不是丑的标志，而是可爱的性格的标志，甚至可以说是性格美的某种特殊标志，马戏中的丑角也具有这种特点。在另一种情况下，戏曲中的"丑角"则是丑的形象，像《十五贯》中的娄阿鼠、《望江亭》中的杨衙内，他们脸上的白点，正是他们肮脏灵魂的写照。梅兰芳在谈中国京剧的表演艺术时，曾对各种丑角的脸谱做过分析："小花脸……只在鼻眼间涂一小方块，不得过脸骨，所以名曰'小花脸'，如蒋干、汤勤……这一种人地位低，行为比较猥琐，性格也不是爽朗的。至于有的书童和一般群众，也有在鼻间抹一点白粉的，是表示他的幽默、滑稽的性格，使观众觉得有风趣。"他还讲到武丑的小尖粉脸，如《水浒传》中的阮小五、阮小七，"只在鼻尖上勾画出小枣核形的白块，表示精明干练、机智灵巧。并不代表坏人。"所以艺术中的"丑角"不同于生活中的丑。

四、在园林艺术中山石以"丑"为美

图5.5 假山

刘熙载在《艺概》中写道:"怪石以丑为美,丑到极处,便是美到极处。"① 这里所说的"丑",实际上是指一种不规则的变化,也可以说是一种险怪的美。李渔在《闲情偶寄》中写道:"言山石之美者,俱在透、漏、瘦三字。此通于彼,彼通于此,若有道路可行,所谓透也;石上有眼,四面玲珑,所谓漏也;壁立当空,孤峙无倚,所谓瘦也。"② 除了瘦、透、漏,还有人加上皱,指山石表面凸凹不平。所有这些特点和一般情况所说的形式美,如整齐一律、对称均衡、光滑细腻等是对立的,所以有些人称它为"丑"。实际上这里所说的"丑",是指山石的错综变化的美。例如太湖石就体现了这种变化的美,据《园冶》上记载,太湖石"性坚而润,有嵌空、穿眼、宛转、险怪势……其质文理纵横、笼络起隐,于石面遍多坳坎,盖因风浪中冲击而成"。特别是在中国古代的方整的庭院中,设置上这种山石,可以打破庭院平板单调的气氛,给人一种变化的审美感受(图5.5)。

---

① 《中国美学史资料选编》下,第405页。
② 同上书,第242页。

思 考 题

1. 真善美有什么联系和区别?
2. 丑的本质是什么?
3. 怎样理解美和丑的辩证关系?
4. 现实中的丑与艺术中的丑有什么联系和区别?

参考文献

1. 恩格斯:《英国工人阶级状况》,人民出版社1962年版。
2. 恩格斯:《共产主义在德国的迅速进展》(见《马克思恩格斯全集》第2卷)。
3. 毛泽东:《关于正确处理人民内部矛盾的问题》。
4. 波瓦洛:《诗的艺术》《诗简》(见《西方美学家论美和美感》)。
5. 狄德罗:《绘画论》。
6. 鲍姆嘉通:《美学》(见《西方美学家论美和美感》)。
7. 雨果:《克伦威尔序言》。
8. 列夫·托尔斯泰:《艺术论》,人民文学出版社1958年版。
9. 罗丹:《罗丹艺术论》,第二章。

第六章 美 的 产 生

研究一件事物，特别是一种复杂的事物，都要进行具体的历史的分析，在考察一些复杂的现象时，为了认清它的本质，首先要看某种现象在历史上是怎样产生的，研究美的本质问题也是如此。

第一节 从石器的造型上看美的产生

作为自由创造主体的人不是抽象的人，而是生活在一定社会关系中，具有一定的社会历史内容。在原始社会中人与人的关系是互助合作的关系，在劳动中人类是作为自由创造的主体而存在的。首先人类用自己劳动创造了实用价值，而后才创造了美。事物的使用价值先于审美价值，这是一个重要的马克思主义美学的观点，它反映了美的产生的实际的历史过程。为什么使用价值先于审美价值呢？因为人们在劳动中首先是为了解决人们在物质生活中的迫切需要，这是人类生存的基础。所谓"食必常饱，然后求美；衣必常暖，然后求丽"（《墨子》），"短褐不完者不待文绣"（《韩非子》）。说明人们总是在满足物质生活需要的基础上，然后才能提出精神生活的需要。恩格斯曾说："人们首先必须吃、喝、住、穿，然后才能从事政治、科学、艺术、宗教等等。"① 人类最初进行生产并不是为了创造美，也没有专门创造出美的对象，美和实用是结合的，有用的有益的，往往也就是美的。因为只有在有用的对象中，才能直观到人类创造活动的内容，才可以感到自由创造的喜悦。

从石器造型的演变上看美的产生。人类劳动是从制造工具开始的，工具的制造最明显地体现了人类有意识有目的的活动。从工具造型的演变上充分体现了人类自由创造的特性，并具体地说明了美的产生是使用价值先于审美价值。

从北京周口店中国猿人谈起，中国猿人距今约四、五十万年，属于旧石器时代早期，当时使用的是打制石器（图6.1），很粗糙，没有定型，往往一器多用，在外形上和天然石块的差别虽不很明显，但是，毕竟在石面上留下了人的意志的烙印。从材料的选择、加工的方法，到外形的特征，都体现了人类自觉的、有意识、有目的的创造活动。所以不管这种石器如何粗糙，对人类历史的意义却极为重大，它标志着人类脱离了动物。原始人类制作这种石器的目的并不是追求美，而是为了实用。被称作"北京人的后裔"的山西许家窑人，也是属于旧石器时代。从许家窑人的遗址中发掘出许多石器，其中最重要的发现是石球，数量约1500枚。根据贾兰坡同志的研究和推断，这些石球是属于狩猎用的武器。石球的圆形最初并不是作为美的标志，而是标志着

图6.1 打制石器

---

① 《马克思恩格斯选集》第3卷，第776页。

器物的实用性质。为什么投掷武器要用球形？这是人们在长期的实践中发现圆形的物体在投掷时，较之不规则的物体更易于准确击中目标。所以石球的造型是由实用的需要决定的。当原始人类从这些实用的形式中看到自身的创造、智慧和力量而引起喜悦时，这种圆的造型才能成为美的对象。

丁村人（山西襄汾县），属于旧石器时代中期。在北京中国猿人之后，经历了几十万年艰苦的实践，人类在制作石器上积累了经验，在石器的造型上由于用途不同形成了初步的类型。如砍砸器、厚尖状器、球状器等（图6.2），其中大三棱尖状器虽然数量不多，但为丁村旧石器所特有。既锐利，又坚实，在造型上从实用出发注意均衡对称；丁村旧石器加工的难度较大，在外形上和自然形态的石块已有较显著的区别，体现了人类智慧的发展。

图6.2 石器

第六章 美的产生

山顶洞人属于旧石器时代晚期。从美学意义看这个时期的器物有两点值得注意：一是钻孔和磨制技术的发现，最有代表性的器物是骨针（图6.3），针尖和针孔的加工都是一种细致的劳动；一是装饰品的出现，装饰品中有石珠、兽牙、海蚶壳等（图6.4），装饰品有红色、黄色、绿色，相映成趣。这些器物反映了原始人类在解决物质生活需要的基础上，审美要求的发展。据贾兰坡分析，山顶洞人佩戴某种装饰品的目的，是为了显示他们的英雄和智慧。例如山顶洞人所佩戴的兽牙，"很可能是当时被公认为英雄的那些人的猎获物。每得到这样的猎获物，即拔下一颗牙齿，穿上孔，佩戴在身上作标志"。这些穿孔的兽牙全是犬齿。为什么要使用犬齿，据贾兰坡同志分析："因为犬齿齿根较长，齿腔较大，从两面挖孔易透，另一方面犬齿在全部牙齿中是

图6.3 骨针

图6.4 饰品

最少也是最尖锐有力的。最尖锐牙齿更能表现其英雄。"① 这说明兽牙成为美的事物，开始并不是由于它们的颜色、形状的特征，而是由于他们体现了人类在劳动中的智慧、勇敢、力量。正如普列汉诺夫所说："野蛮人在使用虎的皮、爪和牙齿或是野牛的皮和角来装饰自己

---

① 贾兰坡：《中国大陆上的远古居民》，天津人民出版社1978年版，第126页。

的时候，他是在暗示自己的灵巧和有力，因为谁战胜了灵巧的东西，谁自己就是灵巧的人，谁战胜了力大的东西，谁自己就是有力的人。"① 格罗塞在《艺术的起源》一书中也指出了这一点："原始装饰的效力，并不限于它是什么，大半还在它是代表什么。一个澳洲人的腰饰，上面有三百条白兔子的尾巴，当然它的本身就是很动人的，但更叫人欣羡的，却是它表示了佩戴者为了要取得这许多兔尾必须具有猎人的技能；原始装饰中有不少用牙齿和羽毛做成功的饰品也有着同类的意义。"② 这段话说明了澳洲人用兔尾作装饰的原因，主要是这么多的兔尾代表狩猎者的技能，也就是由于装饰物品作为对人的本质力量的肯定，才叫人欣羡的。在原始的装饰中由于条件比较单纯，使我们能较清楚地看出装饰物的感性形式和内容之间的联系，因此，更便于理解美的事物中所包含的对生活的积极意义。

西安半坡村和山东大汶口的石器，均属于新石器时代（图6.5），这些石器大多是磨制的。磨制石器是新石器时代有特征性的东西，最早只是刃部磨光，后来发展到通体磨光。同时还出现了锯割等先进技术。最常见的有斧、凿、

图6.5 磨制石器

---

① 普列汉诺夫：《普列汉诺夫美学论文集》Ⅰ，第314页。
② 格罗塞：《艺术的起源》，商务印书馆1984年版，第107页。

锛、镞等。这些器物由于采用磨制的方法，不但提高了实用效能，而且在造型上美的特征（如光滑、匀整、方圆变化等）也更加明显。从旧石器时代石器上粗糙的裂痕，我们可以看到自然对人力的抵抗，顽石好像一匹不驯服的野兽；在新石器时代石器上光滑匀整的造型上，我们看到了自然被征服，顽石仿佛变成温驯的家畜。人在战胜自然中取得了新的胜利。

这里还要特别提到的是山东大汶口出土的玉斧（一说为玉铲），属于新石器时代晚期的遗物。这种玉斧具有明显的审美特性。在造型上方圆薄厚的处理十分规整、匀称；在色彩上又是那么滢润、光泽、斑斓可爱。玉石的质地坚硬易碎，加工的难度较大，在五千年前能生产出这样的产品，可说是一件美的创造的杰作。据考古工作者分析，这种玉斧虽然还保留了工具的形式，但主要并不是为了实用，可能不是供一般人使用，而是一种权力的象征，在原始社会供一些"头人"所掌握使用。在大汶口出土的器物中还有许多头饰、颈饰、臂饰，这说明人们的审美需要愈来愈发展。

第二节 从古代"美"字的含义看美的产生

从"美"字的含义，也可以探索到美的产生的一些消息。对"美"字的含义曾有各种不同的解释：

一种解释是大羊为美。在《说文解字》中写道："美，甘也。从羊从大。羊在六畜主给膳。美与善同意。"所谓"美善同意"，说明美的事物起初是和实用相结合。羊成为美的对象和社会生活中畜牧业的出现是分不开的。羊作为驯养的动物是当时人们生活资料的重要来源，对于人类来说是可亲的对象。羊不仅"主给膳"可充作食物，而且羊的性格温驯，是一种惹人喜爱的动物，特别是羊身上有些形式特征，如角的对称、毛的卷曲都富有装饰趣味。甲骨文中的"羊"字洗练地表现了羊的外部特征，特别是头部的特征，从羊角上表现了一种

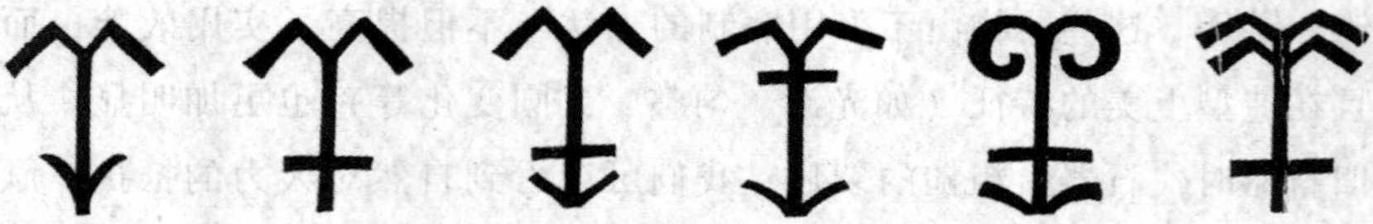

图6.6 甲骨文"羊"

对称的美，不少甲骨文中的"羊"字就是一些图案化的美丽的羊头（图6.6）①。

另一种解释，不同意大羊为美的看法，认为美和羊没有关系，"美"字是表现人的形象。"美"字的上半部所表现的是头上的装饰物，可能是戴的羊角，也可能是插的羽毛，有的同志推测："像头上戴羽毛装饰物（如雉尾之类）的舞人之形……饰羽有美观意"（康殷释辑《文字源流浅说》）。从美字的初文来看，是表现一个人头插雉尾正手舞足蹈（图6.7）。持这种看法的人认为从美字上体现了美和人体、美和装饰、美和艺术的关系。

对于美字的含义，以及在历史上的演变，这是一个有待进一步研究的问题，各种不同看法都可以启发我们的思考，似不宜以一种看法完全排斥另一种看法。

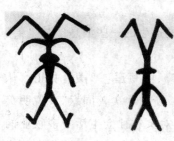

图6.7 古文字"美"

古代对农作物也有称为美的。如孟子曾说："五谷者，种之美者也。"这里所说的"美"与"善""好"同意，也体现了美与实用的关系。因为五谷对于人类的物质生活有重要实用价值，所以才被视为美。

---

① 中国社会科学院考古研究所编辑：《甲骨文编》，中华书局1965年版，第181页。

第三节　从彩陶造型和纹饰看美的产生

彩陶的造型和纹饰体现了人类进一步自觉地美化产品。在新石器时代陶器发明前，人类对自然的改造，都是改变材料的形状，并没有改变材料的性质（如制作石器只是改变石头的外形，使其出现刃口等）。而陶器的制作是把黏土经过加工做成坯子，再烧制成另外一种新的物质——陶。从陶土的选择，成型到烧制须经过一系列复杂的加工过程。例如陶器中的炊煮器要求陶土有较高的耐火性能，用料中须掺和细砂。所以陶器的出现标志着人类智慧的进一步发展。陶器对人类生活有重要影响，例如陶器可以用来盛水和煮熟食物，有助于人体内食物的消化。同时，可用于贮存粮食，还可以防潮。陶器作为生活用品，首先要考虑实用，陶器的各种造型都是从属于器物的实用目的。如炊器有鬶、釜；饮食器有碗、盆、杯；汲水器有尖底瓶；盛储食物有瓮、罐等。这些器物的造型都是从实用需要出发来设计的。如鬶，在《说文解字》中的解释是："鬶，三足釜也，有柄喙。"鬶的造型是带椭圆形的空心三足，这是为了扩大受热面，便于煮熟食物，置放起来也安稳，柄是为了隔热便于把握，喙是为了倾倒液体。尖底瓶的造型也同样是为了实用，上重下轻是为了陶瓶在接触水面时便于倾斜汲水。

彩陶不仅是为了实用，而且有很高的艺术价值。它是实用性和艺术性的结合。陶器和石器比较有更明显的审美特征。由于陶器的发明体现了人类的创造和智慧，陶器的使用在满足人类物质生活的需要上有着重要的意义，因此人们非常珍爱它——陶器上的各种纹饰就流露出了当时人们的这种珍爱的感情。石器上所体现的形式感是直接和物质生产的实用目的相联系的，而陶器则是在实用的基础上更自觉地美化产品。这表现在：

(1)陶器的造型和装饰具有更多的自由和想象的成分。体现了人的精神特征,从形象中流露出当时人们在美的创造中的喜悦。例如石岭下类型罐:器形浑圆,图案用柔和的圆形和曲线组成。线条流畅、明快、疏朗,流露出一种喜悦的情绪,使人感到有一种性格的特征,仿佛创作者是带着微笑在描绘这优美的图案。

马家窑类型的尖底瓶(图6.8)。有一种流动的韵律感,瓶上画的是四方连续的旋纹。使人产生一些有趣的联想:好像雨洒水面涡点四溅,又好像枝叶交错,果实累累。这些纹饰和汲水瓶在使用中的旋动感很协调。再如大汶口的兽形器(图6.9)。表现一动物张口、竖耳、仰首,作狂吠状,脖子粗大,身躯前高后低,好像正向前冲。动物的口就是倒水的瓶口,背上是手把。设计很巧妙。这里面充满了想象和创造的喜悦。

(2)比较自觉地娴熟地运用形式美的法则,如图案中的对

图6.8 马家窑尖瓶

图6.9 大汶口兽形器

称、调和、对比、变化、多样统一等等。半山类型瓮（图 6.10）图案装饰是由各种不同的线条组成，有粗线、细线、齿状线、波状线、红线、黑线。这许多不同的线，巧妙地组织在一起，运用重复、交错的方法，既显得丰富多样，又不杂乱无章。线条的粗细随瓮的体形变化，上端体形小、线条较细，中部体形扩大，线条也随之加粗。一切变化都是那么自然，那么协调，下半部留出空白，显得有虚有实，更增加一种变化。这样美妙的图案仿佛是用线条奏出的交响乐。不少彩陶的图案已能熟练地运用二方连续和四方连续的方法。（注：二方连续是带状图案向左右或上下连续，四方连续是一个纹样能向四方重复连续或延伸。）这些图案组织方法是在长期的审美活动中对事物的形式特征提炼概括的结果。在许多彩陶上还体现了在整体上的和谐效果，如图案与器形的协调。

图 6.10 半山类型壶

　　这些彩陶的制作过程和方法，也体现了人类在研究和掌握形式美上的巨大进步。雷圭元曾对庙底沟彩陶的图案做过深入细致的分析，指出当时人们已能熟练地运用以点定位、用线联络成文的种种方法。他分析了彩陶上的植物文饰的绘制过程（图 6.11）：

第一图先用点定位；

第二图以米字格联结；

第三图以弧作三点一组的联结；

图6.11 植物花纹

第四图在钩线中填彩使风格明确。这一作图过程清楚地表明,当时在生产一件陶器时不仅有明确的实用目的,而且在美的创造方面,事先经过周密的思考、设计,完全是有计划进行的。

在美化产品中还注意到图案部位的选择。根据人们在使用器物时经常保持的视角来确定图案的部位。如有的器物经常处在俯视的角度,图案的位置多画在器物的上部。如半山类型瓮,在俯视器物时瓮口的图案纹饰如池水中涟漪渐开。俯视半山类型瓮时以瓮口为中心,四周的图案看上去像一朵盛开的鲜花。平视时则环绕瓮的腹部呈现出一种二方连续的图案(图6.12、图6.13)。

图6.12 俯视半山花纹

图6.13 平视半山花纹

第六章 美的产生

原始人类最初是从器物的粗糙的实用形式中,直接看到自己的自由创造,在彩陶的纹饰上则进一步体现了人类对形式法则的自觉运用。这时候人类对产品形式的探索虽然仍以实用为基础,但已不仅仅是为了满足实用需要,同时也是为了满足审美的需要。这里还需要谈一下彩陶的图案(也包括一些其他器物上的图案)的来源问题——目的是为了进一步说明美的产生和劳动的关系——普列汉诺夫和格罗塞在分析艺术起源时都曾涉及这个问题。彩陶的图案的来源大体上有三种情况。

第一种情况是直接反映自然的形象,如鱼纹、鸟兽纹、花果纹,等等。这些图形大都和当时人们的经济生活有着密切的联系,是人们在劳动中经常关心、熟悉和喜爱的对象。在图案中通过洗练的形式表现了这些自然形象的特征。在这些自然形象的图案纹饰中,有一部分形象可能是原始社会中图腾崇拜的标记。如1978年在河南临汝县纸坊公社阎村大队出土一件仰韶文化时期的彩绘陶缸,上面绘有鹳鱼石斧(图6.14)。为什么把这几种形象组合在一起,这里面可能体现了一定的原始宗教信仰。有人分析这一完整的石斧形象可能是代表临汝这个地方原始社会民族所崇拜的徽号。因为"石斧无论作为生产工具或作为战斗使用的武器,对于原始人来说都是与其生存有极密切关系的东西。人的生存离不开它,所以这种东西就容易被原始人奉为神物,

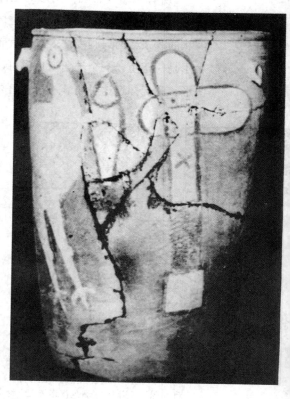

图6.14 彩绘陶缸

赋予它灵性。"① 白鹭是一种性情温顺能给人类带来吉利、祥瑞的益鸟，它嘴里衔着一条大鱼是面向石斧，是在向石斧奉献祭品。另一些人对图像的含义和情节提出不同的解释，但大多认为这些图形可能与图腾有关。此外如甘谷县西坪出土的庙底沟尖型瓶上的人面鲵鱼纹，半坡期、庙底沟期到马家窑期的鸟纹和蛙纹都可能与图腾崇拜有关。

第二种情况是几何图形的纹饰。这些图形大都是从自然和生活形象中提炼、概括出来的。普列汉诺夫在《没有地址的信，艺术与社会生活》中，曾引用了许多材料来说明这个问题："艾伦莱赫在他给柏林人类学协会所作的关于辛古河第二次探险的报告中说，在土人的装饰图案上，'所有一切具有几何图形的花样，事实上都是一切非常具体的对象（大部分是动物）的简略的、有时候甚至是模拟的图形。'例如，一根波状的线条，两边画着许多点，就表示是一条蛇，附有黑角的长菱形就表示是一条鱼，一个等角三角形可以说是巴西印第安妇女的民族服装的图形，我们知道这种服装不过是著名的'遮羞布'的某个变种而已。"②

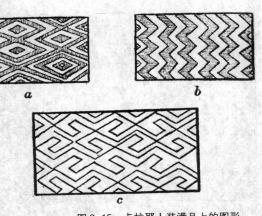

图6.15　卡拉耶人装潢品上的图形

格罗塞在《艺术的起源》中写道："荷姆斯（W. H. Holmes）曾用许多图形做比较，证明印第安人陶器上许多好像纯几何形的图形都是短吻鳄鱼的简单形象，而另外有些却是各种动物外皮上的斑纹。"③格罗塞还引用一些材料说明卡拉耶人装潢品上的图形（菱形、曲折线等）是由各种蛇皮斑皮演化而来的（图6.15）。据有的考古工作者推

---

① 牛济普：《原始社会的绘画珍品》，《美术》1981年第9期。
② 普列汉诺夫：《普列汉诺夫美学论文集》Ⅰ，第432—433页。
③ 格罗塞：《艺术的起源》，第131页。

测，我国半坡类型碗上有些几何图形也可能是从鱼形图案中演化而来的（图6.16、6.17）。当时人们对自然现象的观察首先是注意从整体上掌握对象的主要特征，和对象的主要组成部分，这一点只有依靠在长期劳动中的观察才能办到。例如画鱼的图形首先要从整体上使人一看就能分辨出是一条鱼，而不是别的什么。要表现出鱼的特征就需要画出它的几个组成部分，如鱼头、鱼身、鱼尾、鱼鳍、鱼眼等。在图案中对这些组成部分都是用简略的几何形体（如三角形）来表现的。当两条鱼的图形组合在一起时，在空白处又形成一种新的菱形的图案，同时使画面上的黑白对比更加丰富。人们在长期的审美活动中反复接触这些图形，逐渐使这些几何图形具有审美的意义，人们在欣赏这些几何图形时，无须想到它的来源。例如我们在欣赏半坡类型碗的几何图案时，不用考虑它表现的是什么自然形象，也能引起人们的美感。这说明几何纹饰和劳动之间的联系已经不是那么直接了，但是探索它的根源时，仍然离不开人类在劳动中所经常接触和熟悉的对象。这里还需要补充说明一点，许多几何图形的来源虽然和客观事物的外形有直接联系，但并不局限于某一具体事物，在几何图形中各种形式美的产生，往往是对现实中许多事物的共同形式

图6.16　半坡类型碗上的几何图形

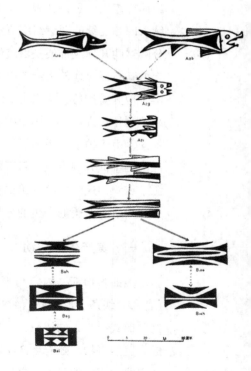

图6.17　半坡类型碗上几何图形的演化过程

特征的概括，实际上是在长期实践中通过各种生活渠道形成的，虽然现在有些环节已很难具体考察了。

第三种情况是：有些几何纹饰是和生产技术过程相联系的。如南方地区的印纹陶上的几何纹饰，最初可能是受到编织物的影响。在陶器出现之前人类已学会了编织，陶器的制作最初还借助于编织物，恩格斯曾说："可以证明，在许多地方，也许是在一切地方，陶器的制造都是由于在编制的或木制的容器上涂上黏土使之能够耐火而产生的。在这样做时，人们不久便发现，成型的黏土不要内部的容器，同样可以使用。"① 在陶器制作过程中不仅借助于编织物，而且编织物的制作过程，连续的经纬交织决定了在外观上总是某种形式的反复和延续，人们运用二方连续、四方连续的图案组织方法，可能最早是从编织中受到启发的。一部分陶器的几何纹饰便是由编织物的纹样移植过去的。例如在南方地区出土的新石器时代的陶器的早期几何印陶纹纹样（如席纹、编织纹）就和南方地区盛产竹、苇之类的编织物有关。据考古工作者研究，这种印陶纹的制作过程往往是用一种木制或陶制的拍子，拍打陶胚的外壁，以便加固，由于拍子上用绳子缠绕，或刻有纹饰，因此在陶器上留下印痕。江西万年仙人洞出土的新石器时代的陶器，上面的兰纹、席纹都可能来源于编织，这些印纹开始比较粗糙，后来才逐渐规整化、图案化。

从以上对美的产生的分析，说明了以下几点：

一、美产生于劳动

美的事物都是内容与形式的统一，它直接呈现于对象的感性形式（色彩、线条、形体等），在这些感性形式中凝聚着人们的劳动和创造。这些形式成为人的智慧、灵巧和力量的标志，因此能唤起人们的喜悦而成为美的事物。随着生产实践的发展，美也在不断发展。人在长期的生产实践中逐渐地了解了自然现象、自然的性质、自然的规律，同时人在

---

① 《马克思恩格斯选集》第4卷，第20页。

改造自然的活动中双手和头脑也愈来愈发展。从石器、陶器的发展过程说明在人所创造的对象世界中日益丰富地显示出人的本质——自由创造的力量。

二、在美的产生过程中使用价值先于审美价值

正如普列汉诺夫所说："从历史上说，以有意识的功利观点来看待事物，往往是先于以审美的观点来看待事物的。"① 人类制造工具首先是为了满足物质生活中的实用需要，石器造型的发展由简单到复杂，由粗糙到精细，从凹凸不平到光滑匀整，从不规则到逐渐类型化，这一切演变说明是人们的实用要求推动了工具造型的发展。从打制石器发展到磨制石器，首先不是为了美，而是为了实用。因为它们实用，而且又体现人的创造，人们才喜爱这些事物，这些事物才具有美的性质。在工具造型上的每一个新的进展，不但体现了实用效能的提高，同时也标志着人类创造和智慧的发展。在实用的基础上，才逐渐出现产品的装饰，并分化出主要为满足审美需要的装饰品。

三、从实用价值到审美价值的过渡，这中间人类的观念形态起了中间环节的作用

例如丁卡族的妇女戴20磅的铁环，开始也可能不是为了美，而是为了富的观念才戴的，其后"富"与美的观念逐渐结合，才形成"富"的也就是美的，所以普列汉诺夫说："把二十磅的铁环戴在身上的丁卡部落妇女，在自己和别人看来，较之仅仅戴着两磅重的铁环的时候，即较为贫穷的时候，显得更美。很明显，这里问题不在于环子的美，而在于同它一起联系的富的观念。"② "勇敢"的观念也是如此。在原始民族中动物的皮、爪、牙成为装饰，正是因为这些东西在"暗示自己的灵巧

---

① 《普列汉诺夫美学论文集》Ⅰ，第410页。
② 同上。

和有力"。原始的图腾崇拜本来也没有美的意思，只是由于宗教迷信，其后随着图腾的发展和本民族的强大，图腾除了作为原始宗教崇拜外，还有装饰作用，并逐渐发展到具有独立的审美意义，成为美的形象。中国的龙和凤就是如此。这里需要说明一点，就是观念形态虽然在实用到审美价值的过渡中起中间环节的作用，但观念形态并不是美的根源，观念形态本身也是决定于一定社会生产力状况和经济。丁卡族之所以把铁环看作美，虽然和富的观念相联系，但最终的根源还是在于生活实践已经发展到"铁的世纪"。

四、在生产实践中主体与客体的辩证关系

在原始社会中各种工具造型的发展，单从客体本身是无法说明的。在历史发展中人类不断改造自然，物在变，人也在变，人与物相互影响相互作用。正确理解实践中主体与客体的辩证关系是探索美的产生的根源的一把钥匙。

我们所谓的"客体"，是指人所创造的对象世界。这个对象世界是人类社会实践的产物，也就是人化的自然。反过来又影响主体，凭着对象的丰富性才发展了人的感觉的丰富性。马克思说："人的感觉、感觉的人性，都只是由于它的对象的存在，由于人化的自然界，才产生出来的。五官感觉的形成是以往全部世界历史的产物。"① 例如人类在制作石球、纺轮、石珠和钻孔中发展了人对圆的感觉；磨制石器不仅发展了人对光滑、匀整的感觉，而且发展了面与线的感觉。在磨制石器上我们可以看到各种几何图形的面（如圆形、方形、梯形等）以及面与面相交形成的各种清晰的线（曲线、直线等）。从磨制石器上我们看到人类对形式的感觉愈来愈发展。在旧石器时代早期，与粗糙石器相适应，人的感觉也是粗糙的感觉。在编织劳动中启示人们掌握一些图案的组织方法。从彩陶以及后来玉器的制作发展了人们对色彩的美感。离开了对象

---

① 马克思：《1844年经济学哲学手稿》，第83页。

就无从说明主体思维、感觉的发展,同样离开主体也无法说明产品的变化。在劳动中人类创造了美,在创造美的过程中又提高了自己的审美能力和审美需要。人类凭借着这种提高了的审美能力,又创造出更新更美的事物。从创造美的对象到提高主体审美能力,再去创造新的美,这是一个循环的过程,它可使美从低级向高级发展。前面所说的石器、陶器的发展过程,既是物的发展过程,也是人的发展过程,还是人和物在实践过程中相互影响的过程。在这个过程中,人的实践、自由创造起着决定的作用。

思 考 题

1. 美是如何产生的?为什么说实用价值先于审美价值?
2. 从实用到审美的过渡中间环节是什么?
3. 怎样理解在美的产生和发展中主体与客体的辩证关系?

参考文献

1. 马克思:《〈政治经济学批判〉序言、导言》,人民出版社1971年版。
2. 恩格斯:《在马克思墓前的讲话》(见《马克思恩格斯选集》第3卷)。
3. 普列汉诺夫:《没有地址的信 艺术与社会生活》,人民文学出版社1962年版。
4. 格罗塞:《艺术的起源》。
5. 贾兰坡:《中国大陆上的远古居民》。
6. 雷圭元编著:《图案基础》,人民美术出版社1963年版。
7. 张力华编著:《甘肃彩陶》,重庆出版社2003年版。
8. 青海文物考古队编:《青海彩陶》,文物出版社1980年版。

第七章 社 会 美

在现实生活中美的存在形式有：社会美、自然美、形式美、艺术美。这些美的存在形式都是根源于实践。分析这些美的存在形式可以进一步探索美的本质。

社会美是指社会生活中的美。它不仅根源于实践，而且本身就是实践的最直接的表现。人类社会生活的内容很丰富。社会美首先表现在那些作为实践主体的先进人物身上。例如那些在历史上为了争取人类的进步和解放而英勇战斗的生活形象。在建设时期的生产活动、科学实验中体现人的献身精神、智慧和力量的形象等等都是社会美的重要表现。社会美作为生活形象，包括人物、事件、场景等等，所谓"事件""场景"也是以人物活动为中心。还有的是直接表现人物形象美的。上面所举的这些人物、事件、场景作为生活形象都是直接对人的自由创造的积极肯定。

其次表现在劳动产品上，这主要是指那些已经改变自然原有的感性形式的劳动产品。当棉花生长在田野里，它还保持着自然原有的感性形式时，它虽然是经过人的栽培，仍然属于自然美，当棉花被纺成线，织成布，做成衣服，这时棉花原有的感性形式已改变了，便属于社会美了。像长江大桥、三峡水库和各种工业品、手工业品的美的造型都是属于社会美。在这类产品中不仅直接体现了人的需要，而且直接体现了人的创造、智慧和力量。

在现实生活中社会美和自然美往往交织在一起，很难截然分开。如颐和园中亭、台、楼阁属于社会美，而花草树木，虽经劳动培植仍属自然美。颐和园可说是自然美与社会美的综合。下面谈谈社会美的一些主要特点：

第一节 社会美是一种积极的肯定的生活形象

社会美直接体现了人的自由创造，是一种积极的肯定的生活形象。不论是一座宏伟的建筑，或是修建这座建筑时的壮丽的劳动场面，或是一个工人正钻研某一技术革新的神态。这些形象都体现了人的自由创造，和真、善有着紧密的联系。因为人们的自由创造是在认识事物的客观规律的基础上进行的，这就离不开真；而创造的目的是为了实现一定的社会功利目的和实践中的进步要求，这就离不开善。但是人们在进行自由创造时并不限于某一直接的具体的目的（如生产某一产品的具体目的，建造房屋是为了居住，修筑道路是为了行走等等），随着人类对社会和自然规律越来越全面的认识，人们还可以更全面地确定自己活动的长远目的。人类不仅可以认识许多物种的规律，而且对人类社会本身的产生和发展的规律也已有了科学的理解。在社会生活中，人们越来越自觉地把长远的目的和当前的具体目的结合起来。因此，在人们的自由自觉的活动中具有理想的性质。在理想中有社会理想（对社会制度的理想）、道德理想（对人的品德的理想）和美的理想等等。各种理想的形成都是根源于实践，而政治理想和现实的关系更为直接。美的理想的形成不仅根源于实践，同时受政治理想、道德理想的深刻影响。在美的理想中充满了对未来生活图景的富有激情的想象，它是人们在头脑中创造新世界的蓝图。例如方志敏烈士在狱中给友人的信中曾写过：

我相信，到那时，到处是活跃的创造，到处都是日新月异的进步，欢歌将代替了悲哀，笑脸将代替了苦脸，富裕将代替了贫穷，健康将代替了死亡的悲哀，明媚的花园将代替了凄凉的荒地……这么光荣的一天，决不在遥远的将来，而在很近的将来，我们可以这样相信的，朋友！

这段话体现了无产阶级美的理想的特点，它是用诗一般激情的语言，描绘人类未来幸福生活的图景，充满了革命乐观主义的精神，确信真理必将获得胜利。方志敏在另一封信中还写道：

　　如果我能生存，那我生存一天就要为中国呼喊一天。如果我不能生存——死了，我流血的地方，或许会长出一朵可爱的花朵，这朵花，你们可视作我精诚寄托吧！在微风吹拂中，如果那朵花上下点头，那可视为我为中华民族解放奋斗的爱国志士致以革命的敬礼！如果那朵花左右摇摆，那就视为我在提劲唱着革命之歌，鼓励战士们前进啦！

这段话同样体现了一个革命战士的美的理想。理想是人的心灵美的精华。当我们从照片上看到方志敏烈士在就义前戴着脚镣手铐，但是神情是那么威武不屈，从容自若，在这光辉的形象中蕴藏着理想的巨大力量。理想的审美价值正是在实践中才显出它的光辉。

被希特勒法西斯匪徒杀害的德国工人运动的领袖恩斯特·台尔曼曾说："我的生活和工作只有一个目的，就是为德国劳动人民献出我的智慧、知识、经验、精力、甚至整个生命，以争取德国最美的未来，争取社会主义解放斗争的胜利，争取德意志民族新的春天！"台尔曼还深刻地指出两点：一是为革命理想而献身是人的崇高品德。他认为"什么是一个伟人的崇高品德呢？就是为理想、为更美好的生活而时刻准备献出他的生命，就是真正愿意为了自己的理想做任何事情"。[①] 二是人的品

---

① 台尔曼：《台尔曼狱中遗书》，人民出版社1980年版，第75页。

德、理想不但体现在人的实践活动中,而且是在实践活动中形成的。他引了歌德的两句话:"在世界的激流中培养出品德""一个人的历史就是他的品德",接着他自己说:"一个有品德的人就意味着他经历过一些事情,并且打上了经历的烙印……'人格'这个词是从'人'这个词发展而来的,总要表现一些人的本质,而比其裸露的外表含有更多的内容。"① 例如我们说一个人有着像岩石般坚毅的品德,那就是说这个人经历过许多艰苦斗争的考验。我们说一个人具有诚实的品德,那就是说他曾经做过许多诚实的事情。所以一个人的各种美好品德,都是长期社会实践的结果。

为了在广阔的意义上说明人的自由自觉的活动的特点,我们对人在生活中所抱的各种自觉的目的和意图须作具体的分析。恩格斯曾说:"在社会历史领域内进行活动的,是具有意识的、经过思虑或凭激情行动的、追求某种目的的人;任何事情的发生都不是没有自觉的意图,没有预期的目的的。"② 这是说在现实生活中一切人的活动都是有意识有目的的活动。但是每一个人都是生活在一定的社会关系之中,由于所处的社会地位的不同,每个人的活动目的也就不同。有的人认为生活的目的就在于追求私利。在这种人看来,所谓"理想"就是有"利"可"想",所谓"前途"就是有"钱"可"图"。在他们心中人生的目的就是个人享乐,所谓"不吃不喝,死了白活"。抱这种生活目的的人实际上已经失去了人的自由创造的特性,把人降低到动物的水平。这种生活"理想"深刻地反映了私有制的特点。科学家爱因斯坦曾批评过这种卑下的生活"理想",他说:"我从来不把安逸和快乐看做是生活目的的本身——这种伦理基础,我叫他猪栏的理想。"③

另一些人的生活目的,则与上述情况相反,他们有着崇高的理想,

---

① 台尔曼:《台尔曼狱中遗书》,第 75 页。
② 《马克思恩格斯选集》第 4 卷,第 247 页。
③ 赵中立、许良英编:《纪念爱因斯坦译文集》,上海科学技术出版社 1979 年版,第 48 页。

在理想中集中地反映了真和善，体现了社会发展的客观规律和人民的利益，如前面所说的许多革命烈士的美的理想。由于崇高的理想给人们的实践活动指明了方向，所以李大钊同志曾热情地教导青年树立远大的革命理想："青年啊！你们临开始活动以前，应该定定方向。譬如航海远行的人，必先定个目的地，中途的指针，总是指着这个方向走，才能有达到那目的地的一天。若是方向不定，随风漂转，恐怕永无到达的日子。"① 理想不仅给人们指明方向，而且对人们的实践产生巨大的鼓舞力量。车尔尼雪夫斯基曾说："未来是光明而美丽的，爱它吧，向它突进，为它工作，迎接它，尽可能使它成为现实吧！"伟大的目的之所以能产生伟大的力量，是因为它包含了真理和人民的利益，能鼓励人为了真理、为了人民利益而勇于和困难作斗争。在战胜困难中，人的才能迅速成长。而随着理想的逐步变成现实，则促进了社会向前发展和人民的生活的改善。所以高尔基曾说："我常常重复这一句话：一个人追求的目标越高，他的才力就发展得越快，对社会就越有益；我确信这也是一个真理。这个真理是由我的全部生活经验，即是我观察、阅读、比较和深思熟虑过的一切确定下来的。"②

上面我们从理想的高度对人的自由自觉活动做了分析，但是理想仅仅是构成社会生活中美的一个主观条件。理想要变成现实美必须通过实践。美的理想不是一些华丽的辞藻的堆砌，理想不仅根源于实践要接受实践的检验，而且在实践活动中表现出来，成为一种富有生命力的形象。

社会生活的美，从本质上看它属于人的社会实践，它是生活本身所固有的。但是人的社会实践又是有目的有意识的人的活动。因此，我们在研究社会美的时候不能脱离开人的理想。人们创造历史是在一定理想指导下去创造历史，生活的理想是为了创造理想的生活。我们强调理想

---

① 李大钊：《李大钊诗文选集》，人民文学出版社1981年版，第157页。
② 高尔基：《论文学》，人民文学出版社1978年版，第340页。

的作用，是为了说明人的自由自觉的活动，并不是指人的一些偶然意图、动机，而是和真、善相结合的。美的理想就是以真善为内容，对未来生活图景充满激情的想象。理想的实现必须经过艰苦的实践，在实践中转化为客观的生活形象，才能形成社会生活的美，不论是人物、事件、场景，作为美的生活形象都是在实践中产生的。如果理想不和变革社会的实践斗争相结合，则理想就会因是一种空幻的东西而失去价值，从而也不能对社会生活的美起积极的作用。在现实生活中美好的事物和理想有着紧密的关系：一方面这些美好事物是人们在一定理想指导下长期艰苦实践的结果，因此这些美好事物的诞生，体现着理想的胜利。例如新中国的诞生体现了中国人民革命理想的初步实现；另一方面在现实生活中那些新生事物的美，体现着人对生活的创造，由于这些新生事物体现了进步的社会实践要求，体现了人类未来的理想生活的萌芽，因此具有充沛的生命力。实现未来美的理想就要从浇灌这些美好新生的事物着手。

第二节　社会美重在内容

平常所说的"心灵美""精神美""性格美""内在美"都是强调美的内容，即人的内在品质、性格等等。中国古代所谓"木体实而花萼振，水性虚而涟漪结"，"诚于中而形于外"，都是说明事物的内在的品质对外在感性形式的决定作用。中国有许多谚语强调人物形象的美重在内容。例如："鸟美在羽毛，人美在勤劳"，"花美在外边，人美在里边"，"马的好坏不在鞍，人的美丑不在穿"。彝族谚语："泥土是美的母亲，脸上贴金没有脚上溅泥巴光荣。"也是说明人的美在于勤劳。外国也有类似的谚语，如"人美不在貌，而在于心"（朝鲜），"样儿好，比不上心眼好"（老挝），等等。古代的思想家、文学艺术家在涉及人物形象美时也明确表达了类似上述的观点。如德谟克利特提出："身体的美，若不与聪明才智相结合，是某种动物性的东西。"① 又说："那些偶像穿戴和装饰得看起来很华丽，但是，可惜！他们是没有心的。"② 这些都说明，人物形象的美是在生产劳动中，在自由创造中形成的美好品质和性格。这种审美观点在一些文学艺术作品中也得到了形象的体现。如在莎士比亚的剧作《威尼斯商人》中有一个情节是向鲍西娅求婚的人，要从金的、银的、铅的三个匣子中选择一个匣子，其中只有一个匣子藏着鲍西娅的画像，谁选中了，这位姑娘就嫁给谁。第一个求婚的是摩洛哥亲王，选了那外表闪光的金匣子，里面却装了一个骷髅头骨；第二个求婚的是阿拉贡亲王，选了耀眼的银匣子，里面装的是一张傻瓜画像，这两人的求婚都落空了；第三个求婚的叫巴萨尼奥却选中了那质朴的铅盒子，下面是他的一段说白："外观往往和事物本身完全不符，世人都容易为表面的装饰所欺骗……再看那些世间所谓的美貌吧，那是完全靠着脂粉装点出来的，愈是轻浮的女人，所涂的脂粉也愈重……你炫目的黄金，米达斯王的坚硬的食物，我不要你；你惨白的银子，在人们手里来来去去的下贱的奴才，我也不要你；可是你，寒伧的铅，你的形状只能使人退走，一点没有吸引人的力量，然而你的质朴却比巧妙的言辞更能打动我的心，我就选了你吧，但愿结果美满。"③ 打开盒子一看里面装的正是鲍西娅的画像，他的求婚如愿以偿了。这段说白体现了莎士比亚的审美观点，他鄙视那些华而不实的东西，而歌颂人物性格上的质朴的内在美。

古代中国曾长期流行过一句话叫"郎才女貌"，往往一讲到女子的"美"，便是"闭月羞花之容，沉鱼落雁之貌"。这些都是指长得好看的外在形式美，至于内在品质如何，便不太过问了。这种审美观念的形成有它的社会根源，曲折地反映了在封建社会中妇女所处的地位。另一种

---

① 《西方美学家论美和美感》，第 16 页。
② 同上书，第 16—17 页。
③ 《莎士比亚全集》第 3 卷，第 54、55 页。

第七章 社会美

图7.1 女史箴图两段

相反的观点,主张妇女应把"德性"放在第一位,不能只去追求容貌。如顾恺之在《女史箴图》(图7.1)中所题:"人咸知饰其容,不知饰其性。"当然他所说的"性",是指的封建德性。内在美在不同时代具有不同的内容。平常我们在语言中常把"美"与"好","美"与"德"相结合使用,这里面体现了"美学"和"伦理学"的深刻的内在联系。我们在美学上所使用的"美",其意义要比"漂亮"深刻得多,丰富得多,漂亮虽然可以使我们从形式美上获得美感,却不能使我们精神高尚。而且人的漂亮是易逝的,而性格上的美却是常在的、持久的。莎士比亚在剧本《一报还一报》中曾写道:"没有德性的美貌,是转瞬即逝的;可是因为在你的美貌之中,有一颗美好的灵魂,所以你的美貌是永存的。"①

正是由于人物形象美具有这一特点,因此中外许多杰出的艺术家都很重视人的精神美,深入观察、研究表情、动作和人的内在品质的关系。达·芬奇曾说:"除非一个人物形象显示了表达内心激情的动作,否则就不值一赞。"②"绘画里最重要的问题,就是每一个人物的动作都应当表现它的精神状态。"③ 中国古代画论中强调"以形写神""神形兼备",把表现人物神态作为绘画品评的最高要求。这种理论正反映了人物形象的美侧重于内在精神品质的特点。当人的外部特征体现了一定美好品质的时候,这形象就是美的。

前面着重分析了人的内在品质在人物形象中的重要作用,但是精神美、性格美并不是抽象的、不可感知的。任何美都有它的感性形式。没有感性表现,美也就不存在了。我们认为人的内在品质总是通过一定的外在形式得到表现,主要是通过人物的表情、动作、语言等表现出来。有一件摄影作品内容是表现周总理在1961年视察河北邯郸第一棉纺厂工人食堂时的动人情景,从照片中人物的形象就说明人的精神美并不是抽象的,周总理所具有的那种关心人民、热爱人民的内在的品质都在形象中显露出来。摄影家敏锐地抓住了这一瞬间——总理正要从女工手中

---

① 《莎士比亚全集》第1卷,第329页。
② 列奥纳多·达·芬奇:《芬奇论绘画》,第169页。
③ 同上书,第170页。

掰下一块窝窝头尝尝，总理的表情是那么和蔼、态度是那么平易，从周围人物的笑脸上，使我们仿佛听到了总理的亲切而又风趣的语言。这种生活形象的美就是我们所说的精神美，它能使人的精神生活得到充实和提高。有时候人们在生活中只注意到长相的美，而忽略了表情、动作、语言的美。长相的美实际上是一种形式美，而表情、动作、语言却和人的内在品质、精神有着密切联系。所谓"征神见貌，情发于目"（魏刘劭《人物志》），就是指人的思想感情常常自然流露于外形。不同的情感会引起外形的不同变化。首先人物的感情从面部显露出来。高兴时"眉开眼笑"，得意时"眉飞色舞"，愉快时"眉舒目展"。人的眼睛最富于表情，心灵中最细微的变化，都可以从眼睛流露出来，所以达·芬奇把眼睛比作是心灵的窗户。《诗经》中的《硕人》，里面有一段描写美人："手如柔荑，肤如凝脂，领如蝤蛴，齿如瓠犀，螓首蛾眉，巧笑倩兮，美目盼兮。"译成白话意思是：她的手指像茅草的嫩芽，皮肤像凝冻的脂膏，嫩白的颈子像蝤蛴一条，她的牙齿像瓠瓜的子儿，方正的前额弯弯的眉毛，轻巧的笑流露在嘴角，那眼儿黑白分明多么美好。前面五句描写皮肤、牙齿的颜色、质感和形状，都是属于形式美，而后两句则是描写了表情、神态，因此后两句更能引起人们的想象和美感。其次，人物的情感还从体态动作上、语言声调上表现出来。

　　以上分析说明对人物形象美需要从内容和形式的统一去掌握。由于人物的感性特征很多，因此要特别注意那些与内在精神品质相联系的感性特征。这些感性特征是内在精神的自然流露，它们能给人精神上以强烈的影响，因此它们比一些生理特征更具有审美价值。培根曾说："在美方面，相貌的美高于色泽的美，而秀雅合式的动作的美又高于相貌的美。"[1] 为什么动作的美高于相貌的美，因为动作和感情有直接联系，动作的审美意义在戏剧、舞蹈表现中体现得最鲜明，往往一个最精彩的细微动作，可以表达出用许多语言也难以描述的情感。

---

[1] 《西方美学家论美和美感》，第77页。

人物形象美还涉及形式美。如在人的服饰上就有形式美的问题。在肖红回忆鲁迅的文章中曾写了一段有趣的事情，在三十年代肖红去看鲁迅，她穿了一件红上衣，肖红天真地问鲁迅："周先生，我的衣裳漂亮不漂亮？"鲁迅抽着烟，上下看了一下说"不大漂亮"。"你的裙子配的颜色不对，并不是红上衣不好看，各种颜色都是好看的，红上衣要配红裙子，不然就是黑裙子"；"你这裙子是咖啡色的，还带格子，颜色混乱得很。"又说："方格子的衣裳胖人不能穿，但比横格子的还好；横格子的，胖人穿上，就把胖子更往两边裂着，更横宽了，胖子要穿竖条子的，竖的把人显得长，横的把人显得宽。"肖红惊讶地问"周先生怎么晓得女人穿衣裳这些事情？"鲁迅回答："看过书的，关于美学的。"鲁迅讲的这些话实际上都是在谈形式美法则的运用。

图7.2　彝族服饰

人的服饰有形式美的问题，但不仅是形式美的问题，还体现着人的精神面貌。中华民族是由多民族组成的，各民族的服饰都具有自己的特色。在考察各民族服饰的特点时，还可以发现一个民族的服装和这个民族的性格是很协调的。例如朝鲜族妇女一般喜欢穿素白色衣服，洁净、朴素、淡雅，她们的性格则是比较温和、文静的；彝族喜欢穿黑色衣服，黑中衬托一些红色，显得很有生气，这种服饰和他们质朴的性格很吻合（图7.2）。维吾尔族妇女服装的色彩很艳丽，样式也富有变化（图7.3），青年妇女还以长发为美，这些外貌与她们那种能歌善

图7.3　维吾尔族服饰

第七章　社会美

舞的开朗、活泼的性格很协调；瑶族的服装多红色的装饰，色彩强烈，还绣有彩色图案（图7.4），《后汉书》中就记有瑶族先人"好五色衣服"。在史籍中还记有瑶民"椎发跣足，衣斑烂布"。从服饰上表现出瑶族的爽朗、欢快的性格。京族生活靠近海边，由于天空、海水都是蓝色，所以年轻人喜欢穿浅蓝衣服。关于各个民族服装特点的形成有多种原因，如经济生活、地理环境、心理素质、传统习惯等。例如彝族喜欢穿黑色衣服，和地处高寒的山区有一定关系。至于人的外貌问题，也和社会关系有着密切联系。特别是在社会性质发生急剧变化的情况下，人的外貌也相应地发生变化。普列汉诺夫曾说："人们力图使自己具有某种外貌，这种努力往往反映着这一时代的社会关系。关于这个题目，很可以写出一篇有意思的社会学的论文来。"①

图7.4　瑶族服饰

黑格尔曾说："人通过改变外在事物来达到这个目的，在这些外在事物上面刻下他自己内心生活的烙印"，又说："不仅对外在事物人是这样办的，就是对他自己，他自己的自然形态，他也不是听其自然，而要有意地加以改变。一切装饰打扮的动机就在此"②。

俗话说"人是衣服马是鞍"，"佛靠金装，人靠衣装"，"三分娘子，七分打扮"等等，说明外在的服饰可以增加人物的美，但是过分的穿戴

---

① 普列汉诺夫：《普列汉诺夫美学论文集》Ⅱ，第826页。
② 黑格尔：《美学》第一卷，第39页。

往往反而有损于美的形象。达·芬奇就曾说："你们不见美貌的青年穿戴过分反而折损了他们的美么？你不见山村妇女，穿着朴质无华的衣服反比盛装的妇女美得多么？"① 过分的装饰，往往反映内容的空虚，求美反而失去美，甚至得到的是丑。当然我们也不赞成那种完全"不修边幅"的做法，衣着、仪容污秽、杂乱，总是使人在接触时产生一种不愉快的感觉。孟子曾说："西子蒙不洁，则人皆掩鼻而过之"②。所以衣着的美，不在于华丽，主要在于整洁、协调、适度。当然样式的新颖（而不是古怪）也是人们所喜爱的。至于人体美究竟是社会美还是自然美，这要做具体分析。一方面从人的发展历史上看，现在人的体态，不同于北京猿人的体态，这是长期实践形成的结果。而且特定的社会生活在人的体态上往往留下深刻的烙印。这些情况说明人的体态并不是完全与社会生活无关；另一方面人的体态、身材、肤色等毕竟是人的自然素质，它不像性格美那样作为人的内在品质的形象体现。所以在一定意义上可以把人体美称作自然美。人体美具有形式美的意义。例如在长相上要求五官端正，身材匀称等等，这些都是正常的要求。因为这些形式美的要求是在长期的实践中形成的。中国古代所谓"增之一分则太长，减之一分则太短"，这都是讲形式美，即所谓"适度"。

人物心灵美与形式美的矛盾。善和美之间的一个重要区别，就是善的品质和形式美往往不一致。善的并不都是美，美的也不都是善。这主要是由于人的心灵美与形式美之间的矛盾引起的。品德好的人，不一定长相也漂亮。生活中我们常常会遇到以下几种情况：

一种是内在品质好，但外貌有缺陷，即所谓"人丑心俊"，或称"内秀"。对这种人的美往往不是一接触就能发现或深刻感受到的，因此需要有一个熟悉了解的过程，而形式美（如长相）是可以不假思索，一眼看上去就觉得美。现实中贝多芬的形象上就存在内在品质和外在形式

---

① 列奥纳多·达·芬奇：《芬奇论绘画》，第188页。
② 《中国美学史资料选编》上，第28页。

美的矛盾，因为从贝多芬的外表长相上看是有不少缺陷的，罗曼·罗兰在其所写的《贝多芬传》中曾做了这样的描绘。他写道："乌黑的头发，异乎寻常地浓密，好似梳子从未在上面光临过，到处逆立，赛似'梅杜斯（希腊神话中三女妖之一，有美发，后得罪火神，美发尽变毒蛇）头上的乱蛇'"①，眼睛是"又细小又深陷"，鼻子是"又短又方，竟是狮子的相貌"，嘴唇则是"下唇常有比上唇前突的倾向"，下巴还"有一个深陷的小窝，使他的脸显得古怪地不对称"。但是在那些表现他的肖像画中或塑像中，并不着力去刻画贝多芬的生理上的缺陷，而是着重表现他的性格、心灵和激情（图7.5）。因此从这些艺术形象中可以感到他的精神美，贝多芬作为资产阶级上升时期的作曲家，他充满热情和英雄气概，他代表着当时进步势力变革的愿望，他提出了"音乐应当使人类的精神爆出火花"②。这些情况说明人的精神美是由人的内在品质所决定，并通过面部表情等形式表现出来的。电影《巴黎圣母院》中的敲钟人卡西莫多，心地善良，但是外貌奇丑。在小说中，他被描写为一个独眼人、跛子、驼子，妇女们看见他都得把脸遮住。小说中有一个人对卡西莫多说："凭十字架发誓，天父啊——你是我生平所看见的丑人中最丑的一个。"在这里是通过畸形来衬托卡西莫多的心灵美，更确切地说是为了衬托人物内心的善良（图7.6）。

图7.5 贝多芬像

图7.6 卡西莫多

---

① 罗曼·罗兰：《贝多芬传》，人民音乐出版社1978年版，第3、4页。
② 同上书，第77页。

图 7.7 话剧《伊索》

伊索是一个充满智慧的人,但面貌丑陋。在话剧《伊索》中(图 7.7)。伊索自己说:"丑陋到当我看见自己映在镜中的形象的时候总是想哭出来。我长得可怕,像怪物一样……我是九头怪蛇的儿子,是狮头羊身蛇尾的怪兽的儿子,是美丽的希腊所曾经创造出来的所有最丑恶的东西的儿子。"① 剧中的哲学家说伊索是"全希腊最难看的奴隶",哲学家的妻子开始对伊索的丑陋很厌恶,并嘲笑他"大概是动物园里长大的吧?"伊索却用寓言反讥她:"老虎和狐狸争论起来,看他们两个当中谁更美丽,老虎夸耀自己的皮毛,而狐狸却回答它说:'我比你更美丽,我的美丽不在外貌上,而在心灵里。'"又说:"孔雀愚弄仙鹤,嘲笑仙鹤羽毛色彩的贫乏说:'我穿的是锦缎和丝绒,你的翅膀却没有一点点美丽的东西,'仙鹤回答说:'我飞翔,为了给星星唱歌,我能到天上去,而你想跳到房顶上去都不行。'"②

在舞台上伊索的外貌是丑陋的,但他的语言、神情却是闪闪发光的。

另一种情况是内在品质很坏,外貌却长得很漂亮,人们称这种人是"绣花枕头",外表好看,肚子里一包糟糠,说得文雅些就是"金玉其外,败絮其中",说得粗俗些就是"粪蛋外皮光"。《巴黎圣母院》中的

---

① 吉列尔梅·菲格雷多:《伊索》,中国戏剧出版社 1959 年版,第 54 页。
② 同上书,第 7 页。

卫队长菲比思就是这样的人（图7.8）。他用自己外表的美到处招摇撞骗，在百合花（小姐）面前百般谄媚，说什么"我要有妹妹，我爱你而不爱她，我要有世界黄金我全部都给你，我要妻妾成群我最宠爱你"。不久后又用这一套甜言蜜语去欺骗吉卜赛女郎。由于他的外貌美，吉卜赛女郎把他比作

图7.8 巴黎圣母院电影剧照

"太阳神"，甚至已经发现他很坏，还恋恋不舍。还幻想："如果菲比思外形（形式美）和卡西莫多的内心结合起来我们的世界该是多么美好啊！"

对于这种"绣花枕头"式的人物，也需要有一个由表及里的熟悉了解过程，一旦了解到他的坏的品质，对他的外在特征便会产生不同的感受。

关于人物的内在品质和外形美丑的矛盾，中国古代思想家也曾有过一些论述，如荀子说："形相虽恶而心术善，无害为君子也；形相虽善而心术恶，无害为小人也。"（《荀子·非相》）意思是说长相虽然丑，但品质好，不妨碍一个人成为君子；长相虽然美，但心地坏，也不能排除你是小人。《抱朴子·清鉴》中写到"夫貌望丰伟者不必贤；而形器尪瘁者不必愚"。这段话的意思是：长相丰伟的人，不一定贤德，而外貌毁损的人不一定就愚劣。这些思想都是说明人的内在品质和外貌之间存在着矛盾。

在上面这些矛盾的情况下，常常会遇到美的选择问题。因为在生活中十全十美的人可以说几乎不存在。所谓"甘瓜苦蒂"，完美的事物也总会有缺陷。但就人们的理想来说，总是希望好的品质和美好的外形相

结合。这种理想柏拉图早就提出过,他认为最美的境界是心灵的优美和身体的优美谐和一致。

雨果在《巴黎圣母院》这部小说中塑造了四种类型的人物:第一种是外形美,内心也善良,如卖艺女郎埃斯美拉达;第二种是外形丑,内心善良,如卡西莫多;第三种是外形美,而内心丑恶,如菲比思;第四种是内心丑恶,性格阴沉、险恶,外形也丑恶,如神父富洛娄。雨果歌颂的是第一、二种类型的美;第三、四种类型则是他揭露的对象。上述社会美的特点说明,人物形象的美首先是内在品质、精神、灵魂的美;其次,才是外在形式的美——而最好的则是二者的结合。

思 考 题

1. 社会美有什么特点?为什么人物形象的美侧重于内容?
2. 什么是审美理想?审美理想对社会美起什么作用?
3. 怎样理解人物形象的内在品质和形式美之间的关系?

参考文献

1. 普列汉诺夫:《没有地址的信 艺术与社会生活》。
2. 高尔基:《苏联的文学》(见《论文学》)。
3. 鲁迅:《漫与》(见《鲁迅全集》第4卷)。
4. 车尔尼雪夫斯基:《生活与美学》。
5. 列奥纳多·达·芬奇:《芬奇论绘画》,第七篇中"构图"。

第八章 自　然　美

　　自然美是自然事物的美。在美学史上关于自然美的研究，有许多不同观点，其中最主要的一种观点是，自然美在于自然事物本身，是自然事物本身固有的属性，如山水花鸟的美在于山水花鸟本身的自然属性，如形状、颜色、质感等。这种观点虽然肯定了自然美的现实性，但却带有明显的旧唯物主义直观性质。

　　另一种观点认为，自然美由于被当作人和人的生活暗示，在人看来才是美的。如车尔尼雪夫斯基说："构成自然界的美的是使我们想起人来（或者，预示人格）的东西，自然界的美的事物，只有作为人的一种暗示才有美的意义。"① 这种观点虽然把自然美与生活联系起来，作为人的一种"暗示"，但因他不懂得生活的本质是什么，故对生活只能做抽象的了解。

　　再一种观点认为，自然本身不可能有美，自然美只是属于心灵的那种美的反映，黑格尔就是如此。他认为人们可以从医学的观点去研究自然事物的效用，成立一门自然事物的科学——药物学。"但是人们从来没有单从美的观点，把自然界事物提出来排在一起加以比较研究。我们感觉到，就自然美来说，概念既**不确定**，又没有什么**标准**，因此，这种

---

① 车尔尼雪夫斯基：《生活与美学》，第10页。

比较研究就不会有什么意思。"① 在黑格尔美学中，实际上把自然美排除了。

下面，谈谈我们对自然美的看法。

第一节 自然美是一定社会实践的产物

首先从自然美产生和发展的总过程来看，自然美领域的逐渐扩大是和社会生活发展的进程密切联系在一起的——归根结底它是一定社会实践或社会生活的产物。在人类社会出现以前，自然界都是自在之物，它们的物质属性虽然早已存在，但这时自然无所谓美丑，因为自然的美丑对于人才有意义。在人类出现以前朝霞的绚丽、月光的清澄，虽然作为物质的属性仍然存在，但这些属性对于自然本身来说是没有美的意义的。这是由于两方面的原因造成的：一方面没有人类存在便没有把自然作为观照对象的主体存在；另一方面一切自然现象本身"全是不自觉的，盲目的动力"，它们没有任何预期的自觉的目的。自然不能自觉为美，所以不能用今天人类对自然的审美感受去推论在人类社会出现以前自然美就早已存在。在人类社会出现以后，也并不是一切自然现象都是美的，而是随着人的社会实践的发展，自然美的领域才逐渐扩大的。马克思、恩格斯曾说："自然界起初是作为一种完全异己的、有无限威力的和不可制服的力量与人们对立的，人们同它的关系完全像动物同它的关系一样，人们就像牲畜一样服从它的权力……"② 自然作为一种异己的对立的现象，并不是可亲的，因此，原始人类对这种具有无限威力的神秘的自然力量并不感到美。正如高尔基所说："在环绕着我们并且仇视着我们的自然界中是没有美的。"③ 随着社会实践的发展，人们在改

---

① 黑格尔：《美学》第一卷，第5页。
② 《马克思恩格斯全集》第3卷，第35页。
③ 高尔基：《苏联的文学》，第100页。

造自然中，自然事物才愈来愈多地成为可亲的对象。一般说来，狩猎民族以动物为装饰而不以植物为装饰，这是由社会生活所决定的。像普列汉诺夫所说的原始的狩猎民族"虽然所住的地方长满鲜花，可是从不用花朵来装饰自己。……上述的部落专门从动物界采取自己装饰的主要内容。"[①] 在狩猎民族的原始艺术中曾出现过许多动物的形象，如西班牙的阿尔塔米拉山洞中的壁画（旧石器时代遗物），画了一头野牛受伤蜷伏在地上，睁大眼睛，四蹄挣扎，尾巴翘起，两角向前，仿佛要挣扎起来向前冲去。这幅画不仅描绘了牛的外形、色彩，而且表现了牛的性格、神态，说明原始人类在狩猎生活中对动物形象的观察很是细致入微（图8.1）。

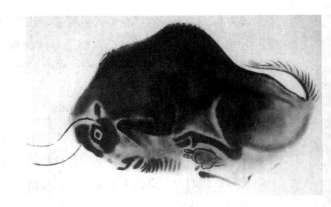

图8.1　阿尔塔米拉山洞壁画

我国东北黑龙江鄂伦春族是一个以狩猎为主，采集、捕鱼为辅的少数民族。鄂伦春族由于以狩猎生活为主，在装饰上也体现了对动物的爱好和兴趣。如男子头上戴的狍子皮帽，春夏间狩猎时，戴了这种帽子，可以迷惑野兽。帽子的形式还富有装饰意味，两只高高竖立的狍子耳朵，加上一对小角，好像在帽子上扎成的结子，还有一对小眼形成一种天然对称的图案。男子戴上这种帽子显得很英武，表现出一种狩猎民族所特有的美。在鄂伦春族的木雕和剪纸中还出现有马的形象。马在鄂伦春人的生活中有重要作用，打猎、驮运都离不开马。鄂伦春人的马很机灵，马是猎人的亲密助手，猎人看见野兽下马打猎，马就悄悄地站下，一动不动，生怕惊动野兽逃去。猎人若没有看见野兽，马看见了，就打

---

① 普列汉诺夫：《普列汉诺夫美学论文集》Ⅰ，第297页。

响鼻告诉主人。在鄂伦春人的狩猎生活中,马是一种可亲的动物,因此才用它的形象作为装饰。在鄂伦春族的舞蹈中也体现了狩猎生活特点,如舞蹈中有模仿动物和飞禽的动作。如"黑熊搏斗舞",又称"哈莫舞",三人表演,表演时互相吼出"哈莫""哈莫"的声音,先由二人表演搏斗,最后第三者上来劝解。

鄂伦春族虽然主要是狩猎为生,但在装饰图案中却有许多植物纹饰。如背包、手套、烟袋上的各种刺绣多是采用植物花纹。据说这是由于鄂伦春妇女一直担负采集工作,对植物花卉熟悉而且有感情,因此在装饰上也流露出她们对植物的爱好。所以一般说狩猎民族主要以动物为纹饰,但不能绝对排除植物装饰,需要对每个民族的情况进行具体分析。

格罗塞在《艺术的起源》中曾写道:"狩猎部落由自然界得来的画题,几乎绝对限于人物和动物的图形。他们只挑选那些对他们有极大实际利益的题材。原始狩猎者对植物食粮多视为下等产业,自己无暇照管,都交给妇女去办理,所以对植物就缺少注意。于是我们就可以说明为什么在文明人中用得很丰富、很美丽的植物画题,在狩猎人的装潢艺术中却绝无仅有的理由了。"① 格罗塞正确地指出原始狩猎者常常选择那些对他们具有实际利益的题材作为装饰。这说明某些自然物由于与人的生活发生了一定的客观联系,先具有某种社会价值,然后才成为审美对象。

到了农业社会则出现了大量植物装饰图案,这同样是由社会生活决定的。新石器时代彩陶(图8.2)上所描绘的许多

图8.2 新石器时代彩陶

---

① 格罗塞:《艺术的起源》,第162页。

植物花卉的图案，反映了当时农业在社会生活中的地位和作用。农业生产的前身，是采集自然界的现成果实，在采集过程中研究植物，逐渐发现更多的食品来源，在长期实践中掌握了植物的生长规律，发现籽实落在泥土中，还能重新发芽、生长、结果，于是就有意识地进行人工种植。这就是原始的农业。农业的出现为人类开辟了重要的生活资料来源，因此人们的生活与植物发生了密切的联系。人们像狩猎时期熟悉动物那样去熟悉植物，研究植物的性质、生长规律以至形状、色彩等等。由于社会生活的发展，人们在改造自然的过程中和自然建立了广阔的联系，人们不仅学会了狩猎、驯养动物、捕鱼、采集果实而且学会了种植植物。自然事物不仅愈来愈多地成为人们生活中有用的事物，而且愈来愈多地引起人们的兴味和喜爱，逐渐成为美的对象。"人（和动物一样）靠无机界生活，而人和动物相比越有普遍性，人赖以生活的无机界的范围就越广阔。从理论领域说来，植物、动物、石头、空气、光等等，一方面作为自然科学的对象，一方面作为艺术的对象，都是人的意识的一部分……从实践领域说来，这些东西也是人的生活和人的活动的一部分"[1]。这段话说明从理论和实践两方面这些自然物都是人的生活不可分割的一部分。当自然美的领域一旦扩大到植物的范围，植物本身所具有的那些极为丰富的形式特征就促进了人们对许多形式规律的掌握。从甘肃彩陶图案上我们可以发现反复、齐一、对称、均衡、多样统一的法则的运用，而这些法则是从自然本身的特征中概括出来的。人们对植物的花、茎、叶经过细微的观察和艺术的提炼，才创造出如此精美的图案。

在原始社会中，装饰题材的变化反映了社会生活的发展。从动物纹饰发展到植物纹饰，在文化史上是一种进步的象征——象征着从狩猎生活发展到农业生活。由于自然与社会生活的客观联系的发展，决定了哪些自然事物能够引起人们的兴味和喜爱，原始人类对自然现象感到兴味的是那些对他们物质生活有重要实用价值的东西，因此，才逐渐在生活

---

[1] 马克思：《1844年经济学哲学手稿》，第52页。

中去观赏它,并在艺术中表现它。鲁迅讲:"画在西班牙的阿尔塔米拉(Altamira)洞里的野牛,是有名的原始人的遗迹。许多艺术家说,这正是'为艺术而艺术',原始人画着玩玩的。但这解释未免过于'摩登',因为原始人没有19世纪的文艺家那么有闲,他画一只牛,是有缘故的,为的是关于野牛,或者是猎取野牛,禁咒野牛的事。"① 这是说原始的绘画包含着某些实际的目的,或者是为了传授狩猎的经验,或者是与巫术禁咒有关。例如在阿尔塔米拉洞中有一幅猎鹿的壁画,一群持弓人有的正拉弓瞄准,有的箭已射出,命中在母鹿的脖颈下方的要害部位——其中一只母鹿在要害部位连中三箭。这幅画就可能带有传授狩猎经验的性质。画面上公鹿、母鹿、幼鹿的特征都很鲜明。

至于山水成为美的对象则是较晚的事情。魏晋以来,自然山水之美受到了人们的重视。如陶渊明的"性本爱丘山",他的心灵属于大自然。顾恺之从会稽回来,人家问他,那里风光如何,他说:"千岩竞秀,万壑争流,草木蒙笼其上,若云蒸霞蔚。"没有对自然的挚爱之情,是无法说出这样的话的。王羲之所说的"在山阴道上,如在镜中行",也同样体现出这种对自然钟爱的情愫。这位书法大师在《兰亭集序》中对自然山水的描绘,那种细腻的体验,可以说到达一个时代的顶峰,而《三月三日诗》组诗,更把魏晋人对自然的独特体验淋漓尽致地传达了出来。王徽之喜欢竹子,他对朋友说:"何可一日无此君!"竹子成了"君",成了他性灵的朋友。这也体现出晋人独特的爱自然的思想。《世说新语·言语》载:"简文帝入华林园,顾谓左右曰:会心处不必在远,翳然林水,便自有濠濮间想也,觉鸟兽禽鱼自来亲人。"人们对自然美的认识,也推动了时代思想的发展。

中国艺术的发展也与这种审美风气密切相关,如在绘画中,中国秦汉都是以人物画为主,到了魏晋南北朝山水画逐渐发展,但多为人物画背景,所谓"人大于山,水不容泛"。东晋、南朝时,山水画才开始成

---

① 《鲁迅全集》第6卷,第68—69页。

为独立画种。南朝时宗炳著有《画山水序》，王微著有《叙画》，都是专门总结山水画的经验。在《叙画》中写道："望秋云神飞扬，临春风思浩荡"，"绿林扬风，白水激涧"，体现了当时人们对自然的美感。宗炳在《画山水序》中写道："余眷恋庐（山）衡（山），契阔荆、巫，不知老之将至。"当他暮年无力外出游览，只好把过去所绘的山水画图悬挂壁上，戏称为"卧以游之"。

我国现存最早的卷轴山水画是隋代展子虔的《游春图》（一说为唐代作品）（见彩图7）。这幅画青绿设色，景物浓丽。画家对自然景物有深刻的观察和感受。画面上山间白云浮动，湖面微风拂水，景物舒展、开阔，人物神态悠闲，或伫马路侧，或荡舟湖心。山水、云烟、草木都呈现出浓郁的春意。在自然景象中各种景物互相联系，形成一个和谐的整体。宋代的山水画家郭熙曾说："山得水而活，得草木而华，得烟云而秀媚。"又说："山无云则不秀，无水则不媚，无道路则不活。"这些都是讲自然整体和谐的美。在《游春图》中这种自然的和谐体现得很鲜明。在画面上还可看到"远水无波""远山无纹"的表现方法，说明画家对自然景物的观察极其细微。

山水诗比山水画出现可能更早一些。魏曹操的《观沧海》中就描绘了大自然的壮美："秋风萧瑟，洪波涌起，日月之行，若出其中，星汉灿烂，若出其里。"东晋陶渊明曾写过"少无适俗韵，性本爱丘山"。南朝谢朓写过"余霞散成绮，澄江静如练"的著名诗句。

山水诗画为什么在这个时期兴起，也是和社会生活有密切联系的，当时诗人画家主要是文人墨士或士大夫，有些是对现实生活不满，到自然中去寻求慰藉，如陶渊明的诗中有："久在樊笼里，复得返自然"，他认为仕途十三年是误落尘网。同时在社会发展的进程中，人与自然的关系愈来愈向多方面发展。自然事物愈来愈多地成为人的审美对象，从动物、植物，扩展到山水等方面，这也是人类审美活动发展的必然趋势。

在西方则是到了17世纪荷兰才出现独立的山水画，产生了一批风景画家。这批画家对自然发生兴味也有社会原因。当时荷兰摆脱了西班牙的奴役获得独立，取得胜利的资产阶级对那些为天主教堂服务的圣像画失去兴趣，因此产生了许多表现人和自然美的绘画。当时风景画家有：雷斯达尔（1638—1707），他的作品如《埃克河边的磨坊》，气魄雄伟，气势磅礴，色彩纯朴、深沉；霍贝玛，常画乡村中平常的景物，颇有田园诗趣，如《并木林道》景色秀丽、舒展；伦勃朗风景画也很好，色彩浑厚、纯朴。到了19世纪在法国也出现了许多风景画家。如巴比松画派。法国风景画家柯罗不仅画宁静的风景，还画一些崇高的自然现象。这说明自然美的领域更扩大了，惊心动魄的自然现象也可以成为审美对象。

随着社会生活的发展，人类与自然的联系愈来愈扩大，自然对于人，一方面作为物质生活的对象，范围在不断扩大；另一方面自然作为精神生活的对象也在不断扩展，如动物、植物、山水甚至狂风暴雨、惊涛骇浪都可以成为审美对象。自然美的产生和发展是一个有待深入研究的问题，这里只是为了说明自然美的根源离不开自然和生活的客观联系，离不开人。有的同志说："不了解人，对自然美也不能很好掌握。"这话是很对的。以上分析说明对自然美的根源需要从全面发展的观点去考察，这样才能看出自然美和人类实践活动的内在联系。而不能用孤立的静止的方法去探索自然美。正如列宁所说："人的认识不是直线……而是无限地近似于一串圆圈、近似于螺旋的曲线。这一曲线的任何一个片断、碎片、小段都能被变成（被片面地变成）独立的完整的直线。"[①] 如果用孤立静止的方法去看某些离人遥远的自然事物的美（如蔚蓝天空），确实很难看出它和实践有什么联系。

第二节　自然美的各种现象及其根源

这里要分析几种不同的情况：一种是经过劳动改造的自然景物，

---

① 列宁：《哲学笔记》，人民出版社1960年版，第411—412页。

在这种自然景物中凝聚着人的劳动，自然与生活的联系是比较明显的，因之也是较容易理解的。例如农村中田野的景色，民歌中写道："麦田好似万丈锦，锄头就是绣花针。农村姑娘手艺巧，绣得麦苗根根青。"这说明麦田虽然以其自然特征直接引起人们的美感，但是它的出现离不开农民的劳动。另一种情况是未经劳动改造的自然，如天空、大海、原始森林等等，这类自然景物何以能成为美的对象，这是一个比较复杂的问题，但要探索它的根源，仍然离不开自然和生活的客观联系。这类自然的美虽然并不像前面所说的麦田那样，直接打上人的意志的烙印，但它们仍然直接或间接地与人的生活发生联系。这里面又有以下几种情况：

一、作为人的生活环境而出现，或者是为人们提供生活资料的来源

它们是人类生活、劳动所不可缺少的东西。自然界是"人的无机的身体。人靠自然界生活。这就是说，自然界是人为了不致死亡而必须与之不断交往的、人的身体"①。正是由于人和自然建立了这种广阔的联系，人才不仅对那些改造过的自然，而且也对一些离人遥远和未经劳动改造的自然产生兴趣。

在这里我们要说明一下，我们所说的改造自然，首先是改造自然与人类生活的关系，把自然从异己的与人类生活对立的关系，改变成为一种为我的、可亲的关系。这是改造自然的首要的任务，也是自然事物能够成为美的对象的可靠基础。在改造自然时其形式有没有发生变化是次要的。对形式发生变化的，我们可更清楚地认识人对自然的改造，对形式未发生变化的，我们可以利用自然的原有形式为人类的目的服务，为改变自然与人类的关系服务。所以，改造自然不仅仅指劳动改造，而应是在更广泛的实践基础上包括利用、掌握、科学实验等等，来改变自然

---

① 马克思：《1844年经济学哲学手稿》，第52页。

与人类的关系，以便为人类的目的服务。这里应消除一个误会，即认为只有经过劳动改造过的自然才叫改造的自然，而尚未经劳动改造过的自然就叫未改造的自然。就以利用自然来说吧！有的自然界虽然还没有经过劳动改造，其外在形式并没有发生变化，但是只要利用这样的自然，也就是在改造自然了，改造和利用是同一的，因为改造自然也就是要利用自然。利用自然首先是改变自然与人类的关系，使人类主宰了自然，成为为我的自然。改造自然与利用自然不是一样吗？以大海为例来说，在远古时候，大海是作为一种异己的力量而存在，它与人类的关系是根本对立的。这时的大海也不可能是美的。随着人类实践的不断发展，社会的不断进步，人类认识和改造自然的能力也不断扩大，人开始逐步地认识了大海的性质和规律，认识了大海的浮力可以行船，乘船可以捕鱼，船可以运货，可以乘载旅客以及各式各样的军舰在海上航行。随着海上航行的发展，改变了大海与人类的关系，从原来根本对立的关系逐步改变为可以利用的、为人类服务的关系了。这时大海本身虽然没有经过劳动的改造，但是人们认识了大海的特性和规律，利用了大海中海水的浮力，大海就成为为我的、可亲的现实。随着这种关系的改变，大海也就逐步成为可欣赏的审美对象了。大海是如此，那么天空、荒原、沙漠、原始森林也应该是如此。凡最初与人类的关系是对立的，经过改造（包括利用等）逐步变成为我的、可亲的关系，使自然逐步成为美的也都是如此。

二、未经劳动改造的自然美和生活实践的联系有一个重要的中间环节，就是形式美的问题

形式美是从体现一定内容的美的形式中概括出来的。由于人们在审美活动中，直接感受到的是美的事物的形式，经过成千上万次的重复，人们仅仅看见美的事物的"样子"（形式）而不去考虑它的内容，便能引起美感。正如普列汉诺夫所说："当狩猎的胜利品开始以它的样子引起愉快的感觉，而不管是否有意识地想到它所装饰的那个猎人的力量或

灵巧的时候，它就成为审美快感的对象，于是它的颜色和形式也就具有巨大而独立的意义了。"① 这里所说的"巨大而独立的意义"，我们理解有两点，一是运用形式美于美的创造，使事物的美的特征更加鲜明，有如蜜饯的瓜果，瓜果本来是甜的，经过蜜饯就更甜了。一是扩大了美的领域，当生活中美的事物以它的"样子"引起人们的美感时，人们就逐渐对那些样子相似的事物也同样产生美感。因此，蔚蓝天空的美虽然并不直接体现劳动创造，但它却和生活中那些由劳动所创造的色彩鲜明、滢澈的美的事物有着密切联系。月亮本身虽与劳动创造无关，但月亮和生活中劳动所创造的明镜、玉盘等等器物在色彩和外形上却有相似之处。李白的诗句中有："月下飞天镜，云生结海楼"，"小时不识月，呼作白玉盘。"为什么用镜子和玉盘来比喻月亮的美呢？因为月亮与镜子、玉盘至少有两点相似：一是圆形，二是晶莹明澈。这些都是属于形式美，在未经改造过的自然中，如果它的样子符合生活中的形式美，就能成为美的对象。

三、自然美的某些特征还可以与人的性格品质相似

例如李可染有一幅画名叫《稳步向前》（图8.3），表现了牛的美。画上的题词是："牛也，力大无穷，俯首孺子而不逞强，终身劳瘁事农，而安不居功，性情温驯，时亦强犟，稳步

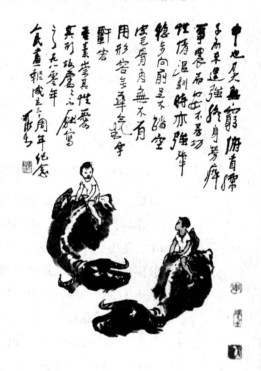

图8.3 李可染画

---

① 普列汉诺夫：《普列汉诺夫美学论文集》Ⅰ，第420页。

向前，足不踏空，皮毛骨肉，无不有用，形容无华，气宇轩宏。吾素崇其性，爱其形，故屡屡不厌写之。"郭沫若也把水牛赞为"中国国兽"，在《水牛赞》一诗中写道：

  水牛，水牛，你最最可爱。

  你是中国作风，中国气派。

  坚毅、雄浑、无私，

  拓大、悠闲、和蔼，

  任是怎样的辛劳，

  你都能够忍耐，

  筋肉肺肝供人炙脍，

  皮骨蹄牙供人穿戴。

  活也牺牲，死也牺牲，

  丝毫也不悲哀，也不怨艾。

  你这殉道者的风怀，

  你这革命家的态度，

  水牛，水牛，你最最可爱。[①]

  再如，中国古代画论中有不少论述自然美与生活的客观联系。郭熙在《山水训》中写道："春山淡冶而如笑，夏山苍翠而如滴，秋山明净而如妆，冬山惨淡而如睡。"画家从四时山景联想到人物的形象。产生这种联想的客观基础就是自然的某些特征和人的生活情感有相似之处。为什么不说春山如睡，冬山如笑，而说春山如笑，冬山如睡呢？因为春天来了，山上的花开了、叶绿了、雀鸟喧闹、泉水流淌，一切都活跃起来，这些景象与生活中的喜悦、欢乐很相似，所以说春山如笑。冬天里，山上树叶落了，鸟雀少了，自然环境很安静，一切都沉寂下来，好

---

① 北京大学、北京师范大学、北京师范学院中文系中国现代文学教研室：《新诗选》第一册，上海教育出版社1979年版，第99—100页。

像人们在沉睡中，所以说"冬山如睡"。在秋天，自然呈现出另一种景象，天空明净，清朗，树叶变色，斑斓可爱，好像人们明丽的装扮，所以说"秋山如妆"。

车尔尼雪夫斯基说："自然美暗示生活"，这里所谓的"暗示"含义不太明确。因为自然本身是无意识的，无所谓"暗示"。"暗示"的意思如果是指由于自然与生活的客观联系，由自然的特征可以唤起对生活的多种联想而获得审美享受，那是正确的。但是自然的感性特征很多，为什么有些特征使人感到美，另一些特征却使人感到不美？甚至感到丑呢？这些问题都不能用"暗示"孤立地从自然事物本身来说明，而要从自然与生活的客观联系上说明。车尔尼雪夫斯基曾提出自然事物"因为被当作人和人的生活中的美的一种暗示，这才在人看来是美的"。这个看法虽然对我们很有启发，但是由于他对生活不是理解为革命实践，因此，不能从历史发展中去把握自然与生活的联系，而是直观地把自然和生活作类比，而在这种类比中往往又忽视了自然的多种属性，以及自然与生活的多种联系。例如他说："对于植物，我们喜欢色彩的新鲜、茂盛和形状的多样，因为那显示着力量横溢的蓬勃的生命。凋萎的植物是不好的；缺少生命液的植物也是不好的。"[①] 这段话虽然在一定范围内有些道理，但是由于忽略了自然的多种属性和自然与生活的多种联系，因此无法说明许多自然美的现象。例如秋天的枫叶，虽然缺少生命的液汁，但它的色泽却很鲜艳。鲁迅的诗句中有"枫叶如丹照嫩寒"。杜牧有两句诗："停车坐爱枫林晚，霜叶红于二月花。"霜叶本来就很红，经过晚霞照映更红了，就显得比春天的花朵还要艳丽了。

同一自然事物有多种属性、特征，其中有的特征是美的，有的特征却是丑的。齐白石曾画过一只长嘴的鸟题名为"羽毛可取"，意思是鸟的形状长嘴小身子虽不好看，但是它的羽毛色泽鲜艳却是可取的。如果

[①] 车尔尼雪夫斯基：《生活与美学》，第10页。

进一步追问为什么鸟长嘴小身子就不好看,如果是因为嘴与身子不成比例,那么确定正确比例的依据又是什么?这就涉及自然与生活的联系。因为人们在衡量动物美不美的时候,往往是以人的形象作为依据。青蛙的身上也有多种属性,车尔尼雪夫斯基曾说:"蛙的形状就使人不愉快,何况这动物身上还覆盖着尸体上常有的那种冰冷的黏液;因此蛙就变得更加讨厌了"①。但是我们知道蛙也有一些属性、特征是美的,例如蛙在水中游泳,那种敏捷、轻快的动作,就能引起人的美感。在游泳池里看见青年,特别是小孩游蛙式,就特别美,好像一只小青蛙。在农村池塘、水溪的蛙鸣,也能使人产生美感,齐白石有一幅画就题为"蛙声十里出清泉"。

自然事物与生活的联系,还表现在同一自然事物的同一自然属性,在不同条件下可以成为美的或是丑的。例如老虎的性格,就其吃人的凶残来说是丑的,但是就其勇猛来说又是美的,所谓"龙盘虎踞"是对生活中壮美的事物的比喻。我国古代玉器和画像砖上老虎的形象,矫健有力,姿态生动,都很美。为什么同一自然事物、同一属性会出现截然相反的审美意义呢?因为虽然是同一属性,但和生活可以发生多种不同的联系。如果你在深山中突然碰见老虎,吓出一身冷汗,这时你是不会对老虎产生美感的。但是当老虎被关在动物园里的时候,你却可以细细地欣赏它那斑斓的毛色和雄健的步伐。所以在评价自然美的时候,如果脱离开自然与生活的客观联系,就会失去客观依据。

第三节 自然美重在形式、自然特征的审美意义

自然属性虽然不是自然美的根源,但是由于自然美主要是以它的感性特征直接引起人们的美感,因此,自然的某些属性如色彩、形状、质

---

① 车尔尼雪夫斯基:《生活与美学》,第10页。

感等具有不可忽视的审美意义，它是自然美形成的必要条件。这从许多艺术家对自然的细微观察可以得到证明。例如中国古代的画家从不同的季节，观察树木、池水、天空等色彩的变化。水色是春绿夏碧，秋青冬黑；天色是春晃夏苍，秋净冬黯；树木是春英夏荫，秋毛冬骨，所谓春英指叶细而花繁有一种萌芽的美；夏荫指叶密而茂盛，有一种浓郁的美；秋毛指叶疏而飘零，有一种萧疏的美；冬骨指枝枯而叶槁，有一种树干挺劲的美。中国画的各种皴法如斧劈皴、披麻皴、米点山水等等，都是对不同地域山石的不同形状、质感观察得来的。黄公望所画的《富春山居图》所用的披麻皴，用长短干笔皴擦，山峦间还采用了近似米点的笔法，表现了江南山峦土质松软雍和、秀丽的特点。据说他当时在富春江细心观察，"凡遇景物，辍即模记"。宋郭熙的《窠石平远图》则使用云头皴，表现了火成岩石的圆整、坚实的特点；米点山水的画法则表现了江南烟雨湿润的特点。徐悲鸿称米点法为世界上最早的点彩派。

这里还要特别介绍一下我国各个著名的风景区都有它独特的自然特征，正是这种独特的自然的特征，构成各自独特的美。如"雄""险""奇""秀""幽"等等。

一、泰山的雄伟

人们称之为五岳之首，泰山的自然特征是体积厚重而高耸，气势磅礴（见彩图6）。构成雄伟的因素是：

（1）与周围平原、丘陵形成强烈的大小高低的对比。泰山突起于齐鲁平原之上，显示一种"拔地通天"的气势，使人产生"会当凌绝顶，一览众山小"的感受。

（2）山势累积，主峰高耸。泰山的山势由抑到扬，有如大海巨澜，一浪高过一浪，具有强烈的鼓舞性节奏。

（3）形体厚重。所谓"稳如泰山""重如泰山"，也反映了泰山的一种自然特征。由于泰山基础宽阔，盘卧 426 平方公里，加以形体集中、山势累积，因此使人感到安稳厚重。

(4) 苍松、巨石、烟云对泰山的雄伟起着烘托作用。

长江三峡西面的夔门，被称为"夔门天下雄"，夔门与泰山虽然都同属于雄伟，但各有不同特点，夔门的雄是与长江急流相结合，空间狭窄，视域较小，所谓"高江急峡雷霆斗，古木苍藤日月昏"，"峰与天关接，舟从地窟行。"（图 8.4）而泰山是和齐鲁平原相联系，视野开阔，既可仰观，又能俯视，正如南天门的一副对联所写："门辟九霄仰步三天胜迹，阶崇万

图 8.4 夔门

级俯临千嶂奇观。"

二、华山的险峻

鸟瞰华山犹如一方天柱，拔起于秦岭山前诸峰之中，四壁陡立，几乎成八、九十度的角。险峻的特点就是山脊高而窄。所谓"自古华山一条路"，主要是指青柯坪往主峰攀登的险道。青柯坪，既是登山路程之半，也是海拔高度之半，其下为幽深峡谷，其上是危崖绝壁的西峰。它与西峰顶水平距离只有 600—700 米，而高差竟达千米。攀登这千米危崖，须历经千尺幢、百尺峡、老君梨沟、擦耳崖、苍龙岭五大险关，特别是苍龙岭长约一里，岭脊仅宽一米左右，经长期风化剥蚀，岭脊圆而光滑，形如龙背鱼脊。岭西，壁落深渊，直下 700 多米，岭东绝壑悬崖，似觉无底。明代画家王履曾在此留下诗句："岭下望岭上，夭矫蜿蜒飞。背无一仞阔，旁有万丈垂。循背匍匐行，视敢纵横施。惊魂及坠

魂，往往随风吹。……"

三、黄山的奇特

所谓"黄山天下奇"。形成奇的原因是由于自然特征变化无穷。黄山七十二峰千姿万态，云海变幻莫测，"出为碧峤，没为银海"，还有奇松、异石。如卧龙松、飞来石"梦笔生花""猴子观海""天鹅孵蛋""天狗望月""松鼠跳天都"等等。中国的奇景很多，如云南的石林、承德的棒槌山都很奇特。当然并非所有的"奇"都是美，奇所以成为美可能与人类长期的创造活动有联系，在创造中出现的新的、独特的东西，往往能引起人们的强烈的美感。自然中的奇特景物，仿佛是经过"鬼斧神工"开辟出来的。它唤起人们对生活的联想。承德的棒槌山形状奇伟（图8.5），据

图8.5　承德棒槌山

说它的形成已有三百万年的历史。有人写了一首诗歌颂它："铁骨丹心胆气豪，千秋万古仰高标。身经多少劈雷雨，犹自昂头立九霄。"

四、峨眉的秀丽

所谓"峨眉天下秀"。据说取名峨眉的意思是"峨者高也，眉者秀也，峨眉者高而秀也"，"秀"的特色更为突出。形成秀的自然特征是：（1）线条柔美，山脉绵亘，曲折如眉；（2）色彩葱绿，有茂密植物覆盖，所谓"云鬟凝翠"；（3）烟云掩饰，如《画论》中所说山"得烟云而秀媚"。桂林山水（见彩图20）和西湖也属于秀丽的景色。这些景色

在各种气候条件下都能引起人的美感。苏轼有一首著名的诗描写西湖的秀美风光:"水光潋滟晴方好,山色空濛雨亦奇。欲把西湖比西子,淡妆浓抹总相宜。"

五、青城的幽深

所谓"青城天下幽",唐代诗人杜甫曾写下这样的诗句:"自为青城客,不唾青城地。为爱丈人山,丹梯近幽意。"形成幽景的自然条件往往是丛山深谷,古木浓荫。造成一种幽深、恬静、清新的环境气氛,当人们处在蝉噪树荫、鸟鸣深壑、林静山幽的环境中,顿觉神志清爽。青城有一"听寒亭",所谓"听寒"也就是形容幽静的艺术境界,在听寒亭前,清水一泓,晶莹见底,泉珠滴落池中,如琴弦轻拨,玑珠落地。有的同志曾分析幽景的特点是:景点的视域较窄小,光量小,空气洁净,景深而层次多。

六、滇池的开阔

从龙门眺望滇池,以开阔的水面为主体,视域开阔,水面坦荡,滇池大观楼长联中写道:"五百里滇池奔来眼底,披襟岸帻,喜茫茫空阔无边。"另一首诗写道:"茫茫五百里,不辨云与水。飘然一叶舟,如在天空里。"

内蒙古的大草原也是属于畅旷的美。在草原上视野辽阔,使人胸襟开展。

上面列举了一些著名的风景区,它们都是以其自然的感性特征,而使人产生美感。所以研究自然美不能脱离开自然的特征。至于这些自然特征怎样在生活中成为美的对象,那就无法从自然本身去说明,而需要联系人类社会生活的发展、民族的历史才能探索其根源。日本著名的风景画家东山魁夷曾到中国游览了许多名山大川,他写了一篇文章叫《中国风景之美》,他说:"风景之美不仅意味着自然本身的优越,也体现了当地民族文化、历史和精神","谈论中国的风景之美同时也是谈论中国民族精神的美。"又说:"我不止一次直接接触到中国人民美好、善良、纯朴的心地,从而加深了我对中国风景的感受,没有对人的激情,就不会真正理解风景的美丽。"这种对自然美的见解是深刻的。自然不仅是我们物质财富的宝藏,也是我们精神财富的宝藏。特别是对待一些有历史文化特色的风景区更是如此。例如中国人对泰山的美的感受,就不仅是由于它的自然特征很雄伟,还有它深厚的历史文化内涵。泰山在中国人民的心目中已经成为"崇高""伟大"的同义语,是中华民族的精神象征。有一首诗《泰山颂》:"高而可登,雄而可亲,松石为骨,清泉为心,呼吸宇宙,吐纳风云,海天之怀,华夏之魂。"(见彩图3)这首诗中泰山的形象有如屹立在东方的巨人。

第四节 自然美在美育上的意义

对自然美的欣赏是进行美育的一个重要方面。

祖国大自然的美,可以激发我们对生活对祖国的热爱。方志敏烈士曾把祖国的山河比作母亲的肌体,他在《可爱的中国》里写道:

> 中国土地的生产力是无限的;地底蕴藏着未开发的宝藏也是无限的,废置而未曾利用起来的天然力更是无限的,这又岂不象征着我们的母亲,保有无穷的乳汁,无穷的力量,以养育它的四万万的孩儿?……至于说到中国天然风景的美丽,我们可以说不但是雄巍的峨嵋,妩媚的西湖,幽雅的雁荡,与夫"秀丽甲天下"的桂林山水(见彩图20),可以傲睨一世令人称羡,其实中国是无地不美,到处皆景……我们的母亲,她是一个天姿玉质的美人……①

这段话说明我们对祖国山河的热爱,一方面是由于自然是我们生活劳动的环境,为我们提供生活资料的源泉,好像母亲的乳汁,养育她的儿

---

① 方志敏:《可爱的中国》,人民文学出版社1982年版,第13页。

女；另一方面自然的美丽给我们提供了精神食粮，丰富了我们的精神生活，更加激起我们对母亲的热爱。

在人民大会堂里悬挂的巨幅画《江山如此多娇》，集中地描绘了祖国山河的壮丽景象。我们的祖国是这样辽阔广大，近景是高山、苍松、飞瀑，中景是长城、大河、平原、湖泊，远景则是雪山蜿蜒，云海茫茫，右上角则是一轮红日，体现了须晴日看红装素裹的意境。在同一画面上出现了东西南北的地域和春夏秋冬的不同季节，并不使人感到矛盾或不调和——它正好体现了我们祖国的辽阔广大，在现实生活中当江南百花盛开、万紫千红的时候，喜马拉雅山上还是白雪皑皑。

自然美还可以培养人们的优美的情操，寄托自己的理想；还能使人们在怡静中消除疲劳，得到休息。热爱自然也是热爱生活的一种表现。伟大的无产阶级先锋战士李大钊同志在青年时期很热爱自然，并在赞美自然中寄托自己的理想、情操。音乐家贝多芬也是酷爱自然的。他曾说："世界上没有一个人像我这样爱田野。"贝多芬在谈到《田园交响乐》的时候，对他的朋友兴德勒说："周围树上的金翅鸟、鹑鸟、夜莺和杜鹃是和我们一块儿作曲的。"正因为他是如此地热爱大自然的美，才能谱写出优美、动人的乐曲。

思 考 题

1. 自然美的根源是什么？在人类社会出现以前自然美是否已经存在？
2. 未经人类实践改造的自然是怎样成为美的对象的？
3. 自然美在审美中有什么积极意义？

参考文献

1. 马克思：《1844年经济学哲学手稿》，"异化劳动"中论自然和人的关系。
2. 马克思、恩格斯：《德意志意识形态》第一卷，一、费尔巴哈中"历史"部分。
3. 普列汉诺夫：《车尔尼雪夫斯基的美学理论》，第九节。

4. 普列汉诺夫:《没有地址的信 艺术与社会生活》,第五封信。
5. 高尔基:《苏联的文学》。
6. 方志敏:《可爱的中国》,关于自然美的部分。
7. 郭熙:《林泉高致》。
8. 东山魁夷:《中国风景之美》,《世界美术》1979年第1期。
9. 《美学问题讨论资料》,"关于自然美"的部分。

第九章 形 式 美

第一节 什么是形式美

形式美是指生活、自然中各种形式因素（色彩、线条、形体、声音等）的有规律的组合。

形式美和事物的美的形式既有联系又有区别。事物的美的形式和美的内容有着直接的密切联系，而形式美是指美的形式的某些共同特征，形式美所体现的内容是间接的、朦胧的。在具体的美的事物中内容和形式是统一的，美的形式不能脱离内容。人们对美的感受都是直接由形式引起的，在长期的审美活动中人们反复地直接接触这些美的形式，从而使这些形式具有相对独立的审美意义，即人们接触这些形式便能引起美感，而无须考虑这些形式所表现的内容，仿佛美就在形式本身，而忘掉它的来源。其实，所谓形式美的法则不过是人们在审美活动中对现实中许多美的形式的概括反映。例如"对称"的法则是对大量的具有对称特征的事物的概括反映。在研究这些形式美的法则时可以暂时撇开事物的其他特征。恩格斯在分析数和形的概念的来源时曾经指出："数和形的概念不是从其他任何地方，而是从现实世界中得来的。"还指出人们在实践中具有"一种在考察对象时撇开它们的数以外的其他一切特性的能力，而这种能力是长期的以经验为依据的历史发展的结果。和数的概念一样，形的概念也完全是从外部世界得来的"①。这些论述虽然是指数学中的数和形的概念，但对于了解形式美法则的来源也是有意义的。形式美法则不仅来源于客观事物，而且研究这些法则是为了创造更美的事物。形式美法则体现了人类审美经验的历史发展。在人类创造美的长期活动中，逐渐发展了人对各种形式因素的敏感，例如对线条、色彩、形体、声音等等形式因素的敏感，并逐渐掌握了这些形式因素各自的特点。这些形式因素由于其他相联系的条件发生变化，它的特点、意义也相应地发生变化，例如色彩是形式美的重要因素，也是美感的最普及形式。一般人认为红色是一种热烈兴奋的色彩；黄色是一种明朗的色彩；绿色是一种安静的色彩；白色是一种纯洁的色彩。人们对不同色彩所产生的不同感受是有一定生活根据的。因为在生活中红色常常使人联想到炽热的火焰、节日的彩旗、红润的笑脸……而绿色常常使人联想到幽静的树林、绿茵的草地、平静的湖水……黄色则使人联想到明亮的灯光、耀眼的阳光等等。但是这些特性并不是凝固不变的。因为红色除了象征热烈，还包含着警惕等等；白色除了象征纯洁，还象征悲哀。所以确定某种色彩的特性不能脱离一定的具体条件。例如红色在一个姑娘的面颊上表现了一种健康的美，但是出现在鼻尖上就会成为丑了。从色彩本身看，由于各种色彩的配合也会产生不同的效果。如白底上的黄色，黄色便显得暗淡无光，就像在白昼看见的一盏忘记关掉的路灯，完全失去了路灯在黑夜中所显示的明亮的效果。在红底上的黄色则显示出一种欢乐和明朗的特性。

在形体方面也存在一些不同的特性。如圆形柔和，方形刚劲，立三角有安定感，倒三角有倾危感，三角顶端转向侧面则有前进感，高而窄的形体有险峻感，宽而平的形体有平稳感等等。

在线条方面直线表现刚劲，如商代司母戊鼎。曲线表现柔和，如永乐宫壁画中仙女的衣纹、敦煌壁画中的飞天（见彩图7）。波状线表现

---

① 《马克思恩格斯选集》第3卷，第377页。

轻快流畅，幅状放射线表现奔放，交错线表现激荡，平行线表现安稳等等。

对上面这些形式因素的特性，一般人都能感受得到。特别是艺术家对这些形式因素非常敏感。例如油画家对色彩的敏感，雕塑家对形体的敏感，音乐家对音响的敏感，他们非常熟悉这些形式因素，并将它们有规律地组合在一起，为表现一定内容服务，放出美的异彩。

第二节 形式美的主要法则

人类在创造美的活动中不仅熟悉和掌握了各种形式因素的特性，而且对各种形式因素之间的联系加以研究，总结出各种形式美的法则。这些形式美的法则并不是凝固不变的，形式美的发展有一个从简单到复杂、从低级到高级的过程。在各种形式美法则之间既有区别又有密切联系，现列举以下几种主要形式美法则加以说明：

一、单纯齐一

或者叫整齐一律，这是最简单的形式美。在单纯中见不到明显的差异和对立的因素。如色彩中的某一单色，蔚蓝的天空，碧绿的湖面，清澈的泉水，明亮的阳光等等，单纯能使人产生明净、纯洁的感受；齐一是一种整齐的美，如农民插秧，秧苗插得很整齐，保持一定的株距，首先是便于植物生长，同时在形式上也呈现出一种整齐的美。再如仪仗队的行列，士兵的身材、服装、敬礼动作都很一致，加上每一个战士精神状态都高度集中，这些特征也表现出一种整齐的美。"反复"即同一形式连续出现，反复也是属于"整齐"的范畴，"反复"是就局部的连续再现来说的，但就各个局部所结成的整体看仍属整齐的美。如各种二方连续的花边纹饰。齐一、反复能给人以秩序感。在反复中还能体现一定的节奏感（图9.1）。

图9.1 纹饰

二、对称均衡

这里面出现了差异,但在差异中仍然保持一致。"对称"指以一条线为中轴,左右(或上下)两侧均等,如人体中眼、耳、手、足都是对称,但既是左右相向排列,也就出现了方向、位置上的差异。古希腊美学家曾指出:"身体美确实在于各部分之间的比例对称。"① 不少动物的正常生命状态也大都如此。人类早期的石器造型,表明当时从实用的需要出发已掌握了对称的形式。对称具有较安静、稳定的特性,对称还可以衬托中心,如天安门两侧对称的建筑,可以衬托天安门的中心地位。许多花边图案也是采取对称的形式。普列汉诺夫分析原始民族产生对称感的根源,指出人的身体结构和动物的身体结构是对称的,这体现了生命的正常发育。只有残废者和畸形者的身体是不对称的,体格正常的人对这种畸形的身体总是产生一种不愉快的印象。他还举出原始的狩猎民

---

① 《西方美学家论美和美感》,第14页。

族，由于它们的特殊生活方式，形成"从动物界汲取的题材在他们的装饰艺术中占着统治的地位。而这使原始艺术家——从年纪很小的时候起——就很注意对称的规律。"① 他举出"野蛮人（而且不仅野蛮人）在自己的装饰中重视横的对称甚于直的对称。瞧一瞧您第一次遇到的人或动物的形状（当然不是畸形的），您就会看出，它所固有的对称正是前一种，而非后一种。此外，必须注意，武器和用具仅仅由于它们的性质和用途，也往往要求对称的形式。"② 这一点对于说明形式美如何在实践中产生和发展有重要的意义。但是普列汉诺夫在分析形式美的根源时，主要归结为生物学上的原因，而忽视了从社会实践中深入探索形式美的根源。

均衡的特点是两侧的形体不必等同，量上也是大体相当，均衡较对称有变化，比较自由，也可以说是对称的变体。均衡在静中倾向于动。如云南晋宁石寨山发现的西汉（公元前206—公元25）鎏金铜盘舞扣饰（见彩图5）。表现古代民间双人舞的场面，舞者腰挎长刀，足踏巨蟒，双手持盘。在整体结构上，打破对称，保持均衡，左边舞者俯身托盘向下，右边舞者仰首托盘向上，两侧形体虽不等同，但量上大体相当。从艺术效果上看，左右呼应，显得自由、灵动，在变化中保持稳定。

三、调和对比

调和与对比反映了矛盾的两种状态。调和是在差异中趋向于"同"（一致），对比是在差异中倾向于"异"（对立）。调和是把两个相接近的东西相并列，例如色彩中的红与橙、橙与黄、黄与绿、绿与蓝、蓝与青、青与紫、紫与红都是邻近的色彩。在同一色中的层次变化（如深浅、浓淡）也属于调和。调和使人感到融和、协调，在变化中保持一

---

① 普列汉诺夫：《普列汉诺夫美学论文集》Ⅰ，第342页。
② 同上。

致。如天坛的深蓝色的琉璃瓦与浅蓝色的天空和四周的绿树配合在一起显得很调和。(见彩图 19)杜甫诗中有:"桃花一簇开无主,可爱深红爱浅红。"深红与浅红在一起也属于调和。对比是把两种极不相同的东西并列在一起,使人感到鲜明、醒目、振奋、活跃,如色彩中红与绿、黄与紫、蓝与橙都是对比色。"接天莲叶无穷碧,映日荷花别样红"(杨万里),"万绿丛中一点红"这是红与绿的对比。黑与白也是一种强烈的对比,"白催朽骨龙虎死,黑入太阴雷雨垂"(杜甫);"黑云翻墨未压山,白雨跳珠乱入船"(苏轼)。在这些诗句中运用黑白对比加强了意境中的色彩效果。有的画家利用白纸底色表现白鸡,由于巧妙地运用黑白对比,使人产生一种错觉,仿佛白鸡比白纸还要白。声音的对比如"蝉噪林愈静,鸟鸣山更幽",最寂静的环境,是靠声音来烘托的。如深夜的寂静往往靠室内的钟摆声,或窗前的虫鸣烘托出来的。此外还有形体大小的对比,如"会当凌绝顶,一览众山小"(杜甫)。

四、比例

比例是指一件事物整体与局部以及局部与局部之间的关系。例如我们平时所说的"匀称",就包含了一定的比例关系。古代宋玉所谓"增之一分则太长,减之一分则太短"就是指的比例关系。中国南朝的戴颙,是古代著名雕塑家戴逵的儿子,他年轻时就跟他父亲塑造佛像,精通人体的造型、比例。传说有这样一个故事:"宋太子铸丈六金像于瓦棺寺,像成而恨面瘦,工人不能理,及迎颙问之。曰:'非面瘦,乃臂胛肥'。即铝减臂胛,像乃相称,时人服其精思。"[①] 这里所说的形象的肥瘦,也就是宽窄的比例。为什么面部本来不瘦,而使人感觉瘦呢?这是由于臂胛过宽,相形之下面部才显得瘦。经过修改,把臂胛宽度削减,各部分的比例就合适了。所以人体各部分之间的比例关系,不仅影响整体形象,同时在局部之间也相互影响。突出的比例失调,便会产生

---

① 张彦远:《历代名画记》,第 125 页。

畸形。在艺术创作中不能掌握正确的比例往往会产生形象的不真实。鲁迅曾批评一位画家石友如把工人的拳头画得比脑袋还大，形象不真实。鲁迅说："我认为画普罗列塔利亚（无产阶级——注）应该是写实的，照工人原来的面貌，并不需画那拳头比脑袋还要大。"① 这里面除了反映画家对工人形象的理解上的问题外，也包含了掌握比例上的错误，所以使人感到形象不真实。徐悲鸿在绘画"新七法"的第二条提出："比例正确……毋令头大身小，臂长足短"，在画马中也重视躯体各部分的比例关系，如他在札记中写道："马颈不可太长如长颈鹿。"

那么什么样的比例才能引起人的美感呢？西方蔡辛克认为黄金分割的比例最能引起人的美感。所谓黄金分割，即大小（宽长）的比例相当大小二者之和与大者之间的比例。列为公式是 $a:b=(a+b):a$。实际上大约5：3。一般书籍、报纸大多采用这种比例。蔡辛克还把黄金分割的定律运用到说明人体各部分的比例。他认为以肚脐为界把人体分成上下两部分。上部从头顶到咽喉，从咽喉到肚脐；下部从肚脐到膝盖，从膝盖到脚掌。这上下两部分中所包含的比例关系，都是黄金分割的关系。

我们认为在美的事物中所包含的比例关系是有条件的，因为人们在美的创造活动中都是按照事物的内在尺度来确定比例关系。黄金分割的比例里面虽然包含了一定合理的因素，因为这种比例关系较之正方形有变化，还具有安定感，但是也不能把这种比例硬搬到一切事物的造型中去。事实上人们在制造许多产品的时候，都是和人的一定目的、要求结合在一起的。例如在住宅中门的长宽比例便不一定符合黄金分割比例，而是和人体的比例大体相适应的。人在设计门的时候很自然地要考虑到人的活动要求，门太窄或太矮出入就不方便。而且在不同性质的建筑中对门的尺度要求也不完全相同，例如剧院的门往往在宽度上大大超过它的高度，因为这样才便于人群的进出，才符合剧院的门的内在尺度。

---

① 张望编：《鲁迅论美术》，人民美术出版社1956年版，第37页。

人体的匀称在比例关系上也不是绝对不变的。所谓"增之一分则太长，减之一分则太短"，这是就某一个人身材的匀称来说的，并不是说衡量一切人的身材是否匀称只有一个标准。尽管正常发育的人体，各部分之间大体保持一定的比例关系，如身高与头部比例大约为 7∶1，人在不同姿态中头部与身高的比例也在变化。如中国古代画论中有"立七、坐五、盘三半"的说法，这些都是较一般的分析。在衡量每一个具体人的时候，还要结合他的体型年龄等条件来考虑。矮而胖的人和瘦而长的人，他们在身体各部分的比例关系上是有区别的。

我国古代山水画中所谓"丈山、尺树、寸马、分人"，也体现了对各种景物之间的比例关系的合理安排。

五、节奏韵律

节奏韵律指运动过程中有秩序的连续。构成节奏有两个重要关系：一是时间关系，指运动过程；一是力的关系，指强弱的变化。把运动中的这种强弱变化有规律地组合起来加以反复便形成节奏。

在生活和自然中都存在节奏。普列汉诺夫曾说："对于一切原始民族，节奏具有真正巨大的意义。"① 他分析了原始民族觉察节奏和欣赏节奏的能力，是在劳动过程中形成和发展起来的。原始人所遵照的节奏"决定于一定生产过程的技术操作性质，决定于一定生产的技术。在原始部落那里，每种劳动有自己的歌，歌的拍子总是十分精确地适应于这种劳动所特有的生产动作的节奏。"② 在非洲黑人那里对节奏有惊人的敏感，"划桨人配合着桨的运动歌唱，挑夫一面走一面唱，主妇一面舂米一面唱。"③ 他还引用了巴苏托族的卡斐尔人的材料，"这个部落的妇女手上戴着一动就响的金属环子。他们往往聚集在一

---

① 普列汉诺夫：《普列汉诺夫美学论文集》Ⅰ，第 338—339 页。
② 同上书，第 338 页。
③ 同上书，第 339 页。

起用手磨磨自己的麦子,随着手臂有规律的运动唱起歌来,这些歌声是同她们的环子的有节奏的响声十分谐和的。"① 原始音乐中的节奏往往是伴随劳动,为了协同动作,使劳动具有准确的节奏,还能起到减轻疲劳的作用。

在自然中同样存在着节奏。郭沫若曾说:"本来宇宙间的事物没有一样是没有节奏的:譬如寒往则暑来,暑往则寒来,寒暑相推,四时代序,这便是时令上的节奏;又譬如高而为山陵,低而为溪谷,陵谷相间,岭脉蜿蜒,这便是地壳上的节奏。宇宙内的东西没有一样是死的,就因为都有一种节奏(可以说就是生命)在里面流贯着。做艺术家的人就要在一切死的东西里面看出生命来,从一切平板的东西里面看出节奏来。"② 郭沫若还具体分析了节奏的两种情况:一种是鼓舞的节奏,先抑后扬,如海涛起初从海心卷动起来,愈卷愈快,到岸边啪的一声打成粉碎。"立在海边上,听着一种轰轰烈烈的怒涛卷地吼来的时候,我们便不禁要血跳腕鸣,我们的精神便要生出一种勇于进取的气象。"③ 郭沫若还引了他自己写的一首诗《立在地球边上放号》,歌颂这海涛的有力的节奏,其中有这样的句子:

无限的太平洋提起它全身的力量来要把地球推倒,
哦哦,我眼前来了的滚滚的洪涛哟!
啊啊!不断的毁坏,不断的创造,不断的努力哟!
啊啊!力哟!力哟!
力的绘画,力的舞蹈;力的音乐,力的诗歌,力的 Rhythm 哟。④

这首诗的节奏同海涛的节奏同样有力,给人以鼓舞。除了鼓舞的节奏

---

① 普列汉诺夫:《普列汉诺夫美学论文集》Ⅰ,第339页。
② 郭沫若:《文艺论集》,人民文学出版社1979年版,第229页。
③ 同上书,第232页。
④ 同上书,第233页。

第九章　形式美

外，还有沉静的节奏，先扬后抑，如远处钟声。初扣时顶强，曳着袅袅的余音渐渐地微弱下去，这种节奏给人以沉静的感受。赞美歌、箫声都具有这种节奏的特点。

在艺术中节奏感更鲜明，特别是在音乐舞蹈中的节奏感更为强烈。在音乐中由于音响的运动的轻重缓急形成节奏，音乐的节奏一是指长短音的交替，一是指强弱音的反复。冼星海的《黄河船夫曲》，贺绿汀的《游击队之歌》，都有鲜明的节奏感。节奏感不仅存在于音乐之中，还存在于绘画、建筑、书

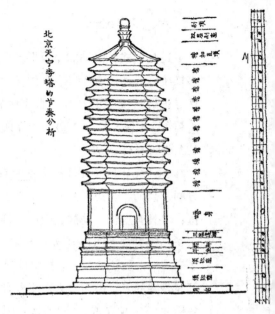

图9.2　天宁寺塔

法等艺术中。在绘画中节奏感表现在形象排列组织的动势上，如《清明上河图》在形象排列上由静到动，由疏到密，便形成一种节奏感。建筑中也是如此。梁思成分析建筑中柱窗的排列所体现的节奏感："一柱一窗地排下去，就像柱、窗，柱，窗的2/4的拍子。若是一柱二窗的排列法就有点像柱窗窗，柱窗窗，柱窗窗的圆舞曲。若是一柱三窗排列就是柱窗窗窗，柱窗窗窗的4/4的拍子。"他还分析了北京广安门外的天宁寺塔的结构，从月台、须弥座、塔身、塔檐、尖顶所形成的节奏感（图9.2）。

在节奏的基础上赋予一定情调的色彩便形成韵律。韵律更能给人以情趣，满足人的精神享受。郑板桥所画的无根兰花，在形象的排列组合中所表现的那种充满情感的节奏，也就是韵律。

六、多样统一

这是形式美法则的高级形式，也叫和谐。从单纯齐一、对称均衡到多样统一，类似一生二、二生三、三生万物。多样统一体现了生活、自然界中对立统一的规律，整个宇宙就是一个多样统一的和谐的整体。"多样"体现了各个事物的个性的千差万别，"统一"体现了各个事物的共性或整体联系。

多样统一是客观事物本身所具有的特性。事物本身的形具有大小、方圆、高低、长短、曲直、正斜；质具有刚柔、粗细、强弱、润燥、轻重；势具有疾徐、动静、聚散、抑扬、进退、升沉。这些对立的因素统一在具体事物上面，形成了和谐。布鲁诺认为整个宇宙的美就在于它的多样统一。他说："这个物质世界如果是由完全相像的部分构成的就不可能是美的了，因为美表现于各种不同部分的结合中，美就在于整体的多样性。"[①] 他又说："自然像合唱队的领队那样，指导着相反的、极度的和中等的声音唱出统一的、最好的，你想多美就多美的和音来。"[②]

多样统一的法则的形成是和人类自由创造内容的日益丰富相联系的，人们在创造一种复杂的产品时要求把多种的因素有机组合在一起，既不杂乱，又不单调，形成整体的和谐。多样统一使人感到既丰富，又单纯；既活泼，又有秩序。这一基本法则包含了变化以及对称、均衡、对比、调和、节奏、比例等因素，所以一般都把"多样统一"作为形式美的基本法则。

紫禁城的美就是整体和谐的范例（见彩图11）：

紫禁城的美和北京城的美融为一体，体现了中国古代以皇宫为主体的城市规划理想。一方面，紫禁城赋予北京城以特色，紫禁城可说是北京城的重要标志；另一方面，北京城的优美环境也烘托了紫禁城。从城

---

① 布鲁诺：《拉丁文著作集》第二卷第一部分，第27页。
② 布鲁诺：《拉丁文著作集》第一卷第三册，第272页。

市整体看，金碧辉煌的紫禁城居于中央，十分耀眼，四围是大片灰蒙蒙的民居，幽静的四合院富有生活情趣。干道和胡同排列纵横有序，在绿树掩映中显露出白塔、景山和一些高大坛庙的琉璃屋顶，还分布着一些碧玉般的大小湖泊。……以紫禁城为核心的北京城充满了东方文化的巨大魅力。

紫禁城本身的宏大建筑群更是一个和谐的整体。"和"是中国古代的一个重要美学范畴。在音乐、美术、书法、建筑等艺术中都很重视整体的和谐。

紫禁城作为中国古代宫殿木结构建筑，它的宏伟气势，主要不是体现在单体建筑，而是体现在建筑群的组合。在巧妙的组合中显出空间的大小纵横，形体的高低错落，色彩的冷暖繁简，线条的直曲刚柔。能在变化中求统一，做到多而不乱。好像一幅展开的长画卷，也好像一首乐曲，有序曲，有高潮，有尾声。其表现是：

（1）正阳门、大清门是序曲。从正阳门到太和殿地平标高逐渐上升，形体逐渐加大，庭院逐渐加宽，如午门前广场一万平方米，太和门前广场二万平方米，太和殿前广场三万平方米。人对建筑的感受也逐渐强烈，到太和殿形成高潮。

（2）过三大殿（太和、中和、保和）转向内廷，建筑的形体逐渐缩小，庭院逐渐变窄，如乾清门前广场约一万平方米，乾清宫前广场七千多平方米，神武门前广场两千多平方米。乾清门前的横向空间，标志着这一过渡的开端。乾清门红墙上的照壁采用了黄绿相间的花卉琉璃装饰，使环境的气氛缓和下来。由前朝太和殿"神"的尺度，逐渐转向人的尺度。在前朝，气氛森严，过午门连一棵树都没有，到御花园才轻松下来，有了绿色的诗意，御花园内建筑的造型灵活而多样，曲折的路面布满了碎石砌成的装饰图案。

（3）景山作为尾声，构思很精妙。建筑家把景山称作"故宫全部宫殿的大气磅礴的总结"。景山上五亭的设计也别具匠心。"居于中轴线上的万春亭最高大……亭面阔和进深均五间，各17.01米，呈正方形，共三层檐,为四角攒尖式,亭顶各层檐俱覆以黄琉璃瓦,翡翠绿琉璃瓦剪边。"左右为观妙亭、揖芳亭,平面呈八角形,直径10.41米,屋顶为重檐八角形攒尖多,上下檐都覆以翡翠绿琉璃瓦,黄瓦剪边,位置低于万春亭。外侧左为周赏亭,右为富览亭,二亭平面都是圆形六柱式,直径均7.87米,屋顶为圆形重檐攒尖式,上下檐都是孔雀蓝琉璃瓦,位置更低,与四围树木连接,融入自然。在五座亭子中万春亭居正中,两侧各二亭,严格对称。但在造型、色彩、体量、位置高下等方面都富有变化。这一构思打破了由对称形式带来的呆板布局,隐显之间的变化又很自然,这体现了中华民族在美的创造中的智慧。这里还要特别提到紫禁城的城墙,周长6里、城垣高9.9米,底面宽8.6米,顶面宽6.6米,高与顶宽为3∶2,墙体厚实而坚固,顶部外侧筑雉堞形成垛口,梁思成风趣地把这雉堞比作紫禁城颈上的项链。紫禁城四隅的角楼,三层檐,通高27米,有9梁、18柱、72条脊之说,黄色琉璃瓦,朱漆门窗,白石台基,间以蓝绿为主的旋子彩画。在白云蓝天的辉映下,角楼的倒影映在护城河的碧波上,角楼显得既玲珑秀丽,又富丽堂皇。如果雉堞是紫禁城的项链,四隅的角楼便是项链上镶嵌的宝石。从紫禁城建筑的整体看,角楼与太和殿有着辐射的呼应关系,对太和殿的中心地位起着烘托的作用。这一切都生动地体现了紫禁城整体和谐的美。

多样统一是在变化中求统一。例如贵州苗族的蜡染花果图案(图9.3),就是把各种几何图形(方形、圆形、瓜子形)组织在一起,从变化中求得统一。中国古代艺术理论中很强调变化,如书法理论中提出:"若平直相

图9.3 蜡染图案

似，状如算子，上下方整，前后齐平，此不是书"①。这是说过于拘泥于整齐容易流于刻板。因此艺术家往往追求一种"不齐之齐"，在参差中求整齐。

明代袁宏道曾讲花的整齐在于参差不伦，意态天然。"插花不可太繁，亦不可太瘦，多不过两种三种，高低疏密，如画苑布置方妙。置瓶忌两对，忌一律，忌成行列，忌以绳束缚。夫花之所谓整齐者，正以参差不伦，意态天然。"② 又说诗文的整齐也是如此。"如子瞻之文，随意断续，青莲之诗，不拘对偶，此真整齐也。"③

上述形式美法则说明，人类在长期实践中自觉地运用形式规律去创造美的事物，并在美的创造中积累愈来愈丰富的经验。形式美的法则概括了现实中美的事物在形式上的共同特征，研究形式美是为了推动美的创造，以便使形式更好地表现内容，达到美的形式与美的内容高度统一。

这些法则不是凝固不变的，随着美的事物的发展，形式美的法则也在不断发展。特别是在形式美的运用上需要结合内容灵活地掌握，形式美的运用应当有助于美的创造，而不是束缚美和艺术家的创造。研究形式美的法则主要是为了提高美的创造能力，培养我们对形式变化的敏感，善于在探索美的形式时，从内容出发选择最适当的形式以加强美和艺术的表现力。

思 考 题

1. 什么是形式美？怎样理解形式美的根源及其相对独立性？
2. 什么是形式美的法则？在美的创造中有什么意义？如何灵活运用这些法则？

---

① 《中国美学史资料选编》上，第 173 页。
② 《中国美学史资料选编》下，第 158 页。
③ 同上。

参考文献

1. 恩格斯：《反杜林论》，"分类、先验主义"，人民出版社 1970 年版。
2. 普列汉诺夫：《没有地址的信　艺术与社会生活》，第一封信、第六封信。
3. 郭沫若：《论节奏》（见《文艺论集》）。
4. 赵宪章等：《西方形式美学》，南京大学出版社 2008 年版。
5. 于培杰：《论艺术形式美》，华东师范大学出版社 1990 年版。

彩图9 敦煌壁画《射猎图》

彩图10 五代·顾闳中《韩熙载夜宴图》（国画局部）

彩图11 北京·紫禁城（建筑）

紫禁城・太和殿

彩图12　北京·颐和园玉带桥

◀ 彩图13　杨辛《春》（独字书法

彩图14〔法〕 米勒《拾穗者》（油画）

彩图15〔法〕巴斯蒂昂·勒帕热《垛草》（油画）

彩图16 北京·鸟巢夜景（建筑）

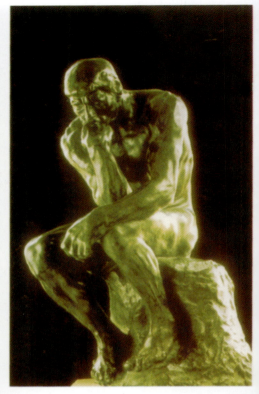

▲ 彩图18 [法] 罗丹《思想者》(雕塑)

彩图17 [古希腊] 米罗《维纳斯》(雕塑)

第十章 艺　术　美

艺术美指艺术作品的美。艺术美来源于客观现实生活，但不等于生活，它是艺术家创造性劳动的产物。

第一节　艺术美是艺术的一种重要特性

艺术和其他劳动产品有一个区别，其他产品是在实用基础上讲求美。韩非子曾说："千金之玉卮，至贵，而无当，漏，不可盛水。"[①] 卮是古代的一种饮酒器，玉制的卮，虽然质地很美，但是无底，是漏的，不能盛饮料，也就失去酒器的作用。这说明生活用品首先要考虑实用，其次才考虑审美要求。艺术则不是直接为了满足实用的需要，而是在满足人们的审美需要中，给人以精神的影响。

关于艺术美的特点在美学史上曾有过争论，其中特别值得注意的是黑格尔与车尔尼雪夫斯基的观点。他们从美学的基本问题，即艺术与现实的关系出发，提出了自己对艺术美的见解。批判地吸取他们观点中的合理因素——这对我们正确地理解和掌握艺术美的特点有着重要的意义。

[①] 《中国美学史资料选编》上，第73页。

我们先分析一下车尔尼雪夫斯基对艺术美的看法。他认为艺术美来源于生活，肯定现实美及其生动丰富性。他对当时费肖尔责难现实美的种种观点，逐一批驳。例如费肖尔认为现实中美丽的人太少，并引用了拉菲尔在一封信中曾抱怨"美女太少"的话，车尔尼雪夫斯基认为拉菲尔抱怨美女太少，因为"他寻求的是最美的女人，而最美的女人，自然，全世界只有一个，与其说美是稀少的，毋宁说大多数人缺少美感的鉴别力。美貌的人绝不比好人或聪明人等等来得少。"① 费肖尔还提出一个否认现实美的最普通的理由，即"个别事物不可能是美的，原因就在于它不是绝对的"。车尔尼雪夫斯基认为"我们无法根据经验来说明绝对的美会给予我们什么样的印象，"并提出"个体性的美是最根本的特征。"但是他在批判费肖尔的观点时，是采用贬低艺术美的方法来肯定现实美。车尔尼雪夫斯基认为：

一、艺术美是现实美的"代用品"

他批驳了唯心主义美学所提出的这种观点，即人不能在现实中寻找出真正的美来，于是"在现实中不能实现的美的观念，要由艺术作品来实现。"车尔尼雪夫斯基认为现实生活本身完全能够满足人的美的渴望。但为什么需要艺术呢？因为现实中的美并不总是显现在我们眼前，例如"海是美的；当我们眺望海的时候，并不觉得它在美学方面有什么不满人意的地方；但是并非每个人都住在海滨，许多人终生没有瞥见海的机会；但他们也想要欣赏欣赏海，于是就出现了描绘海的画面。自然，看海本身比看画好得多，但是，当一个人得不到最好的东西的时候，就会以较差的为满足，得不到原物的时候，就以代替物为满足……这就是许多（大多数）艺术作品的唯一的目的和作用。"他认为艺术美与现实美的关系，有如印画与原作的关系。"印画不能比原画好，它在艺术方面要比原画低劣得多。"他还把艺术美和现实

---

① 车尔尼雪夫斯基：《生活与美学》，第 46 页。

美比作钞票与黄金,艺术美好似钞票,而钞票的全部价值就在于它代表黄金。

二、在艺术中创造想象的作用是有限的

他认为想象中的美不如生活中的美,而完成的作品中表现的美,又不如想象中的美。他说:"在艺术中,完成的作品总是比艺术家想象中的理想不知低多少倍。但是这个理想又决不能超过艺术家所偶然遇见的活人的美。"同时他认为:"想象只是丰富和扩大对象,但是我们不能想象一件东西,比我们所曾观察或经验的还要强烈。我们能够想象太阳比实在的太阳要大得多,但是我不能够想象它比我实际上所见的还要明亮。同样,我能够想象一个人比我见过的人更高,更胖,但是比我在现实中偶然见到的更美的面孔,我可就无从想象了。"①

三、艺术形式本身带来的局限

例如他认为雕塑、绘画与生活相比有一个共同的缺点,即雕塑、绘画都是死的、不动的等等。

下面再谈谈黑格尔对艺术美的看法:

首先,他否认艺术美来源于生活。他不仅否认现实美,也否认现实生活的客观存在。他认为生活现实本身就是绝对观念的外化。因此他提出真正的美是心灵产生和再生的美,也就是艺术美。只要是心灵的产物,哪怕是无聊的幻想,也高于自然。

其次,他抽象地发展了人的能动性,强调想象在艺术创造中的作用。他认为"最杰出的艺术本领就是想象"②,他认为想象与被动的幻

---

① 以上三段所引车氏语见车尔尼雪夫斯基:《生活与美学》,第 90、91、65、65 页。
② 黑格尔:《美学》第一卷,第 357 页。

想不同,"想象是创造性的"。又认为"艺术作品的源泉是想象的自由活动,而想象就连在随意创造形象时也比自然较自由。艺术不仅可以利用自然界丰富多彩的形形色色,而且还可以用创造的想象自己去另外创造无穷无尽的形象。"

最后,他反对机械模仿自然。他认为"靠单纯的模仿,艺术总不能和自然竞争,它和自然竞争,那就像一只小虫爬着去追大象。"又说:"一般地说,摹仿的熟练所生的乐趣总是有限的,对于人来说,从自己所创造的东西得到乐趣,就比较更适合于人的身份。"① 车尔尼雪夫斯基强调了现实美,认为艺术美只是现实美的粗糙、苍白的反映。黑格尔强调了艺术美,认为艺术美高于自然美,因为艺术美是"心灵产生和再生的美。"黑格尔是一个客观唯心主义者,从根本上说,他是完全否认社会生活的。由此看来,二者都有片面性。关于生活和艺术、现实美和艺术美的关系,我们认为,生活是艺术的源泉,虽然生活比之艺术美更丰富更生动;但艺术美是生活的能动反映,是艺术家创造性劳动的产物,比生活更集中、更有典型性。艺术美并能积极反作用于社会生活,为社会生活及实践服务。

第二节 艺术美来源于生活

生活是艺术家进行创造的前提、基础。艺术家的创作激情、创作素材都来源于现实生活。艺术美是现实生活的能动反映。中国古代美学有心师造化的思想,这方面有很丰富的论述,南朝陈姚最说:"学穷性表,心师造化。"唐张彦远说:"因知丹青之妙,有合造化之功。"他在评吴道子时说:"守其神,专其一,合造化之功。"唐张璪说:"外师造化,中得心源。"孙过庭在《书谱》中说:"同自然之妙有。"唐书法家李阳冰也说书法要"功侔造化"。北宋张怀在《山水纯全集后序》中说:

---

① 以上所引据黑格尔:《美学》第一卷,第8、54页。

第十章 艺术美

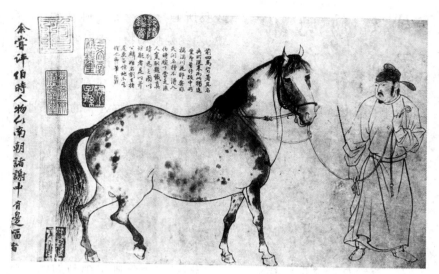

图 10.1　李公麟：《马》

"蕴古今之妙，而宇宙在乎手，顺造化之源，而万化生乎心。"明王履《华山图序》说："吾师心，心师目，目师华山。"明董其昌说："画家当以古人为师，尤当以天地为师。故有天闲万马皆吾粉本之论。""画家以天地为师，其次以山川为师，其次以古人为师。"他的朋友袁宏道也说："师森罗万象，不师古人。"等等。

外师造化，就是强调对客观对象的观察。自然美丰富而生动，是艺术家创造的源泉。以画马为例。杜甫咏曹霸画马："腾骧磊落三万匹，皆与此马筋骨同。"这说明曹霸画马是从现实中大量马的形象中提炼出来的。唐代画马大师韩干曾说："陛下厩马万匹皆臣之师。"北宋李公麟善画马，据画史记载，李公麟"每欲画，必观群马，以尽其态。"苏轼说："龙眠（李公麟）胸中有千驷。"（图 10.1）徐悲鸿是当代画马的大师，他曾给一位青年写信说道："学画最好以造化为师，故画马必以马为师，画鸡即以鸡为师，细察其状貌、动作、神态，务扼其要，不尚其细……附寄您几张照片，聊备参考，不必学我，真马

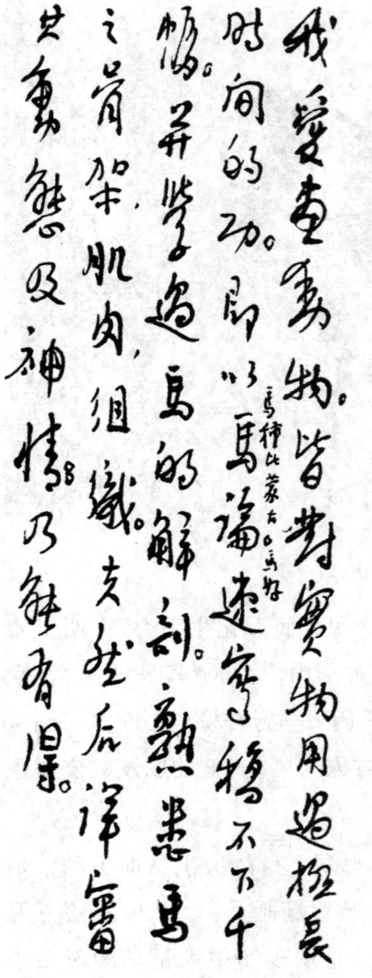

较我所画之马,更可师法也。"又说:"我爱画动物,皆对实物用过极长的功。即以画马论,速写稿不下千幅。"(图10.2)他对马的骨骼构造了解很透彻,如对马的脚踝骨和马蹄曾作过精细的观察,并幽默地说:"画马的脚踝骨和马蹄比妇女穿高跟鞋还难画",如果掌握不住关节的灵活劲,就会显得僵硬①。

李可染喜爱画牛,对牛的特点有深刻的观察和研究,他的画室就名为"师牛堂"。不仅画牛画马如此,画人物山水、花鸟莫不如此。石涛画山水,提出"搜尽奇峰打草稿"。齐白石画虫鸟,提出"为万虫写照,为百鸟传神"。陆游论生活是诗的源泉,他写道:"村村皆画本,处处有诗材","挥毫当得江山助,不到潇湘岂有诗"。书法方面唐李阳冰曾说:"书以自然为师","于天地山川日月星辰,云霞草木文物衣冠皆有所得"。怀素也说:"观夏云多奇峰尝师之。"现代蒙古族画家妥木斯说:"我在草原上生活,在生活中观察,在观察中写生,画了一本又一本,画也画不完,生活中有许多美好东西啊。一个热爱生活的人,一个深入生活

图10.2 徐悲鸿书法

---

① 廖静文:《徐悲鸿的一生》,中国青年出版社1982年版,第349页。

的艺术家，他一定会发现这些美好东西，描绘和讴歌这些美好东西。"又说："越是扎到草原生活的深处，就越激发着我对草原的深情厚爱。"这说出了画家对艺术美来源于生活美的深切体会。正如邓小平所说："人民是文艺工作者的母亲，一切进步文艺工作者的艺术生命，就在于他们同人民之间的血肉联系。忘记、忽略或是割断这种联系，艺术生命就会枯竭。人民需要艺术，艺术更需要人民。自觉地在人民的生活中汲取题材、主题、情节、语言、诗情和画意，用人民创造历史的奋发精神来哺育自己，这就是我们社会主义文艺事业兴旺发达的根本道路。"①

在音乐方面，《乐记》中也写道："凡音之起，由人心生也，人心之动，物使之然也。感于物而动，故形于声。"② 这是说明，"音"的产生直接受人的思想感情的影响，而人的思想感情，是外界给予影响的结果，音乐的最后根源还是来自现实生活。

外国一些著名艺术家，都指出艺术家生活基础的重要。如画家达·芬奇认为画家应当师法自然。他说："谁也不该抄袭他人的风格，否则他在艺术上只配当自然的徒孙，不配做自然的儿子。"③ 拉菲尔说："为了画出一个美丽的妇女，我必须观察许多美丽的妇女，然后选出最美丽的一个为我的模特儿。"

从艺术史上看，许多有创造性的艺术家在创作中都很重视生活的基础。这是因为：

一、生活是想象的土壤，没有想象就没有艺术创造

艺术家的创造性想象活动，必须依靠生活中所积累的大量的感性材料，即记忆中的表象（表象是认识的范畴，已经是对生活形象的初步概

---

① 《邓小平文选》第 2 卷，第 211—212 页。
② 《中国美学史资料选编》上，第 58 页。
③ 列奥纳多·达·芬奇：《芬奇论绘画》，第 47 页。

括，不等同于生活原型）。艺术家对这种感性材料掌握愈丰富，想象就愈自由。前面所说的"搜尽奇峰打草稿""龙眠胸中有千驷"，都是强调创作中要大量观察。只有大量观察才能进行比较分析，把握对象的特征，"扼其要"，"传其神"。黑格尔的美学虽然认为艺术美的源泉来自理念，但是他在论述艺术家的创作时，也不得不承认"艺术家创作所依靠的是生活的富裕，而不是抽象的普泛观念的富裕。在艺术里不像在哲学里，创造的材料不是思想而是现实的外在形象。"[①] 他提出艺术家"应该看得多，听得多，而且记得多"。在我国艺术史上，一些杰出的画家所取得的巨大成就，都和深入生活有密切联系。例如宋张择端的《清明上河图》，这幅画不是简单地记录各种生活现象，而是在深入观察、研究生活的基础上，发挥了艺术家的想象而创作出来的，是我国艺术史上的珍品。画中对北宋晚期的汴京及其近郊的生活景象作了生动而细致的描写。描写的内容包括人物，舟车，屋舍，河流，树木等等。特别是在人物的描写上能通过某些情节、场面，反映出人物之间的关系，以及人物在整体动态上的神情，在画面上有着浓厚的生活气息。例如在全画中的一个高潮，即"虹桥部分"表现了一个生动情节，一乘达官贵人坐的轿子正急速地穿过桥上拥挤的通道，轿前有两人在挥手开道，与迎面的一匹骡马相遇，牵马人迅即勒住马头，想从侧面闪开道路，惊动了道边的行人和两头毛驴，毛驴向前乱窜，赶驴人慌忙地吆喝着，道边的小摊贩也赶快用竹棍驱赶毛驴（图 10.3）。这个小的情节不但从一个侧面反映了当时社会上贫富的对立，而且说明画家在创造过程中对生活的观察是多么入微。没有雄厚的生活的基础，决不会孕育出这样丰富的想象。

---

① 黑格尔：《美学》第一卷，第357—358页。

第十章 艺术美

图10.3 清明上河图局部

二、生活孕育了艺术家的激情

艺术美并不是生活形象的简单的再现，在艺术形象中浸透了艺术家的激情，而这种激情也是来源于生活实践。情感是在社会实践中所形成的对事物的态度，它是客观实践的产物，艺术家脱离实践就无法培养对生活的感情。在生活中直接激发的感情，有力地推动了艺术家的想象。脱离了生活不但失去了创造艺术形象所依凭的感性材料，而且失去了想象的动力——激情。许多杰出艺术家的经验都证明了这一点。冼星海青年时期在法国巴黎学音乐，曾写过一个作品名叫"风"；这件作品在巴黎演出时受到人们的称赞，他在一篇文章中回忆"风"的创作过程，他说："我写自以为比较成功的作品《风》的时候，正是生活逼得走投无路的时候。我住在一间七层楼上的破小房子里。这间房子门窗都破了。巴黎的天气本来比中国南方冷，那年冬天的那夜又刮大风，我没有棉被，睡也睡不成，只得点灯写作。哪知风猛烈吹进，煤油灯（我安不起电灯）吹灭了又吹灭。我伤心极了，我打着战听寒风打着墙壁，穿过门窗，猛烈嘶吼，我的心也跟着猛烈撼动，一切人生的、祖国的苦、辣、辛、酸、不幸，都汹涌起来。我不能自已，借风述怀，写成了这个作品。"① 这说明现实生活孕育了艺术家的激情，推动了艺术家的想象，才可能创作出感人的作品。

三、生活推动艺术家技巧的发展

艺术技巧不仅为表现生活思想情感服务，而且是在表现生活与思想情感的过程中形成和发展起来的。技巧的提高是没有止境的。生活在不断发展，要求艺术家在技巧上也要相应的变化。例如画家傅抱石1961年曾到过东北镜泊湖、长白山和天池游历，由于广泛接触新的现实生活，不仅在思想感情上受到启发，在笔墨技法上也有了新的发展。他曾

---

① 冼星海：《我学习音乐的经过》，人民音乐出版社1980年版。

说:"几次深入生活都给人以新的体会和启发,这就推动了我思想上尖锐斗争,对自己多年拿手的'看家本钱'(指笔墨技法)产生了动摇……由于时代变了,生活、感情也跟着变了,通过新的生活感受,不能不要求在原有笔墨技法的基础上,大胆赋以新的生命,大胆寻找补充新的形式技法,使我们的笔墨能够有力地表达对新的时代,新的生活的歌颂与热爱。"[1] 我们从他的国画《镜泊湖》中,可以清楚地看到生活对推动技巧发展的作用。

以上三个方面都说明,生活是艺术美的源泉,艺术美是社会生活的反映。在美学史上有一些美学家总想脱离社会生活去创造艺术美,他们有的从理念世界出发,有的从上帝流溢的光辉出发,有的从主观意志出发,他们把"理念""上帝""主观意志"看作美的源泉,事实证明艺术是不能凭空创造的。这正如鲁迅先生所说:"天才们无论怎样说大话,归根结蒂,还是不能凭空创造。描神画鬼,毫无对证,本可以专靠了神思,所谓'天马行空'似的挥写了,然而他们写出来的,也不过是三只眼,长颈子,就是在常见的人体上,增加了眼睛一只,增长了颈子二三尺而已。这算什么本领,这算什么创造?"[2] 这说明作家离开了社会生活,便不可能有真正的艺术创造。

第三节 艺术美是艺术家创造性劳动的产物

艺术美虽然来自生活,但却不等同于生活。现实美虽然生动、丰富,却代替不了艺术美,因为从本质上看艺术美是艺术家按照"美的规律"进行创造性劳动的产物。当人们面对艺术美而发出惊赞的时候,这引起惊赞的原因,主要是由于艺术形象体现了艺术家的创造、智慧和才能。

从生活到艺术是一个创造过程,正是这个过程的性质决定了艺术作品

---

[1] 转引自《美术》1980年第7期。
[2] 《鲁迅全集》第6卷,第175页。

的美。就艺术所反映的客观对象来看，对象可以是美的，也可以是丑的。就某一具体作品来说，客观对象的性质并不能决定艺术作品的美、丑性质，因为艺术作品的美是决定于艺术家的创造性劳动，创造才是艺术美的生命。艺术家的创造是一种长期的辛勤的劳动。齐白石说："采花辛苦蜜方甜。"这里所说的"蜜"就是指艺术美，而"采花"的过程正是通过艺术家的创造性劳动对生活进行提炼的过程，也是艺术家的思想感情与生活相熔铸的过程。所谓"甜"则是对欣赏者所唤起的强烈的美感。法国画家德拉克罗瓦在谈到艺术美和艺术家创造性劳动的关系时，批评了一些人把美的创造归结为几种"药方"，他说："教学生创造美，像存款那样，把它一代一代地传下去！但一切时代的完美作品，都向我们证明，在这样的条件下不可能创造美……美——这是坚持不懈的劳动所产生的，经常不断的灵感的结果……微不足道的努力，只能得到微不足道的奖赏。"[①]

关于从生活到艺术的过程，也就是我们常说的典型化的过程。典型化是指艺术家概括现实生活，创造典型形象的方法。在典型化过程中概括化和个性化同时进行，主观因素与客观因素相互渗透，融为一体。艺术的典型形象是典型化的结果。艺术的典型形象既具有鲜明独特的个性，又能揭示一定的社会本质。像恩格斯所说的："每个人都是典型，但同时又是一定的单个人，正如老黑格尔所说的，是一个'这个'，而且应当是如此。"[②] 恩格斯在这里提出了一个很重要的思想，即艺术典型应当是共性与个性的辩证统一。"每个人都是典型"是讲艺术典型应当具有高度的概括性，揭示社会生活一定的本质，指的是典型的共性，"又是一定的单个人"，这是讲艺术典型应当有自己的特殊性，也就是要有自己的鲜明独特的个性。在生活中每一个人由于出身、遭遇、所走的道路、所受的教育等等的不同，总是有自己的独特性格的，世界上没有一个人和另一个人是完全相同的。恩格斯引用黑格尔在《精神现象学》

---

① 《德拉克罗瓦论美术和美术家》，辽宁美术出版社1981年版，第242页。
② 《马克思恩格斯选集》第4卷，第673页。

中所说的"是一个'这个'",强调了典型艺术形象的个性特点的重要性,以便创造出典型环境中的典型性格。这是对艺术家提出的一项重要的美学要求,艺术家为了实现这一要求,要付出艰巨的劳动。所以,成功的典型形象是艺术家创造性劳动的结晶,是艺术美的集中表现。艺术的典型性是指运用典型化方法所达到的概括化与个性化相结合的程度,这种结合程度愈是完美就愈具有典型性。典型性包括的范围更为广泛,如抒情诗、山水画中所表现的情景都可以具有典型性。典型性同样是对生活形象提炼的结果,也体现了艺术家的创造性劳动。

一、艺术创造中主观与客观的关系

在典型化过程中对生活形象的提炼,包含着主观与客观两方面的因素,两者的关系是:客观因素是基础,主观因素是主导。客观因素指生活内容,主观因素指艺术家的审美理想、思想感情。生活内容与艺术家的思想感情相结合形成意象,意象是在艺术家头脑中所形成的艺术形象的"蓝图",也可说是孕育艺术形象的胚胎。由意象变为作品中的艺术形象,还需要艺术家的一种实际创造的本领,即在长期的创作过程中所形成的表达内容的技巧。郑板桥曾说:"江馆清秋,晨起看竹,烟光日影露气,皆浮动于疏枝密叶之间,胸中勃勃遂有画意。其实胸中之竹,并不是眼中之竹也。因而磨墨展纸,落笔倏作变相,手中之竹又不是胸中之竹也。"他把画竹的过程分为"眼中之竹","胸中之竹","手中之竹"。所谓"眼中之竹"是指现实中竹的客观形象作用于画家的感官而产生的印象;"胸中之竹"是指现实中竹的形象和画家思想感情相结合而形成的意象,意象中竹的形象,不仅不同于生活原型,也不同于表象,它已经是客观的形象与理性、情感的结合体。而"手中之竹"则是经过画家的笔墨技巧和创造性劳动所表现出来的形象,是把头脑中的意象物化为典型的艺术形象,形成具体的作品,也就是创造出艺术美。

在艺术美中包含的客观因素,已经不同于自然形态的生活原型,艺术美集中了生活形象中的精粹,因此艺术形象的审美特征很鲜明。宋代

图10.4 王希孟:《千里江山图局部》

山水画家郭熙曾说:"千里之山,不能尽奇,万里之水,岂能尽秀?……一概画之,版图何异?"① 这里所说的"奇"和"秀"就是指生活、自然中的精粹。董其昌说:"以蹊径之怪奇论,则画不如山水;以笔墨之精妙论,则山水决不如画。"艺术美高于客观现实中的山水,它是人心灵的创造,反映了人对世界的看法。宋代山水画家王希孟创作了一幅《千里江山图》,画面上的奇峰幽谷、渔港水村、云林烟树、飞泉溪流,正是集江山之奇秀(图10.4)。人们常说:"江山如画。"为什么要把江山比作图画呢?因为杰出的山水画集中了自然的精粹,很美,在这里"图画"成了美的代名词。《老残游记》描述山东济南千佛山的景色,"仿佛宋人赵千里的一幅大画,做了一架数千里长的屏风。"这些都说明艺术美较之自然形态的现实美优越。现实美虽然很生动、丰富,但往往比较粗糙分散,不大为人注意,在艺术中由于精粹、集中,形成整体,美的特征就更显著。亚里士多德也曾说:"美与不美,艺术作品与现实事物,分别就在于美的东西和艺术作品里,原来零散的因素结合成为统一体。"②

艺术重视对生活的提炼,这是许多伟大艺术家的创造性劳动的一个

---

① 于安澜编:《画论丛刊》上,第21页。
② 《西方美学家论美和美感》,第39页。

重要表现。"多筛多洗才能得到黄金"（托尔斯泰），"自然是黄铜世界，只有诗人才交出黄金世界"，"艺术最忌有多余的东西，只要不妨碍美，应当把不必要的东西尽量去掉。"（鲍姆嘉通）徐悲鸿在谈他的创作经验时，也很强调去粗存菁，他诙谐地说："对上帝的败笔，你要善于包涵。"例如画人像时对一些生理上的缺陷就不应抓得太紧，要发扬生活形象中的优美之处。在艺术创作中艺术家还自觉地运用美丑对比，使人物的本质特征表现得更加鲜明。高尔基曾说："艺术的目的是夸张美好的东西，使它更加美好；夸大坏的——仇视人和丑化人的东西，使他引起厌恶"①。恩格斯在致斐·拉萨尔的信中也提出在作品中应当"把各个人物用更加对立的方式彼此区别得更加鲜明些。"

　　由于艺术中所反映的美比较集中、精粹，加上美丑的对比，所以特征很鲜明，给人的印象很强烈。

　　艺术美中的主观因素是指艺术家的审美理想、思想感情。艺术美对人的感染力和形象中包含的艺术家的思想感情分不开。徐悲鸿曾说："凡美之所以感动人心者，决不能离乎人之意想。意深者动人深，意浅者动人浅。"② 这里所说的"意想"，也就是艺术家的思想感情。艺术家对生活形象的加工，取什么，舍什么，都是受本身思想感情的支配。艺术形象已经是被艺术家所理解过、体验过的生活形象，按照黑格尔的说法就是"在艺术家头脑中打过转的东西"，所以在艺术形象上必然会留下艺术家思想感情的烙印。因此不同的文学艺术家虽然反映同一对象，但因主观条件的差别，在艺术形象上就会产生不同的特点。例如同是咏梅，毛泽东同志的《咏梅》给人清新、愉悦的感受，陆游的咏梅则给人消沉、哀伤的感受；再如朱自清、俞平伯两人曾同游南京的秦淮河，在1923年两人各自写了一篇同名的散文：《桨声灯影中的秦淮河》，这两篇散文表现了两位作家面对同一景物所产生的某些不同的理解和感受，在艺术风格上

---

① 高尔基：《论文学》，第141页。
② 徐悲鸿：《中国画改良论》。

也有不同特点。这些都说明主观因素在艺术美的创造中起主导作用。

不同的艺术种类中主观与客观的结合具有不同的特点。在绘画雕塑摄影等造型艺术中是从再现生活形象中渗透了艺术家的思想感情。主观与客观的统一，在形式上是主观的因素消融在客观的形象中。在对绘画作品做理性分析时，才能清楚地揭示形象中的主观因素，鲁迅曾讲"看一件艺术品，表面上看是一幅画，一座雕像，实际是艺术家人格的表现。"在另一些艺术部门更善于直接地表现艺术家的思想感情，如音乐的主要特点不在于提供直观的形象，音乐较之造型艺术更善于直接表现感情，因此黑格尔把音乐称之为"心情的艺术"，他从内容和表现方式上对音乐的特点做了说明，从内容上看音乐表现无形的内心生活；从表现形式看，音乐不是把主体内容变成在空间中持久存在的客观事物（如石膏雕像），而是通过不固定的自由动荡显示出它，这传达本身不能独立持久，而只能寄托在主体的内心生活，而且也只能为主体内心生活而存在。黑格尔指出音乐不同于造型艺术的某些特点，这是对的。但是由于他不承认生活是艺术的源泉，因此把人的内心生活与现实生活割裂，认为音乐只能表现"完全无对象的内心生活"，我们认为音乐同样是主观与客观的统一，但和造型艺术相反，在形式上往往是客观因素消融在主观因素中。例如听了《二泉映月》的演奏，凄婉、悲切的调子，使听众在情感上直接受到感染，仿佛听到旧社会中那些下层人们的不幸的倾诉，从这凄婉的调子里，人们可以联想到旧社会中受迫害的下层人民的苦难生活（虽然这一形象是不确定的）。

正确理解艺术形象中主观客观的辩证关系，对把握艺术美有重要意义。在这里既反对照抄自然，也要反对机械照抄前人的作品，哪怕是艺术大师的作品。照抄自然会使艺术美失去生命。巴尔扎克曾说："艺术的任务不在于摹写自然……要不然，一个雕塑家从女人身上脱下一个模子，就可以完成他的工作了。嗯，你试试看，从你爱人的那只手脱下一个石膏模型，你把它放在面前，那你看到的只是一只可怕的没有生命的东西，而且毫不相像。你必须找寻雕刻刀和艺术家，用不着一模一样的摹仿，却传达出生命的活跃。"①

丹纳曾说："卢佛美术馆有一幅但纳的画。但纳用放大镜工作，一幅肖像要画四年，他画出的皮肤的纹缕，颧骨上细微莫辨的血筋，散在鼻子上的黑斑，……眼珠的明亮甚至把周围的东西都反射出来。你看了简直会发愣：好像是一个真人的头，大有脱框而出的神气；……可是梵·代克的一张笔致豪放的速写就比但纳的肖像有力百倍。"② 但纳的作品虽然细微逼真，不过是自然摹本。而梵·代克的作品虽然简略，但把握了对象的特征，却是艺术家的创造，体现了艺术的生命。照抄别人的作品，哪怕是艺术大师的作品，也不能体现真正的艺术美，因为这是和艺术美所包含的创造的特性相违背的。清代的石涛曾说："非似某家山水，不能传久。……是我为某家役，非某家为我用也。纵逼似某家，亦食某家残羹耳。"齐白石曾说："胸中山水奇天下，删去临摹手一双。"这也是反对那种抄袭古人的做法。外国著名艺术家也有类似见解。如罗丹就说过："拙劣的艺术家永远戴别人的眼镜。"达·芬奇也说过："画家若专以他人的画为准绳，就只能画出平凡的作品。"③ 有无创造这不仅是评论一件作品艺术美的标志，也是衡量一个时代艺术成就的标志之一。达·芬奇说："从罗马人以后的绘画里可以见出这一点。他们彼此抄袭成风，以致艺术衰落，一代不如一代。"④ 中国清初山水画家所谓"四王"（王时敏、王鉴、王翚、王原祁）重仿古。王原祁说他自己"东涂西抹，将五十年，初恨不似古人，今又不敢似古人，然求出蓝之道终不得也。"这种仿古的风气对当时艺术的发展带来消极的影响。当然艺术的创造不能脱离开继承前人优秀遗产。临摹艺术大师的作品也是必要的，从临摹中可以深入细致地体会前人如何表现生活和情感，作为

---

① 段宝林编：《西方古典作家谈文艺创作》，春风文艺出版社1980年版，第313—314页。
② 丹纳：《艺术哲学》，人民文学出版社1963年版，第17—18页。
③ 列奥纳多·达·芬奇：《芬奇论绘画》，第48页。
④ 同上。

我们艺术创作中的借鉴。但是，临摹本身并不是目的，而是为了借鉴，为了创造。善于批判继承才能善于创造。

总之，艺术美是艺术家在生活基础上的一种创造。由于艺术家的创造，一块顽石在雕塑家手里才有了生命。罗丹面对古希腊维纳斯的塑像，发出赞叹。他认为是艺术家赋予这雕像以真实的生命。"抚摸这座雕像的时候，几乎觉得是温暖的"。再如意大利 G. 卢梭的雕像《戴面纱的妇人》，通过雕塑的形式巧妙地表现出面纱的透明和轻柔，并透过面纱隐约地呈现出人物的妩媚的微笑。舞蹈家有赋予人体的动作奇异的魅力，在日常生活中人体动作看来很平淡，但通过艺术家的创造，可以发掘出人体动作中所包含的丰富的情感内容。在戏曲舞蹈中梅兰芳的表演，单是他的手指就可以有上百种的表情。我国古代的民间艺术家运用神奇的画笔，在空白墙面上创造了无数精美的壁画。震惊世界的敦煌壁画不正是由那些不知名的"神笔张""神笔李"创造出来的吗（见彩图8、9）？正是由于艺术美是艺术家的创造，因此现实美不论如何生动丰富都不能代替艺术美。艺术家不是简单地再现现实美，而是创造了"第二自然"，这"第二自然"从本质上看是艺术家的精神产品，所以郭沫若曾说："艺术家不应该做自然的孙子，也不应该做自然的儿子，是应该做自然的老子。"所谓"做自然的儿子"是指模仿自然，所谓"做自然的老子"，是指艺术家在生活基础上的创造。其实更确切些说艺术家应该先做自然的"儿子"，然后才能做自然的"老子"。因为没有生活的基础，最杰出的艺术家也是无法创造的。歌德有一段话说得好："艺术家对于自然有着双重关系：他既是自然的主宰，又是自然的奴隶。他是自然的奴隶，因为他必须用人世间的材料来进行工作，才能使人理解；同时他又是自然的主宰，因为他使这种人世间的材料服从他的较高的意旨，并且为这较高的意旨服务。"①

以上是从主观与客观的关系说明艺术美是艺术家创造性劳动的产

---

① 歌德：《歌德谈话录》，第137页。

物。其主要表现在下面两点：首先，表现在从生活到意象的孕育，即意象的形成。在意象中使形象的特征更鲜明更生动，更加符合生活的本质；同时，把艺术家的思想感情融会到形象中去。在意象的形成过程中充满了艺术家的创造性想象活动。其次，是把孕育的意象表现为作品中的形象，这需要艺术家高超的技巧（包括对形式法则的运用），通过技巧使完美的艺术形式和深刻的内容统一起来。在这个过程中是对生活形象的进一步提炼、加工，通过艺术家的自由创造把头脑中的意象变为物化形态的作品，这物化形态的艺术形象就是艺术家"在对象世界中肯定自己"的一种特殊形式。

二、艺术创造中内容和形式的关系

前面讲过美是艺术的一种特性。从作品的内容和形式看是什么因素决定艺术美的特殊性呢？是形式的因素，还是既有形式又有内容的因素呢？这个问题对艺术创作实践、艺术欣赏都有密切关系。

鲁迅先生对艺术美曾做过形象的说明，1930年春天鲁迅在上海中华艺术大学做过一次讲演，谈到艺术的美与丑的问题。据有的同志回忆，当时他带了两张画给大家看，一张是法国19世纪画家米勒（1814—1875）的《拾穗者》，另一张是上海英美烟草公司的商业广告画月份牌——可能是曼陀画的《时装美女》。这张时装美人画得很细，连一根根头发都画得一清二楚，大头小身子，显出一种纤弱、畸形、弱不禁风的样子。鲁迅认为画上女子的病态，反映了"画家的病态"。虽然名为"美人"，其实是美人不美。为什么不美，除了技巧拙劣以外，在内容上所表现的是有闲阶级的生活情趣。

《拾穗者》中画了三个农妇弯身拾穗，表现了贫苦农妇们的艰辛劳动的生活形象（见彩图14）。在艺术上单纯、质朴，虽然没有什么精工描写，但鲁迅认为它很美。在农妇的形象中流露了作者对农民的深厚感情。米勒曾说："我生来是一个农民，我愿到死也是一个农民，我要描绘我所感受的东西。"

这个例子说明，虽然艺术美注重形式，但并不脱离内容，因为在艺术欣赏中仅仅靠形式是不能影响人的思想感情的。罗丹说："没有一件艺术作品，单靠线条或色调的匀称，仅仅为了视觉满足的作品，能够打动人的。"① 在艺术欣赏中首先直接作用于感官的是艺术形式，但艺术形式之所以能影响人的思想感情，是由于这种形式生动鲜明地表现了内容，否则这种欣赏就失去了意义。罗丹又说："一幅素描或色彩的总体，要表明一种意义，没有这种意义，便一无美处。"② 这里所说的"意义"就是指生活、思想的内容。

从艺术美的创造上看，内容和形式也是统一的。关于艺术美的内容与形式的辩证关系，在中国美学史上有许多精辟的论述：

(1) 从内容出发探索形式。

不是为形式而形式。中国古代美学思想中所谓"意在笔先"，就是强调内容对形式的决定作用。在书法、绘画、诗歌等艺术创作中，"立意"是一个关键问题。东晋王羲之说："夫欲书者先乾研墨，凝神静思，预想字形大小，偃仰平直，振动，令筋脉相连，意在笔前，然后作字。"③ 卫夫人曾说："意后笔前者败，……意前笔后者胜。"所谓"意"指意象，意象中虽然已经包含了形式的因素但主要是指思想、感情的内容，为什么"意在笔前"就能取胜呢？因为笔墨问题，也就是艺术的形式问题是由思想感情的内容决定的。"意"是提炼，选择艺术形式的依据。所谓"预想字形大小，偃仰平直"，就是根据内容的特点去选择形式。画家创造的肖像画，要根据对象的精神特征，考虑人像的正、侧、俯、仰，决定线条的粗、细、刚、柔，以至用纸的色泽、质地都要预先做一番经营、设计。作画时每一根线条、每一色块都是既表现对象特点，又表现艺术家感情的特点。也就是说，首先做到意在笔前，然后才

---

① 罗丹：《罗丹艺术论》，第51页。
② 同上书，第52页。
③ 《中国美学史资料选编》上，第173页。

能做到"意在笔中",把"意"融化到艺术形式、笔墨中去。郑板桥画竹所谓"墨点无多泪点多",正是把"泪点"(情感)融化到"墨点"中去。这样的笔墨才是真正能打动人的思想感情的笔墨。徐悲鸿画马很重视立意。例如在抗日战争期间他画了一幅《奔马》(图10.5),并不是简单地画一匹马在飞奔,而是有深刻的寓意,是借奔马来抒发他胸中"忧心如焚"的爱国激情,因为当时正是长沙会战后日寇的侵略气焰很嚣张,所以这幅画虽然画的是马,立意却不全在"马"上。因此在画面上所使用的笔墨,既表现了奔马风驰电掣的动态,同时也表现了画家胸中的激情。画家在考虑艺术形式时,都是为了表达这种特定的内容。马的躯体远小近大,既符合透视,又给人一种欲放先收、由远及近的感受,表现出奔腾的气势,而马尾、马鬃用笔粗犷、激荡、有力,焦墨与湿墨并用,

图10.5 徐悲鸿:《奔马》

这种笔墨既表现了奔马的特点,也表现了画家忧心如焚的情感。飞动的马尾、马鬃象征着画家胸中燃烧的怒火。从马的高昂的脖子延伸到左腿形成一条垂直线在奔腾中又显得稳健。马的下方用淡青色渲染,上方空白,使马头在强烈黑白对比下显得很精神。这幅画很美,但若脱离内容单从笔墨去分析就说不清楚。这说明艺术美虽然注重形式但却不能脱离内容。

(2) 形式的审美价值在于显现内容。

完美的形式(也就是生动、鲜明、准确地表现特定内容的形式)直接体现了艺术家的创造性劳动,体现了艺术家高超的技巧。技巧,是人

类创造文化的实际本领,也是创造艺术美的实际本领。忽视形式,就是忽视艺术美的特性,这样的艺术形象是不会有感染力的。而衡量形式完美的标准则要看它表现内容如何。

脱离内容去追求形式,便会导致创作的失败。脱离内容去追求形式的美,最大的毛病就是破坏形象的真实性。高尔基曾以他自己的经验教训为例,他说:"'海在笑着'——我写了这句话,并且很长一个时期我都相信这句话写得很美。为了追求美,我经常犯违反描写的正确性的毛病,把东西放错了位置,对人物作了不正确的解释。"① 又说:"有一次我需要用几句话来描写俄国中部一个小县城的外观。在我选择好词句并用下面的形式把它们排列出来以前,我大概坐了三个钟头:'一片起伏不平的原野,上面交叉纵横着一条条灰色的大路;五光十色的奥古洛夫镇在它的中央,宛如放在一只大而多皱的手掌上的一件珍奇的玩物。'我觉得我写得很好,但是当小说印出来的时候,我才看出我制作了一件像五彩的蜜糖饼干或玲珑精致的糖果盒之类的东西。"② 这些例子说明真正的艺术美不在辞藻的华丽,文学中字句运用必须确切表现内容。这是艺术家创作中的难关。高尔基引了一位俄国诗人纳德松的话,"世上没有比语言的痛苦更强烈的痛苦"。我国古代戏剧家汤显祖也曾说:"终日搜索断肠句,世上唯有情难诉。"这些都说明为表现内容而探索形式是一件很艰苦的工作。

蔡特金也曾经深刻批评过那种脱离内容去追求形式的倾向,她说:"艺术而无思想就成了炫耀技巧,追求形式的东西,毫无价值可言。"又说:"如果说倾向有时也会损害艺术,那只是当它从外部生硬地塞进艺术去,只是当它用极为粗糙的艺术手段表现出来的时候。相反的,如果倾向是从作品内部,用成熟的艺术手法表现出来的,它就会产生不朽的东西。"③

---

① 高尔基:《论文学》,第187页。
② 同上书,第188页。
③ 蔡特金:《蔡特金文学评论集》,人民文学出版社1978年版,第107页。

(3) 在艺术创作中自觉地运用形式美的法则。

在一件具体艺术作品中美都是内容与形式的统一，是由美的形式直接引起欣赏者的美感。在审美活动中经过很多次的反复，从美的形式中概括出形式美的法则。这些形式美的法则具有相对的独立性。在艺术创作中运用形式美法则可以起到强调某种特征的作用。

研究形式美法则的重要意义在于，灵活地运用这些法则到艺术创造中。研究形式美的法则可以培养对形式的敏感，可以更自觉地运用形式美的法则把艺术的形式和内容完美地结合起来。但是这些法则并不是凝固不变的，形式美的法则本身往往也是随着实践的发展而不断发展的，因此在艺术创造中须灵活运用，不能生搬硬套。石涛曾说："'至人无法'，非无法也，无法而法，乃为至法。"[①] 这是说高明的艺术家不是把形式法则看作凝固不变的东西，而是善于根据创作的具体要求灵活运用形式法则，因此说"无法而法，乃为至法"。下面从一些创作实例来说明对形式美法则的具体运用。

在艺术创作中形式的问题是一个很难掌握的问题，艺术家为了探索一种完美表现内容的形式，从构思到作品完成，往往要费尽苦心。一幅优秀的绘画引起人们的赞赏和喜悦，但是在画的背后，艺术家却不知付出了多少艰辛的劳动。特别是在形式的探索上体现了艺术家劳动的艰苦。有时在一幅画完成以前所画的草图几乎可以陈列一个展览大厅（如王式廓的画《血衣》）。所以有人曾把艺术形式比作希腊神话中的变化之神，难以捉摸。在艺术创作中，没有一种适合一切内容的固定不变的形式法则。对形式美的法则的运用也是这样，要根据作品的具体内容灵活运用，例如在绘画构图上，一根横线使人感到开阔、平静。东山魁夷的《湖》，一根平行线横贯画面，加上湖面的倒影，特别显得安静、开阔、明净（图10.6）。版画《万水千山只等闲》，在崇山峻岭间加上几条平行的横线，特别显出铁路的平稳和安

---

① 道济：《石涛画语录》，人民美术出版社1959年版，第26页。

图10.6 东山魁夷:《湖》

定感（图10.7）。一根竖线则使人感到挺拔，如挺直的古松劲竹，使人感到一种顶天立地的气势，如管桦画的一幅挺直的劲竹，艾青在画上有一段题词："我喜欢管桦的诗，也喜欢管桦的画，不论他的诗和画都给人以豪爽的感觉——这是他的性格。"（图10.8）一条扭曲的线，可以表现出一种挣扎的动势，如米开朗基罗的雕塑《奴隶》。扭曲的线也可以表现内心极度的痛苦，如柯勒惠支的作品《面包》中的母亲形象，古希腊的雕塑《拉奥孔》等。波状线使人感到流动，柔和的曲线使人感到优美，如维纳斯的体态成S形（见彩图17）。大足石雕水月观音又叫"媚态观音"，其媚态也是靠体态的曲线来表现的。一束放射线使人感到奔放，如董希文的《千年土地翻了身》。一组交叉线可以增强激荡感，如王式廓的《血衣》，在总的构图上群众的排列是采用交错线。等腰三角形，如侧重于底线可以表现稳定（如金字塔），侧重于顶端可以表现升腾，如席里柯的画《梅毒萨筏》的构图。

第十章　艺术美

图10.7　版画　　　　　　　　图10.8　管桦：《劲竹》

一个横放的三角形可以表现前进（如柯勒惠支的版画《农民暴动》），一个倒置的三角形则表现出不稳定。

多样统一的法则是形式美的基本法则，它不仅指色彩、线条、形体的多样统一，还包括人物动作、神态的多样统一。艺术家运用多样统一的法则能够使作品中的形象成为一种和谐的整体。

下面着重谈谈多样统一的法则在艺术创作上的运用。

在绘画方面，中国五代顾闳中的《韩熙载夜宴图》就是运用多样统一法则的例子（见彩图10）。画中琵琶演奏部分，人物表情都集中在"听"上，但每个人听的表情、姿态各有不同，有的侧首，有的回眸，有的倾身，有的凝神。不但面部表情不同，每个人的手的表情也不同。韩熙载的手自然下垂与他凝神静听的面部表情协调一致，表现了贵族的雍容沉静。与韩熙载同坐在床上穿红衣的青年，看来是一个感情易于激动的人，右手支撑向前倾斜的身体，左手抚膝，表现出演奏对他的强烈的吸引。正中的中年人完全沉醉在音乐的意境中，头微侧，双手合在胸前，仿佛在内心发出赞叹。左侧靠近演奏者的一人，蓦然侧首回顾演奏者，表现出惊赞神情。他的右侧看来像是三个艺人全是侧身回顾，依人物高矮，从上而下，形成一个斜坡，把注意力都倾注到演奏者的手上。屏风后面的侍女，手扶屏风半遮面，也在暗自欣赏这美妙的音乐。所有这些细节表现都统一在倾听上，但根据每个人地位、身份、性格的不同，都有不同的特点。个性是多样的，所以画面上丰富而不杂乱，统一而不单调，给人以真实感。

达·芬奇的《最后的晚餐》也是运用多样统一法则的例子。这幅画借宗教题材反映了文艺复兴时期人文主义者在反封建斗争中对善的赞美。耶稣是作为"善"的化身，这幅画表现了耶稣在殉难前的崇高精神。这不只是一幅宗教宣传画，这幅画是面向人生的。画面上耶稣站立在中心，这是他生前和门徒一起最后一次晚餐，耶稣对在座的十二个门徒说："你们中间有一个人将出卖我"。这句话就像一块石头投入平静的水面，掀起了波澜，引起了每个人的不同反应。有的关心，有的同情，有的悲伤，有的愤慨，有的痛惜，有的追究，有的震惊。叛徒犹大表现出畏缩和恐慌（犹大和另一耶稣门徒的头部草图），侧身一手紧握钱袋，面部隐藏在阴影中，由于紧张碰翻了案上的罐子。从构图上看耶稣的左右两侧，各安置了两组人，每组三人，姿态表情都不一样，把人物性格表现的多样化，统一在一个具体的情节中。在构图上也体现了多样统一，如动与静的统一，耶稣表情姿态倾向于静，两侧人物表情姿态倾向于动。还有明与暗的统一。耶稣的背后是一面明亮门窗，由于明暗对比使耶稣的形象很醒目。两侧门窗都是对称的，增强了耶稣所处的中心位置，并使得动荡的画面，保持一种安定感。

从这幅画的创作可以看出，要在创作中真正做到多样统一，并不是一个简单的画面安排的问题，不仅需要对主题的深刻理解，还需要有坚实的生活基础。达·芬奇为了画这幅画曾深入生活，研究了多种人的身姿、面貌，为了画犹大他差不多用了一年的时间，每天到无赖汉聚集的地方去观察，寻找类似犹大性格特征的人做模特儿。

过去一些画家也曾选用"最后的晚餐"的题材，但是在思想性艺术性上都远不如达·芬奇的作品。例如有的画家所画的《最后的晚餐》，每个门徒漠然地坐着，缺乏激情，人物表情姿态很少变化；背景与人物也缺少有机联系，为了区别犹大和其他十一个门徒，不是在性格刻画上下功夫，而是采用贴标签的办法，在犹大头上不画圣光，在其他十一个门徒头上画了圣光；并且把犹大坐的位置，放到餐桌的另一侧。这样的作品就缺少多样统一，显得很死板，也不真实。

在中国园林艺术中也生动地体现了多样统一法则。承德避暑山庄既有平湖烟雨的江南秀美，又有崇山峻岭的北国雄伟，兼南北之美，在江南秀美中又有亭、台、楼、阁、廊、榭错杂其间。

北京颐和园在整体艺术构思上也生动地体现了多样统一的法则。如万寿山前山与后山的景观在变化中保持统一。从色彩上看，前山富丽堂皇，后山淡雅幽静；从布局看，前山建筑严整集中，显得庄严，后山自由分散，显得轻松；从空间看，前山开阔，后山收敛。从总体看，前山以气势取胜，属阳刚之美；后山以情趣见长，属阴柔之美。自然中万物都是"负阴而抱阳"，万寿山的前、后山正是一阴一阳，乾隆有诗句："山阳放舟山阴泊"，这里面蕴含着刚柔、隐显、动静、舒敛等变化。

在颐和园中不仅把各门不同的艺术（建筑、绘画、书法、雕塑等）有机地结合在一起，在同一门类的艺术中也有各种形式，如建筑中有殿、堂、楼、阁、轩、亭、榭、廊、桥等等。其中颐和园的廊更是千变万化，有长廊、曲廊（谐趣园内）、爬山廊（佛香阁前）、抄手廊（乐寿堂内）等。下面着重分析一下颐和园的长廊。

颐和园长廊全长728米，有如系在昆明湖与万寿山之间的一条彩带。由昆明湖过渡到万寿山，在湖岸是由三个层次构成：紧靠湖面是一层汉白玉石栏杆，第二层是柏树和树间小路，第三层是长廊。长廊的结构和装饰都是在变化中求统一。梁思成先生认为颐和园长廊在美学上体现了"千篇一律与千变万化"的统一。千篇一律指"统一"，千变万化指"多样"。从长廊的变化看，长廊从东到西有"留佳""寄澜""秋水""清遥"四个亭，暗示在不同季节对湖景的观赏。这四座亭子仿佛乐曲中的停顿，使长廊显出一种节奏感，而且使长廊的造型、结构、空间、地面和色彩都出现变化。如亭子变为八角造型、双重檐，亭内上方的木结构变得更为错综复杂，亭柱也由绿色廊柱变为红色。每座亭的南北面都有石阶与廊侧的小路相通，显得灵活自由。长廊的路面中间略高，南北两侧略低。长廊在东西延伸中也有起伏和曲直的变化，只是游人在廊内漫步时觉察不出这种微妙的变化。如长廊的东半部从邀月门经留佳亭到寄澜亭一段道路笔直，过寄澜亭道路变为弧线。到排云门前道路变为直线转折，向北紧紧连接排云门。长廊的西半部也作了相似的处理。这样形成万寿山中轴线上东西向的两根飘带，使长廊在排云门前广场断中有连。

在长廊的东西两边还设置了"对鸥舫"和"鱼藻轩"，使长廊直接延伸到湖岸，"对鸥""鱼藻"这些建筑名称，体现了对湖水的一种亲切关系，也烘托了佛香阁中轴线上主体建筑的中心地位。还有廊内梁枋上一万四千多幅油漆彩画，里面有人物画、山水画、花鸟画，都作了有秩序的相间安排，里面还穿插了许多历史、神话故事，游人可在长廊一边漫步，一边欣赏。廊内设有"坐凳栏杆"，游人随时可坐下歇息，还可以眺望湖面风光，使人乐而忘倦。长廊建筑不但有变化，而且在变化中保持统一。如廊内等距离的柱和枋，一纵一横，在廊的两侧和上方，有秩序地反复形成一种轻快的节奏，通过透视关系，柱与枋、路面在远方聚集在一起，使人产生一种柔和的音乐感。在阳光的斜照下长廊栏杆的投影更增添了廊内的情趣。长廊的精心设计使人感到变化而不杂乱，统一而不单调。梁思成曾画过一幅《长廊狂想曲》，画中长廊的柱子一根方，一根圆，一根直，一根曲，有的还饰以蟠龙……五花八门，虽多变化，却无统一，对这幅画可理解为对长廊整体和谐的一种反衬。

颐和园中的桥同样是在变化中求统一。最长的是十七孔桥（长150米），最短的是谐趣园内单面临水的一步桥，最高的桥是玉带桥，最低的桥是知鱼桥。西堤六桥（界湖桥、豳风桥、玉带桥、镜桥、练桥、柳桥）是仿照杭州西湖苏堤建造的。六座桥的造型也各不相同，特别值得提到的是玉带桥（见彩图12）。桥身是用汉白玉和青石造成的，桥的造型秀丽、轻盈，"桥拱高而薄，像一条玉带，半圆形桥洞与水中倒影交织成一轮透空明月"（《中国山水文化大观》），在桥栏望柱上雕刻着不同姿态的仙鹤，白玉般的桥体在碧绿湖面和岸边树丛的衬托下显得分外素洁。

这说明艺术美离不开完美的艺术形式，而创造完美的艺术形式是既需要自觉地运用形式美的法则，又不能依照乱套僵死的"法规"，需要艺术家根据一定的具体内容去寻找，这就要求艺术家付出艰巨的劳动，甚至呕心沥血，才能找到完美的、独特的、适合内容的形式。

总之，艺术美和其他美的形态一样，都是人的自由创造的形象体现。而艺术美作为美的较高级的形态，则更加充分地体现了艺术家自觉地运用美的规律来生产，给人以深刻的精神影响，成为鼓舞人们创造世界的有力工具。

思 考 题

1. 什么是艺术美？艺术美有哪些不同于现实美的特点？试比较黑格尔和车尔尼雪夫斯基对艺术美的论述的优缺点。

2. 艺术美中怎样体现艺术家的创造性劳动？

3. 从艺术美的内容看是主观与客观的统一，但艺术美作为审美对象为什么又是客观的？

4. 怎样理解恩格斯所说的"每个人都是典型，但同时又是一定的单个人"？

参考文献

1. 黑格尔：《美学》第一卷。
2. 车尔尼雪夫斯基：《生活与美学》。
3. 徐悲鸿：《中国画改良论》。
4. 列奥纳多·达·芬奇：《芬奇论绘画》，第二篇"画家守则"。
5. 《美学问题讨论资料》，"关于艺术美"部分。
6. 陈望衡等：《艺术美》，山西人民出版社1986年版。
7. 徐书城：《艺术美之谜》，重庆出版社1987年版。

第十一章　意境与传神

意境和传神是中国美学史上有关艺术美的两个问题。当然，中国美学史上有关艺术美的问题并非只有这两个，如妙悟、神韵等都是，但它们不像意境和传神抓住了艺术美的特征，对后世影响较大。一直到今天，我们谈艺术美的创造和欣赏时，还是离不开意境与传神。

第一节　意　　境

一、意境——情景交融

意境是我国美学思想中的一个重要范畴，它体现了艺术美。在艺术创造、欣赏和批评中常常把"意境"作为衡量艺术美的一个标准。

意境是客观（生活、景物）与主观（思想、感情）相熔铸的产物。意境是情与景、意与境的统一。

明代朱承爵在论诗时，曾说："作诗之妙，全在意境融彻，出声音之外，乃得真味。"清王国维也曾说："文学之事，其内足以摅己，外足以感人者，意与境二者而已。"[①] 他所提出的"境界"说，即意与境的统一。他认为"境界"应包括情感与景物两方面，"境非独谓景物

---

① 王国维：《宋元戏曲考》十五。

也。喜怒哀乐，亦人心中之一境界。故能写真景物、真感情者，谓之有境界。"① 他把"境界"看作是艺术美的本原，提出"言气质，言神韵，不如言境界。有境界，本也。气质、神韵，末也。有境界而二者随之也。"② 就是说在艺术中如果达到情景交融，自然也就产生了神韵，体现了气质。关于客观的自然景物与主观情思的关系，在中国古代文论、画论中早有论述。如西晋陆机在《文赋》中写道："遵四时以叹逝，瞻万物而思纷；悲落叶于劲秋，喜柔条于芳春。"③ 情随景迁，这就是讲心与物的关系。南朝宗炳（375—443）总结了山水画的经验，从理论上提出"应目会心"。所谓"应目"就是要观察物象，要"以形写形""以色貌色"；所谓"会心"就是物象要经过艺术家思想感情的熔铸，"万趣融其神思"。略晚于宗炳的东晋画家王微（415—443）也讲到山水画中主观与客观的关系，他说："且古人之作画也，非以案城域，辨方州，标镇阜，划浸流，本乎形者融，灵而动变者心也。"④ 这是说，山水画所以区别于制作地图，在于它不是纯客观地去描绘自然，而是要体现画家的情思。所谓"望秋云神飞扬，临春风思浩荡"，情景结合才能引起人的美感。到了唐代张璪提出："外师造化，中得心源"，这是对艺术创作中主客观关系的高度概括。这些深刻的艺术见解都是从艺术创作实践中总结出来的。而意境作为艺术创造的结果，必然体现创作过程的特点，体现出创造过程中心与物、主观与客观的关系。

意（情）和境（景）的关系也就是心与物的关系。意（情）属于主观范畴，境（景）是客观范畴。在意境中主观与客观的统一具体表现为情景交融。王夫之曾说："情景名为二，而实不可离。神于诗者，妙合无垠。巧者则有情中景，景中情。"⑤ 又说："景中生情，情中含景，

---

① 王国维：《人间词话》六。
② 王国维：《人间词话删稿》十三。
③ 郭绍虞主编：《中国历代文论选》上，中华书局1962年版，第136页。
④ 《中国美学史资料选编》上，第179页。
⑤ 《中国美学史资料选编》下，第278页。

故曰，景者情之景，情者景之情也。"① 他认为，情景可以互生。《诗绎》道："情景虽有在心在物之分，而景生情，情生景，哀乐之触，荣悴之迎，互藏其宅。"王夫之在中国传统美学心物感应说的基础上，将情感由物而起，发展为情景互生、互藏的思想，山水有人心的哀乐，心灵有花草的兴衰。情景互为关联，互为对象。

李白的诗《早发白帝城》："朝辞白帝彩云间，千里江陵一日还。两岸猿声啼不住，轻舟已过万重山。"体现了诗的意境的美。这首诗是李白在流放途中，突然遇赦，心情欢快、振奋，急切盼望与家人重聚，诗中无一字直接言情，但又无一字不在言情。作者的情感都溶化在景色中，头两句"朝辞白帝彩云间，千里江陵一日还"，借早上绚丽的景色流露诗人在出发前的欢快心情。三、四句"两岸猿声啼不住，轻舟已过万重山"，是借舟行的疾速表现出诗人急切思归的情感。第三句写猿声，猿声本来使人感到凄婉，所谓"巴东三峡巫峡长，猿鸣三声泪沾裳"，但此时由于诗人欢快、急切的心情，连猿声也被涂上欢快的色彩。所以王国维曾说："昔人论诗词，有景语、情语之别，不知一切景语，皆情语也。"② 李白的《早发白帝城》和他在流放时，逆江而上所写的《上三峡》形成强烈的对比。这首诗写道："巫山夹青天，巴水流若兹。巴水忽可尽，青天无到时。三朝上黄牛，三暮行太迟。三朝又三暮，不觉鬓成丝。"这首诗同样是寓情于景，无一字直接言"愁"，又无一字不在言"愁"。"巴水忽可尽，青天无到时"，不但是写景，同时表现了诗人在流放中对前途感到迷惘的心情，"三朝又三暮，不觉鬓成丝"，既写出逆水行舟的缓慢，也流露了诗人愁苦、烦闷的心情。

在意境的形成中，境是基础。这里所说的境，不仅指直接唤起情感的某种具体的景色，如《早发白帝城》一诗中的"彩云""猿声""轻舟""万重山"等等，而且指与这些景物相联系的整个生活，如李白从

---

① 《中国美学史资料选编》下，第279页。
② 王国维：《人间词话删稿》十三。

流放到遇赦等等，正是由于诗人的生活才赋予这些具体景物以审美的意义。祝允明有两句话说得较透彻："身与事接而境生，境与身接而情生。"① 这里所说的"事"是指生活、事件；"境"指与生活相联系的景物。情感正是由特定生活条件下的景物所引起的。因此我们说"境"是基础，因为脱离了境，实际上就是脱离了生活中的形象。这样，情与意就无从产生，也无所寄托。因为在意境中情是"景中情"，情是消融在形象中。刘熙载曾说："山之精神写不出，以烟霞写之；春之精神写不出，以草树写之。故诗无气象，则精神亦无所寓矣。"② "境"虽然是形成意境的基础，但在意境中起主导作用的仍是情、意。为什么说情、意是主导呢？

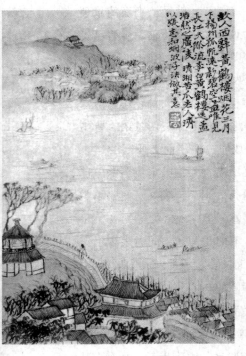

图 11.1　石涛：《唐诗画意》

因为情意虽然从境中产生，但是在艺术中出现的"景"，并不是生活中自然形态的"景"，而是"情中景"，既是唤起诗人特定情感的景，也是在这种特定感情支配下，经过提炼取舍所创造的"景"。艺术意境中的景浸透了诗人的情感，这种"景"区别于生活中自然形象的"景"，它只需抓住那些能唤起特定情感的自然特征，而无须罗列一切细节。在"意境"中艺术家的情、意对自然特征的选择、提炼起着潜在的指导作用。意境中的"景"由于成为"情中景"，因此它往往以一种洗练、含蓄的形式，给人以强烈的情感上的影响。石涛有一幅画，表现李白《黄鹤楼送孟浩然之广陵》一诗中的意境（图 11.1）。原诗是："故人

---

① 《中国美学史资料选编》下，第 99 页。
② 刘熙载：《艺概》，上海古籍出版社 1978 年版，第 82 页。

西辞黄鹤楼,烟花三月下扬州。孤帆远影碧空尽,唯见长江天际流。"石涛在这幅画中所表现的就是"情中景",是充满送别感情的景,画面很洗练,远处的孤帆,空阔的江面,岸边伫立的送行人。"孤帆远影碧空尽",不单是写船愈走愈远了,而且表现送行人伫立岸边,久久不愿离去的心情。"唯见长江天际流",也不仅是写辽阔的江面,而是写当帆影逐渐消失,留下的是空阔的江面,汹涌的波涛,在这些景物中流露出对友人的真挚的怀念。这个例子既说明诗的意境,也说明画的意境,两者都是情景交融,景中有情,情中有景。

徐悲鸿画的《逆风》也很有意境(图11.2)。画面上偃伏的芦苇表现了风的动势,左侧的几只小麻雀正迎着狂风吃力地向前奋飞,画的右上方空白处画着一只麻雀正展翅冲在最前面。这幅画的构图也很有意思,偃伏的芦苇占去了画面的绝大部分,对这几只麻雀来说几乎是压倒的优势,画家以这种反衬的手法表现出麻雀的奋进的精神。徐悲鸿画这幅画时曾说:"鱼逆水而游,鸟未必逆风而飞……",意思是借麻雀的形象表现自己精神的寄托。正如艾中信在分析这幅画时所说:"徐悲鸿的国画创作,从麻雀身上可以看到他既重思想境界……又重形象的塑造……他的创作精神就在于既是写实主义而又富于文学情操……"① 徐悲鸿的另一幅画《风雨如晦》也是通过生动的形象,表现

图11.2 徐悲鸿:《逆风》

---

① 艾中信:《徐悲鸿研究》,上海人民出版社1984年版,第61页。

了画家在特定历史条件下对未来光明世界的想望。石鲁所画的《金瓜》，画面上题诗是："何须衬绿叶，且看舞龙蛇。"枯劲的瓜藤，画得奔放有力，别有一种情趣。这既是画家对自然美的独特发现，同时又是借自然的特征抒发画家的豪放的情感。这种意境能使人产生精神上的一种喜悦。否则把瓜藤画得再逼真，没有情趣，没有诗意，也就失去了真正感人的意境。

李苦禅的《落雨》，在湿漉漉的芭蕉叶下面画了几只避雨的家雀，这些家雀挤在一起，紧缩着身体，非常可爱，好像一些天真的孩子挤在屋檐底下躲雨（图11.3）。

齐白石的《荷花倒影》，画了一群蝌蚪在水中戏逐荷花的影子，画家从现实中的

图11.3 李苦禅：《落雨》

一些偶然现象，唤起自己的联想，并借蝌蚪的活泼形象，表现出画家在自然美面前所产生的愉快心境，从而使画面流露出一种生活情趣。

我们说情、意是主导，肯定情、意在意境形成中的作用，但并不是说情、意是意境产生的源泉。意境的形成要有生活基础，这是前提。见景生情，再缘情而取景，这是在构思过程中情景的交互作用，然后在作品完成时才能寓情于景，达到在艺术形象中的情景交融。因此不能说意境只是"主观作用于客观"，"主观拥抱客观的结果"。

在音乐中同样有"意境"，有情与景的统一，但是表现的形式却有不同的特点。在音乐中不是以直观的形象来体现情感，而是侧重于情中景。音乐更善于直接表现情感，但这并不是说没有景，没有形象。它主要是通过欣赏者的想象达到情与景的统一。例如白居易的《琵琶行》所描述的就是音乐中的意境。"间关莺语花底滑，幽咽泉流冰下难。冰泉冷涩弦凝绝，凝绝不通声暂歇。别有幽愁暗恨生，此时无声胜有声。银

瓶乍破水浆迸,铁骑突出刀枪鸣。曲终收拨当心画,四弦一声如裂帛。东船西舫悄无言,惟见江心秋月白。"乐声直接表达了琵琶女的忧愁暗恨,同时唤起欣赏者的想象,如诗中所写的"莺语""泉流""银瓶""铁骑"都是想象中浸透了情感的景。

在园林艺术中所体现的诗情画意,也是经过艺术家精心设计创造出来的意境。如承德避暑山庄的设计是把江南的秀丽与北国的雄伟结合在一起,湖区有"月色江声""云容水态"等;山区有"南山积雪""北枕双峰"等。这些题名都体现了某种意境,把景物的特点和游人的情怀很自然地结合了起来。

二、意境为什么能引起强烈的美感

(1) 意境具有生动的形象。

"红杏枝头春意闹","细雨鱼儿出,微风燕子斜"是春天的优美景象;"山中一夜雨,树梢百重泉","幽林一夜雨,洗出万山青"是雨后清新景色的形象;"大漠孤烟直,长河落日圆"是写边塞的崇高形象。"意境"引起人的美感,首先就是它的生动形象。意境中的形象集中了现实美中的精髓,也就是抓住了生活中那些能唤起某种情感的特征,意境中的景物都经过情感的过滤,芜杂的东西都被过滤掉了,所以说是情中景。刘熙载在《艺概》中写道:"'昔我往矣,杨柳依依。今我来思,雨雪霏霏',雅人深致,正在借景言情,若舍景不言,不过曰春往冬来耳,有何意味?"[①] 这里所说的借景言情,就是用形象说话,当然也并不是说生活中任何一种形象都能引起美感,只有艺术家在自然形象中抓住那种富有诗意的特征,才能引起人的美感。

(2) 意境中饱含艺术家的情感。

有人说"以情写景意境生,无情写景意境亡",这是有道理的。李方膺有两句诗"疏枝横斜千万朵,会心只有两三枝"。这会心的两三枝

---

① 刘熙载:《艺概》,第81页。

就是以情写景的结果,这两三枝是最能表达艺术家感情的两三枝。意境之所以感染人就是因为形象中寄托了艺术家的感情。形象成为艺术家情感的化身。情感溶化在形象中就像糖溶解在水中,香气扩散在空气中一样。所以意境特别富有美的情趣。意境中的形象来自自然,又能超脱自然,从属于表现情感。郑板桥画有一幅无根兰花(图11.4)。"昨来天女下云峰,带得花枝洒碧空。世上凡根与凡叶,岂能安顿在其中。"画面上几朵无根无叶的兰花,偃仰横斜随风翻舞。这兰花的形象,正是艺术家自己的形象,表现了他对清代腐朽现实的不满,和孤高的性格。在这里自然的特征和艺术家情感的特征是统一的,而且前者从属于后者。当自然景物被反映在艺术中,它就不再是单纯的自然景物,而是一种艺术语言,透过自然景物表现了艺术家的思想感情。由于表现思想感情的需要可以对自然形象进行取舍、集中、夸张以至变形。

杨辛所作的独字书法《春》(见彩图13)在意境中体现了作者开朗的人生情怀。春是生命的象征、体现生命的活跃。这个字是一笔写成,在一笔中充满刚柔、枯润、轻重、收放、断连的变化,在变化中保持整

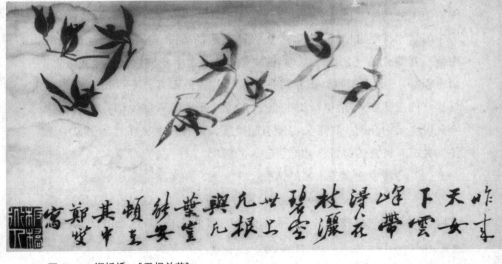

图11.4 郑板桥:《无根兰花》

体的和谐。作者通过柔和而流畅的线条,均衡而轻盈的结构表现春天的喜悦,这不仅是季节的春天,也是人生的境界。在笔墨中饱含着生命的激情。欣赏者从抽象的点画运动中产生种种联想,仿佛见到姑娘娴娜的舞姿,又好像见到柳枝在和煦的春风中飘动。

摄影作品《当人们还在熟睡的时候》(见彩图23),表现了黎明前清洁工清扫街道的情景:路灯那么晶莹,昏暗中几个人影在挥帚劳动。画面很简洁,但饱含着作者对清洁工的热爱和崇敬。

(3) 意境中包含了精湛的艺术技巧。

意境是一种创造。"红杏枝头春意闹"这个"闹"字,就体现了运用语言的技巧,这个"闹"字好在哪里呢?好就好在它既反映春天的景色,又表现了诗人的喜悦;反映了春天杏花盛开,雀鸟喧叫,自然从寒冬中苏醒,一切都活跃起来,同时也表现了作者心中的喜悦。李可染画的《漓江雨》,题词是:"雨中泛舟漓江,山水空濛,如置身水晶宫中。"(图11.5)没有笔墨技巧,只有思想感情,只有胸中对漓江的感受,也形成不了这幅画中的意境。由于画家掌握了水墨渲染的技巧,把淡墨与浓墨结合使用,以淡墨渲染山水远景,又以浓墨勾出近景中的屋舍,表现出雨后空明和湿润的特点。岸上景物倒映在江心,明净有如水晶世界。意境的形成是艺术家的创造,技巧则是实际创造的本领。通过技巧才能达到情景交融。赞赏意境,同时也是赞赏艺术家的技巧。在意境中所使用的语言、色彩、线条都很富有表现力,既表现了情感,也描绘了景色的美。

图11.5 李可染:《漓江雨》

(4) 意境中的含蓄能唤起欣赏者的想象。

意境中的含蓄，使人感到"言有尽而意无穷"，"意在言外，使人思而得之"。意境的这种特性是和它对生活形象的高度概括集中分不开的。所谓"意则期多，字则期少"，这是说以最少的笔墨表现最丰富的内容。至于如何才能做到以少概多的形式表现丰富的内容，关键在于抓住主要特征（唤起特定情感的特征），而不必罗列全部细节，要给欣赏者留有想象的余地，要相信读者是聪明的，可以根据形象提供的条件去掌握形象内容。所以在意境中既能做到形象鲜明，又不是一览无余。正像梅圣俞所说："状难写之景如在目前，含不尽之意见于言外"。王国维也曾指出意境的这一特点："语语明白如画，而言外有无穷之意。"例如十九世纪俄国风景画家列维坦所画的《符拉基米尔路》（图 11.6）。画中的意境能使读者产生丰富的联想。景色"是冷灰色调。画面取材只是一条平淡无奇通往遥远西伯利亚的土路。然而正是在这一条漫长的土路上，经过了无数带着沉

图 11.6 列维坦：《符拉基米尔路》

重的镣铐被流放到西伯利亚的政治犯。这种残酷压迫不知还要继续到何时。一张普通的风景画，表现了这样一个深刻的主题。由于作者当时世界观的局限，看不到出路，只是表现了作者对当时反抗沙皇专制统治的革命者的深切的同情，以及对沙皇专制暴政的愤懑。画面上是一条刻满车辙和足迹的土路，荒原长满了野草，充满着凄凉忧郁的感觉，沉闷压抑的天空恰似我国古代诗人的诗句——'愁云惨淡万里凝'。整个画面统一于冷灰色调，它像一曲低沉的囚歌，使观众一接触就受到强烈的感染。路是空荡荡的，但它却把观众的思绪带到了遥远的天边，使之不由得对那些革命者产生深切的同情和敬意。"① 这段分析说明画家通过对生活的深刻观察和体验，抓住了景物中那些能唤起特定情感的特征，就能够调动读者的想象，发挥意境的感人的力量。

  北京的天坛从建筑艺术看，有如一首哲理诗，体现了天地间的化育生机，具有独特的意境。天坛建筑的妙处在于以有限的建筑实体唤起人们对无限的想象。祈年殿（见彩图19）周围的天空，在深蓝色琉璃瓦的衬托下，显得那么澄清、明朗，而且在殿的周围常常飘浮着白云，使人产生"云拥天帝"的联想。

  2008年在北京建成的国家体育场，这是第29届奥林匹克运动会的主体会场，人们亲切地称呼她为"鸟巢"（见彩图16）。这个名字象征着生命的摇篮，寄托着人类对未来的希望，体现了人与自然的和谐。意境清新、开朗，蕴含着无穷的想象力，具有很高的美学价值。

  鸟巢建筑体量庞大，占地20.4公顷，总建筑面积25.8万平方米，体育场南北长333米，东西宽298米，观众席位在赛时可达91000个。

  面对这样庞大的建筑，人们却没有感到沉重、压抑，而是感到亲切、精巧、柔和、流畅。这里面蕴含着一种美的创造。鸟巢的设计是一种编织结构，由重达42000吨的钢结构组件之间相互支持形成网状构架，在整体上呈现为椭圆形的鸟巢。鸟巢建筑的最明显的特征是建筑立

---

① 李天祥、赵友萍：《写生色彩学》，天津人民美术出版社1980年版，第32—33页。

面与建筑结构融为一体,将整个结构呈现为裸露的建筑,也就是"结构即外观"。这种聪明的设计避免了大面积封闭的墙面带来的沉重感,在无序中表现出有序,给人以通透感、空灵感。建筑的外轮廓都是曲线构成,高低起伏变化的外观缓和了建筑的体量感。① 如果说中国的盆景艺术是"以小观大",鸟巢建筑则可说是"以大观小"。唤起人们的种种奇妙的想象。特别是夜幕下的鸟巢通透的灯光有如一颗晶莹灿烂的宝石。

这是中国建筑师与工程师和世界顶尖级建筑师、工程师合作的结晶,见证了中国这个东方文明古国不断走向开放的历史进程。

以上分析了意境是主观与客观的统一,是客观景物经过艺术家思想感情的熔铸,凭借艺术家的技巧所创造出来的情景交融的艺术境界,诗的境界。这种艺术境界能调动读者丰富的想象力,使人受到强烈的感染。李可染曾说:"意境是山水画的灵魂。没有意境或意境不鲜明,绝对创作不出引人入胜的山水画。为要获得我们时代新的意境,最重要的有几条:一是深刻认识客观对象的精神实质;二是对我们时代的生活要有强烈、真挚的感情。客观现实最本质的美经过主观思想感情的陶铸和艺术加工,才能创造出情景交融、蕴含着新意境的山水画来。"这虽是谈山水画的意境,但对掌握其他艺术中的意境来说也有普遍意义。

第二节 传 神

传神,是中国美学中的重要命题之一。形神问题是汉代以来哲学关心的核心问题之一,也是魏晋玄学的基本问题,汤用彤说:"形神分殊,本玄学之立足点",并指出:"顾氏之画理,盖亦得意忘形学说之表现也。"汉代以来的人物品藻之风普遍重神韵,重气象,这也对顾氏这一理论的出现产生影响。在绘画美学上,《淮南子·说山训》提出的"君

---

① 参看北京市建筑设计研究院:《宏构如花——奥运建筑总览》,中国建筑工业出版社2008年版。

形说"——注重那个控制外在形的内在之神。东晋顾恺之提出"传神写照"的观点,《世说新语·巧艺篇》说:"顾长康画人,或数年不点目精。人问其故,顾曰:四体妍蚩,本无关于妙处,传神写照,正在阿堵中。"东晋以来,传神成为广受中国哲学和艺术关注的问题,形成了丰富的理论。这些理论具有很高的美学价值。

这里中西结合作品,谈其中的几个主要问题。

一、传神——神形兼备

传神在艺术中主要是指表现人物性格特征,也包括为花鸟鱼虫传神。

中国人物绘画和雕塑发展很早,从战国时期遗留的帛画如《凤夔人物》《驭龙人物》以及秦始皇墓出土的陶俑、西汉帛画上看,人物的造型已发展到相当高的水平。在这些作品中都体现了对人物精神特征的刻画。如秦俑中人物的面部表情,表现了不同的个性,有的凝神沉思,有的昂首眺望,有的怒目雄视,有的面带笑容(图 11.7)。反映在艺术理论上就是形神问题的提出。如《淮南子》中说道:"画西施之面,美而不可说;规孟贲之目,大而不可畏,君形者亡焉。"① 这是说画西施,只是画得漂亮,而没有画出她的惹人喜

图 11.7　秦始皇兵马俑人像头部

---

① 《中国美学史资料选编》上,第 101 页。

爱的性情，画孟贲（古代大力士）的眼睛只是睁得很大，但没有刻画出他那使人畏惧的性格，这都是因为失去了"君形者"，即支配外部形象特征的内在精神。汉代画论中还批评了画者"谨毛而失貌"的倾向，提出了绘画中细部与整体的关系问题，批评那种刻意追求无关紧要的细节的描绘，以致失去全貌，强调在创作中要从整体上去把握对象的精神特征。到了东晋，顾恺之明确提出"以形写神"。所谓"以形写神"就是通过人物的外部感性特征去表现人的内在精神。在人的外部感性特征中，最能体现人的内在精神的莫过于眼睛，因此顾恺之很重视眼神的刻画。所谓"四体妍蚩本无关于妙处，传神写照正在阿堵中。"① 此外，顾恺之认为人物的动态、服装、背景等等都有助于传神。例如他在《魏晋胜流画赞》中写道："《醉客》：作人形骨成而制衣服慢之，亦以助醉神耳。"② 就是借衣服的飘动以表现人在醉后的恍惚神态。顾恺之为了衬托人物性格，还注意人物背景的选择。在《世说新语》中记载"顾长康画谢幼舆在岩石里。人问其所以。顾曰：谢云，一丘一壑，自谓过之。此子宜置丘壑中。"③ 为了突出人物的神，顾恺之有很多成功的范例，如《世说新语》记载："顾长康画裴叔则，颊上益三毛。人问其故，顾曰：裴楷俊朗有识具，正此是其识具。看画者寻之，定觉益三毛如有神明，殊胜未安时。"顾恺之特别注意抓住最能表现人物精神境界的瞬间的动感。他在评画中对此中妙趣的玩味，很值得注意。如他评《孙武》图："二婕以怜美之体，有惊剧之则。若以临见妙裁，寻其置陈布势，是达画之变也。"反映孙子治军之风，不去正面画孙子，而是选择一个特有的瞬间：斩二女，二女的惊剧和怜人美态，形成了极大的情绪张力，突出了孙子的形象。这幅画虽不能见，但通过顾恺之的描绘，其构思之精和顾恺之剔发之妙，都令人折服。莱辛在《拉奥孔》中

---

① 《中国美学史资料选编》上，第175页。
② 同上书，第176页。
③ 同上书，第175页。

所剔发的正是此一特点。

南齐画家谢赫系统地总结了以往人物画的经验，提出绘画中气韵生动等六法，中心要求也是表现人物的气韵、神态。唐代朱景玄在《唐朝名画录》中，曾讲到周昉、韩干为赵纵写真，"郭令公婿赵纵侍郎，尝令韩幹写真，众称其善。后又请周昉长史写之，二人皆有能名，令公尝列二真置于坐侧，未能定其优劣。因赵夫人归省，令公问云：'此画何人？'对曰：'赵郎也。'又云：'何者最似？'对曰：'两画皆似，后画尤佳。'又问：'何以言之？'云：'前画者，空得赵郎状貌；后画者，兼移其神气，得赵郎情性笑言之姿。'令公问曰：'后画者何人？'乃云：'长史周昉。'是日遂定二画之优劣。"① 这段传说说明在古代的艺术鉴赏中认为神似高于形似。因为形似不过是外表的模仿，所谓"空得赵郎状貌"；而神似则是对内在精神、性格的掌握，这是画家的一种创造，其中包含了画家对对象的深刻理解和精湛的技巧。所以形似虽然是神似的基础，却不能停留在形似的水平。唐张彦远在《历代名画记》中进一步发挥了谢赫六法的思想，并论述了人物画中形似与神似的关系。说明形似不等于神似，但神似却可以包含形似。因为神似并不离开外形，而是经过提炼使外在的真实和内在的真实统一起来，达到形神兼备。所以，他说："以气韵求其画，则形似在其间矣。"这里所说的"气韵"，也就是指神似。徐悲鸿也有过类似的论述，他说："妙属于美，肖属于艺。……然肖或不妙，未有妙而不肖者也。妙之不肖者，乃至肖者也。故妙之至肖为尤难。"② 这里所说的"妙"和"肖"，也就是"神似"和"形似"，所谓"惟妙惟肖"也就是指"神形兼备"。所谓"妙之不肖者，乃至肖者也。"这是说画家在表现人物神态时，突出了人物的特征，因此和生活中人物的自然形态有所不同，这种不同看来是"不肖"，而实际上是"至肖"，也就是所谓"不似之似"。宋代陈郁提

---

① 《中国美学史资料选编》上，第287页。
② 徐悲鸿：《中国画改良论》。

出"写心",他说:"盖写其形,必传其神;传其神,必写其心……夫善论写心者,当观其人,必胸次广、识见高、讨论博,知其人则笔下流出,间不容发矣。"① 这里提出了"形""神""心"的关系,他认为写人物外形,要抓住神态,如何才能抓住神态,就需要了解对象的"心"(内在精神)。怎样才能了解对象的"心"呢?这就需要画家的素养(识见高、胸次广),这样才能深刻理解对象,并把握对象的本质特征、神态。所以传神问题必然联系到艺术家的主观条件。在传神中同样存在主观与客观的统一问题,清代蒋骥、沈宗骞等也都强调"传神""写心",而且对如何传神总结了不少有益的经验。

二、传神中的主观因素与客观因素

传神中的客观因素主要指生活中人物形象的本质特征。所谓本质特征就是指形与神的统一,也就是要抓人物的特点。莱布尼茨曾说世界上没有两片树叶是相同的,人物的性格更是如此。清代沈宗骞曾说:"传神写照,由来最古……以天下之人,形同者有之,貌类者有之,至于神则有不能相同者矣。"② 斯坦尼斯拉夫斯基也曾说:"事实上天下没有一个无性格的人,那毫无性格也就成了他的性格特征"。生活中人物性格既然是千差万别的,反映在艺术中就要性格的多样化。李笠翁曾说:"说一人,肖一人,勿使雷同,弗使浮泛。"③ 金圣叹在评点《水浒》时写道:"《水浒》所叙,叙一百八人,人有其性情,人有其气质,人有其形状,人有其声口。夫以一手而画数面,则将有兄弟之形;一口而吹数声,斯不免再映也。"④ "别一部书,看过一遍即休,独有《水浒传》,只是看不厌,无非为他把一百八个人性格都写出来。《水浒传》写一百八个人性格,真是一百八样,若别一部书,任他写一千个人,也只是一

---

① 陈郁:《藏一话腴》。
② 《芥舟学画编·传神》。
③ 李笠翁《曲话》曲词部。
④ 《中国美学史资料选编》下,第200页。

样，便只写得两个人，也只是一样。"①

歌德也曾说："艺术的真正生命正在于对个别特殊事物的掌握和描述。"② 他还指出艺术创作的真正高大的难点"是对个别事物的掌握"。一切杰出的艺术作品都体现了对个别事物精细的观察。昆明邛竹寺的五百罗汉，虽然是宗教题材的形式，实际上人物形象都是来自现实生活，是清代一幅生动的风俗画。这五百罗汉每个人都有不同的性格特点。五百个罗汉性格都不雷同，这本身就是一个创造。作者根据每一个罗汉性格对体形、衣纹、动态、脸型、眼神、肤色都作了不同的处理。但有的寺庙中的五百罗汉，虽然名为五百罗汉实则几个罗汉，大多雷同，仿佛都是从一个模子铸出来的模样。宗白华先生对邛竹寺罗汉像非常赞赏，认为这些塑像"完全可以与欧洲文艺复兴时期那些大雕塑家的作品相媲美"。

艺术形象必须有独特的个性特征，这是我国古代艺术的一个优良传统。要做到这一点必须深刻地观察、研究对象。金圣叹在评论《水浒传》中的人物形象时指出："一百八人各自入妙者，无他，十年格物，而一朝状物，斯以一笔而写百千万人，固不以为难也。"③

《步辇图》是唐代画家阎立本的作品（图11.8）。在这幅画里表现了历史上汉藏两族间友好团结的要求，唐太宗接见吐蕃使者禄东赞迎文成公主入藏与松赞干布联姻的故事情节。画家很注重对人物神态的刻画。唐太宗表情雍容、和睦、平静安详，流露出一种嘉许的神态。四边的宫女共九人，前后错落，相互顾盼。其中六人挽着步辇，特别是前后两名宫女双手紧握辇把，以带系于肩上，低头，表现出很吃力的样子。和唐太宗肥胖的身躯、平静安详的神态形成对比。使者禄东赞，上身略向前倾，腹部收缩，双手合在胸前，神情恭谨，额有皱纹，微须，像是

---

① 《中国美学史资料选编》下，第200页。
② 歌德：《歌德谈话录》，第10页。
③ 《中国美学史资料选编》下，第200页。

图 11.8 步辇图

远道而来。禄东赞前面着红袍的可能是礼官之类的人物,神态较肃穆。后面穿白袍的,手持一卷文书,可能是翻译人员。整个画面上人物布置有疏有密,左侧三人较疏散,右侧人物较紧密,色彩也富有变化。画面呈现出一种亲切、融洽的气氛。在阎立本的另一幅肖像画——晋武帝司马炎像中,人物神态却表现得威严而有气势,两手摊开,侍者笔直站在两侧。从这些人物形象中充分体现了我国古代绘画艺术中注意传神的优良传统。

西方艺术史上一些优秀艺术家在刻画人物形象时也是很注重人物神态的刻画。如罗丹的雕塑《思想者》(见彩图 18,罗丹《地狱之门》中的一个坐像),取材于诗人但丁的《神曲·地狱篇》。作品中的人物神态是一种充满了内在矛盾和痛苦的深思,表现了作者对人类苦难的同情。思想者全身蜷曲,向内收敛,头部俯视,深深的眼眶为阴影所笼罩,右手支撑下颏,浑身筋肉紧张有力,脚趾弯曲扣入地面。这一切细节都是在表现一种充满内心矛盾的深思,思想者不是带给人们悲观和消沉,而是充满了力量,像一座将要爆发的火山一样。这件作品创作于1880—1917年,反映了资本主义社会矛盾的加深,和艺术家对现实的深刻感受。再如荷兰17世纪画家伦勃朗所画的《戴金盔的人》,表现荷兰一个老战士正沉浸在回忆中。在画面上光灿灿的金盔十分触目,表现出金属的质感,仿佛用手指弹敲便可以发出铮铮的响声。但是这幅画着重表现的并不是金盔,而是戴金盔的"人"。在金盔的下面阴影中是老战士的面部,阴暗的面部较虚,闪亮的金盔较实。从阴影中的面部表情上可以看出老战士的威武、坚毅的性格,由于面部处理较虚更能体现人物在回忆中的精神状态。至于人物在回忆什么,则由金盔作了注脚。从那光灿灿的金盔上暗示着人物对过去光荣的战斗业绩感到自豪。伦勃朗是色彩的大师。马克思、恩格斯曾讲过:"最好不过的是,把运动中的政党的领导人物……以强烈的伦勃朗式的色彩栩栩如生地描绘出来。"①伦勃朗是善于通过色彩变化来表现人物神态的巨匠。

《垛草》为19世纪法国画家巴斯蒂昂·勒帕热所作,在这幅画中表现了两位干垛草活的农村短工在辛苦劳作之后的片刻喘息时的神情(见彩图15)。农妇的身躯虽然健壮,但过度的劳累,已使她神经木然,暗黑的眼眶,茫然直视的目光,微张的嘴唇,直伸的两腿,僵硬的手指使人们仿佛可以听到她喘息的声音。身后的男子,直躺在地上,从下肢的衣纹凸起的膝盖部分,可以看出他那瘦骨嶙峋的躯体,两支脚尖,倒向左侧,上身用草帽盖住头部(只露出一点胡须),避开炽热的阳光,双手把上衣敞开。他的身体薄得像一张纸似的摊在地上,身旁只有两棵小树和一些杂草和饭具。这幅画在松弛的动作中表现出人物的极度劳累,画面上几乎每一个细节都在说话,人物的精神特征很鲜明。

这里,还值得提到18世纪下半期法国雕塑家乌桐。罗丹对乌桐在表现人物性格上所取得的成就给予了很高的评价。乌桐的代表作之一

---

① 《马克思恩格斯论艺术》第一卷,人民文学出版社1960年版,第13页。

图11.9 伏尔泰像

《伏尔泰》（1694—1778），在人物神态的刻画上很成功（图11.9）。这座塑像深刻表现了伏尔泰性格的特点——慧黠、机智、善辩，还带有几分刻薄。从外形看上去伏尔泰像个瘦弱的老太婆，但从动作、表情上却显示了人物的性格美。作品中伏尔泰的形象，表现了他在辩论中抓住了对方的谬误，正要说出一句挖苦的话。他的头部偏向左侧俯视对方，显出一种优越感和蔑视、讥讽的神情，宽大而半秃的头顶，系着一根缎带，象征法兰西艺术剧院送给他的光荣桂冠。伏尔泰的手轻松地扶在椅子上，和面部的微笑配合，表现出一种胜利者的自信。他身上穿的袍子有点像古罗马人的服装，当时有不少法国进步人士往往以穿古希腊罗马服装来标榜不同凡俗的身份，这种服装具有时代特征和社会意义。服装的衣纹处理对性格起着烘托作用，表现了伏尔泰性格的开朗、沉着和力量，同时也避免了身体瘦弱给形象上所造成的不利影响。有人认为这件作品可以和达·芬奇的《蒙娜丽莎》相媲美，正像人们曾千百次对《蒙娜丽莎》的微笑做解释一样，人们也曾千百次企图解释伏尔泰塑像的面部表情。

以上可以见到在传神的艺术作品中不但反映了对象的本质特征，而且表现了艺术家对生活、人物的理解。艺术中所表现的人物的特点，就是艺术家所理解的人物特点，不同艺术家画同一人物，由于各人对对象理解不同，画出来的形象就可能会出现不同神态。甚至同一个画家对同一个对象由于前后理解的不同，画出的神态也不同。例如钱绍武曾画过一位藏族舞

第十一章　意境与传神

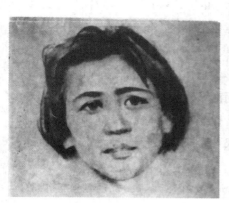

图 11.10　钱绍武人像

蹈工作者,开始由于对对象不太了解,把人物画得有些像悲剧演员。后来经过在一起劳动,对人物有了较深切的理解,发现这位舞蹈工作者很有事业心和理想,富有表演经验,善于思索,还知道她的妈妈是藏族。于是,第二次画出的神态就大不一样了(图 11.10)。在钱绍武的教学笔记中记下了他第二次画这幅肖像的体会,他写道:"她受过芭蕾舞基本功训练,所以感到她的头颈好像比一般人长出那么一点点。因此这次有意识地在头颈的长度上稍为强调了一些。上次画她嘴的时候,由于不了解她的性格,所以画了半张半闭的样子,结果显得很不精神。而这次她的嘴很自然,隐约有点微笑,当然不是笑,而是富有表演经验的同志所经常具有的那种有所控制的状态。好,正需要这样。而最重要的眼睛和眉毛的神态呢?由于了解她是很肯思索的人,所以注意到她的眉间略呈紧张,眼睛充满着向往的精神,体现了很有事业心的一面。而眉间、鼻子、眼睛的形态则充分说明了她的西藏血统。至于她头发的样子,是比较有修养的,搞表演艺术的同志经过精心设计的一种样式,看上去似乎是随意的一掠,其实决不是一般男同志想的那么简单的。总之一句话,由于了解了,就会对同一对象的认识和体会有所不同……画起来就能抓住要害……比较鲜明地刻画出人物的性格。"① 作者还谈到在画肖像时,要在深刻理解的基础上充满感情地对待对象,在感情上和对象完全交融,要运用全部技巧来表现这种感情。也就是说每一根线条、每一色块的运用都不仅是根据对象的特点,而且满含着画家的思想感情。在画面上使读者感到激动的东西,正是画家在创作中首先激动自己的东西。一个画家如果自己不激动,画出来的形象却要人家感到激动,那是绝对不可能的。

柯勒惠支是对中国艺术界很有影响的德国女画家,曾受到鲁迅很高的评价。在她的作品中有两个主要特点:一是强烈地表现了艺术家的感情;二是以洗练、粗犷的线条表现对象的主要特征。她对德国劳苦的下层群众有深厚的感情,有一幅画叫《面包》(图 11.11),从这幅画我们看到了德国当时劳动者的饥饿。画面上两个孩子哭嚷着,一前一后向妈妈索食,母亲的心被撕碎了。有什么可给的呢?母亲背着身在抽泣,一只手在擦泪,一只手把仅有的一点面包屑塞给身后的一个孩子。在这幅画上从母亲扭曲的背影,粗犷有力的衣纹,都表现了画家的炽热的情感,这是对德国当时苦难现实的控诉。她曾说:"每当我认识到无产阶级生活的困难和悲哀,当我接触到向我爱人(他是医生)及我求助的妇女时,我就是立志要把无产阶级的悲惨命运以最尖锐强烈的方式表达出来。"她的一幅自

图 11.11　柯勒惠支:《面包》

---

① 钱绍武:《素描教学笔记片断》,《美术》1978 年第 3 期。

画像，一只手抚着额头，正在深沉地思索，眼睛在阴影中闪着泪光，表现了她对当时德国劳苦大众的苦难和不幸有着极深切的感受。正是在这种感情的支配下，她画出了大量激动人心的画。

李焕民所作的《换了人间》，表现了西藏农奴翻身后的幸福生活。人物形象神态生动，这位老农在罪恶的旧社会被奴隶主挖去了双眼，他那黝黑的深陷的眼窝、粗大的布满皱纹的手背留下了过去苦难岁月的痕迹。今天，新社会的生活，给他带来了欢乐，老人的怀里抱着小孙女，小姑娘苹果似的圆圆的笑脸，手里捧着一本小书，正在向爷爷讲述什么有趣的故事，老人高兴地倾听着，微微上仰的面部在颈部阴影的衬托下显得格外的明亮，人物的神情被刻画得非常生动。从这幅画说明画家对人物的传神不仅表现了对象的特点，而且体现了画家的思想感情，如果画家没有对西藏翻身农奴的深刻的理解和强烈的感情，是绝对创作不出这种传神的作品来的。

过去一些文章研究传神的理论常常侧重于分析被反映的对象，即客观方面，对艺术家主观方面的作用往往未给予重视，即忽略了在创作传神的作品时艺术家思想感情的支配作用。实际上作品中所传的对象的"神"，正是艺术家对对象的审美评价，是艺术家把自己的爱憎溶化在对象中。

关于传神理论可以概括为以下几点：

（1）对象的本质特征与艺术家思想感情的统一，也就是客观与主观的统一。

如果说意境是寓情于景，传神则是寓情于人。而要做到传神，就要求在实践中熟悉人、理解人。因为只有理解了的东西才能更深刻地感觉它，理解了人物的性格才有依据去辨别人物外部表现中哪些是本质的，哪些是非本质的，进行提炼取舍，没有对人物的理解，仅凭感觉、印象，则只能反映现象，而不可能去掌握体现人物本质的外部特征——在这种情况下最多只能做到形似。从认识论上看，形似所体现的还是感性认识的水平。不少艺术家的创作体会说明，当感觉为理性所指导时，感觉是敏锐的，作者的眼睛仿佛明亮起来，能从混杂的现象中分辨出人物的本质特征及其内在联系。当感觉失去理性指导时，则感觉是迟钝的，有时甚至会把非本质的东西与本质的东西混淆起来，以致对人物性格不能作出正确反映。与艺术家对人物的理解相联系，还有一个感情问题。这里所说的感情包括两方面的内容：一是指对人物有了理解才能更好地体验对象本身的感情；一是指理解了对象才能激起作者对描写对象的感情。不论是对人物的理解或艺术家的感情都是来自生活实践。

（2）传神中的个性与共性问题。

在传神的人物形象中都有自己独特的个性，都是通过鲜明的个性反映出人物的社会本质。既是典型，又是"这一个"。这里所说的典型，并不是指某种抽象的类型，而是指在作品中要表现人物的本质特征。要具体深入地研究人物的特点，所谓"这一个"并不是在典型之外提出的要求，而是说明典型不能脱离生活形象的多样性、丰富性。因此，艺术家不仅对明显的不同性格特征（如勇敢与怯懦）做比较，而且要对近似的性格也做比较。金圣叹曾写道："《水浒传》只是写人粗卤处，便有许多写法，如鲁达粗卤是性急，史进粗卤是少年任性，李逵粗卤是蛮，武松粗卤是豪杰，不受羁勒，阮小七粗卤，是悲愤无说处，焦挺粗卤是气质不好。"这些分析是否完全正确尚可研究，但是《水浒》从近似的人物性格找出差异却是事实。这体现了作者对现实生活认识的深度和广度。这种掌握人的本质特征的能力，也就是形象思维的能力。

在艺术作品中人物形象的雷同、概念化、千人一面，这表现了艺术家对生活认识的表面性和主观性。脂砚斋曾在《红楼梦》第三回的批语中写道："可笑近之小说中有一百个女子，皆是如花似玉一副脸面。"[①]这就是批评作家在创作中概念化、公式化的毛病。歌德曾批评席勒的创作是从一般出发，把特殊作为一般的例证。歌德认为应该是在特殊中显示一般，而不应为一般找特殊。要做到从特殊中显示一般，就需要对生活作精细的观察。徐悲鸿曾说："传神之道，首主精确，故观察苟不入

---

① 《中国美学史资料选编》下，第349页。

微，罔克体人情意，是以知空泛之论，浮滑之调为毫无价值也。"①

（3）传神与技巧。

艺术家认识了对象的本质特征，而且对人物产生了强烈的感情，这还不等于创造了传神的人物形象，要达到传神还需要艺术家拥有高超的技巧。例如谢赫所讲的图绘六法，要达到气韵生动，就离不开技巧，所谓"骨法用笔""应物象形""随类赋彩""经营位置"等等，其中都包含着艺术家的技巧。张彦远所说的："笔力未遒，空善赋彩，谓非妙也。"这也是讲画家缺乏技巧，便创造不出艺术美来。一个优秀的画家总是善于根据对象的不同性格和自己的不同感受而采取不同的笔法，如表现豪放的性格采用粗犷的笔法；表现沉静的性格，采用柔和的笔法；表现活泼的性格，采用跳动的笔法；表现坚毅的性格，采用沉着的笔法；等等。这些都是属于运用技巧，以便达到传神。

思 考 题

1. 什么是意境？怎样理解意境中情与景的关系？
2. "意境"为什么能引起强烈的美感？
3. 什么是传神？怎样理解神和形的辩证关系？在传神中怎样体现主观因素与客观因素的统一？

参考文献

1. 《淮南子·说山训》。
2. 顾恺之论传神。
3. 谢赫：《古画品录》。
4. 祝允明：《枝山文集》卷二。
5. 金圣叹：《读第五才子书法》。
6. 王夫之：《唐诗评选》（见《中国美学史资料选编》下）。
7. 王国维：《人间词话》六（见《中国美学史资料选编》下）。
8. 宗白华：《美学与意境》，人民出版社 1987 年版。

---

① 徐悲鸿：《新七法》。

第十二章 艺术的分类及各类艺术的审美特征

第一节 艺术分类的原则

艺术分类是美学中的一个重要问题,因为艺术分类的意义和目的,在于寻找和发现各门艺术反映现实的审美特性和特殊规律,自觉地掌握它们、认识它们,它对于促进艺术的发展、繁荣艺术的百花园地具有特殊意义。如果不按各门艺术的特殊规律办事,向雕塑提出连环画的要求,或向雕塑提出多幕剧的要求;或希望工艺美术直接表现现行政策思想,或写舞剧堆砌话剧的情节等等,就都违背了各门艺术在反映生活时固有的审美特性,都违背了各门艺术发展的特殊规律,而这也一定会导致创作的失败,从而不仅不能使艺术发展繁荣,而且还会导致艺术的枯萎和死亡。因此,艺术分类并不仅仅是美学理论问题,它对各门艺术的发展与繁荣都有着极其现实的意义。

艺术分类的问题,在美学史上早已为人们所注意。如亚里士多德对艺术的分类问题就有很深刻的见解。他从艺术是"摹仿"现实的观点出发,将艺术加以分类。在《诗学》中,他认为史诗、悲剧、喜剧等都是摹仿现实的艺术,但它们之间又有三点不同。这就是"摹仿所用的媒介

第十二章 艺术的分类及各类艺术的审美特征

不同，所取的对象不同，所采取的方式不同。"① 就摹仿的媒介来看，"有一些人（或凭艺术、或靠经验）用颜色和姿态来制造形象，摹仿许多事物，而另一些人则用声音来摹仿；……另一种艺术则只用语言来摹仿"②。用摹仿的媒介不同来区分画家、雕塑家、歌唱家以及史诗的作者。就摹仿的对象来说，有好人，有坏人以及和我们相同的人。作为悲剧和喜剧的区分，他说："喜剧总是摹仿比我们今天的人坏的人，悲剧总是摹仿比我们今天的人好的人。"③ 就摹仿的方式来说，有的用叙述手法，如叙事诗；有的用动作手势来摹仿，如戏剧。亚里士多德关于艺术分类的观点虽然很朴素，但却是难能可贵的，对后世影响很大。

其后对艺术分类划分较有影响的则是黑格尔的思想。黑格尔依据理念内容和感性形式相统一的原则，对艺术作出了逻辑的历史的分类，即象征艺术、古典艺术、浪漫艺术三大类。象征型艺术以建筑为代表，其特点是理念的感性形式压倒内容，即理念内容十分勉强地被纳入感性形式里。古典型艺术以古希腊雕塑为代表，其特点是内容和形式的和谐统一，即理念内容在雕刻中与感性形式达到完全的协调和统一。浪漫型艺术以绘画、音乐和诗歌为代表，其特点是内容压倒形式，即理念内容超出或溢出感性形式，从而进入理想。黑格尔对艺术分类的方法，是从历史的逻辑上来划分，在艺术史上有一定价值，但其分类的哲学基础是客观唯心主义的。

近代颇为流行的艺术分类方法，有的从艺术存在的外部状貌出发，把艺术分为时间艺术、空间艺术、时空联合艺术。有的从主体对艺术的感受出发，分为听觉艺术、视觉艺术、想象艺术等。这些分法的共同特点是：只注意不同艺术的形式特点，而没有注意到与艺术内容的相互联系及其依存关系，所以这些观点的片面性是很明显的。至于克罗齐则根本否认艺术的分类，他认为一切艺术都是"直觉表现"，都是心灵创造

---

① 亚里士多德：《诗学》，第3页。
② 同上书，第4页。
③ 同上书，第8—9页。

的同一事实，并没有审美上的界限。因此，他说："就各种艺术作美学上的分类的一切企图都是荒谬的。"① 这种否定艺术分类的美学意义，显然是有害于艺术发展与繁荣的。

艺术主要是人们的审美对象，是审美感受的物化形态。艺术之所以是艺术，就在于运用一定的物质手段、方式，把在客观现实中的审美感受表现出来，构成可以通过感官所把握的艺术形象，可以欣赏的艺术作品。从内容上看，物化形态的内容是认识与情感的统一，也就是再现与表现的统一，这是艺术的一般特点。认识与再现是基础，情感与表现是主导，没有认识与再现，则情感与表现无以寄托，也就没有了艺术。没有情感与表现，则认识与再现只是依样画葫芦的模仿，也不成其为艺术。认识与情感、再现与表现都是对客观现实的反映，不过在不同的艺术种类中有不同的融合而已。有的艺术侧重于认识与再现，有的艺术侧重于情感与表现。在侧重于认识与再现的艺术作品中，也有情感与表现，在起主导作用；在侧重于情感与表现的艺术作品中，也有认识与再现，以寄托情感与表现，把情感与表现的主导作用通过对再现的加工与提炼，夸张与虚构以便它充分地发挥出来。从构成作品的形式看，在审美感受物化过程中，有的作品用声音和语言，有的作品用线条和色彩，有的作品用动作和物质，有的作品综合利用才构成作品的形式。根据作品的再现与表现，和所用的物质手段的不同，艺术可分为：再现的艺术、表现的艺术、语言的艺术。再现的艺术有雕塑、绘画、摄影、戏剧、电影等；表现的艺术有工艺、建筑、音乐、舞蹈等；语言艺术有文学等。

下面我们就对各类艺术作一简要的说明。

第二节　各类艺术的审美特征

先说表现的艺术。前面我们说过表现艺术包括工艺、建筑、音乐、

---

① 克罗齐：《美学原理　美学纲要》，第124页。

第十二章 艺术的分类及各类艺术的审美特征

舞蹈等。就工艺来说，**工艺**是一种静态的表现艺术。它是美化日常生活的用品，如家具、瓷器，到各种玉器、牙雕、漆器、绒绣，以至剪纸、面塑、陶器等等，无不是工艺美术的体现。有人认为工艺品与人的生活直接相联系，不是专门供人们欣赏的，因而将其排除在艺术或美学的门外，这是不对的。从我们关于美的本质定义来看，人们在物质生活中也要符合美的规律，在产品的外在形式上也成为对自身情感的直接肯定，这就从根本上肯定了物质产品的美。当然物质产品并非都是工艺品，只有那些既满足了实用的需要，而又带有愈益增长的审美价值，才能叫工艺品。工艺品是实用与审美的结合，通过人们对产品自觉的美化而实现的。

工艺品的美，就在于以实用造型、色彩和线条来表现或烘托出一定的情绪、气氛、格调、趣味。在这里形式美的规律起着很大的作用，从工艺的造型上看，对称表现更多的严肃、完整的情调；不对称的均衡显示了变化统一，使人感觉更活泼流畅一些。如色彩的暖色和冷色的对比，红色表示热烈、蓝色表示平静、黄色表示欢快、白色则表示纯洁，这种对比则形成种种不同的美。这种美不是明确的具体的认识的再现，而是洋溢着宽泛的、含蓄感情的表现的美。所以说，工艺品虽侧重表现，但却也有认识的再现内容，只不过它是不明确地包含在表现之中，而且不占主导地位而已。工艺品美就是以其外在形式烘托气氛、格调、韵律、趣味等来表现情感，并以此来影响人、感染人，起着潜移默化的作用。

工艺品是表现性的，具有一定的概括性、抽象性、夸张性、变形性，它体现了一定的时代的趣味和格调要求，带有时代的烙印。今天是社会主义时代，这个时代的工艺品与古代为少数人服务的工艺品在格调、趣味上是不一样的。它去掉了那种繁文缛节的装饰，在继承了工艺品优良传统的基础上，在格调上更符合广大群众的要求。大方、明快、简朴，具有开拓性情调、趣味，是我们对于工艺品所要求的新时代风格和美的特征。

建筑也是静态的表现艺术，它也是实用和美相结合，具有满足社会上物质需要与精神需要两种功能。一般建筑都是在实用基础上讲求美。根据各类建筑的不同性质,实用与审美所占的比重也有区别(如园林建筑与一般民居)。建筑美有自己的特点,它不像绘画、雕塑那样再现生活,而是通过建筑物的体积、布局、比例、空间安排、形体结构,以及各种装饰,如色彩、壁画、浮雕等,造成一种韵律和情调,侧重情感和意境的表现。比如,古希腊建筑精心推敲各部分和谐的比例,罗马建筑则致力于表现巨大和豪华,哥特式建筑追求飞腾感和模糊感,而文艺复兴建筑又转而寻求肯定感与节奏感①。它们都侧重于表现的美。

中国建筑同样是追求表现的美,就以故宫来说吧,就充分表现了封建统治阶级的皇权至上的意识。(见彩图3)北京颐和园,作为皇家离宫,"建筑规整,布局严谨,体现了皇家的气派。""万寿山前以佛香阁、排云殿为轴心,形成大片建筑群,错落层叠于坡前林间,此起彼伏,自由中带着统一,富丽中又有轻巧"②。颐和园追求的是开阔、壮大,同时又假山屏障、层层院落,曲折回绕,体现了典型皇家园林的思想。

建筑本身虽然是静止的、不动的,但由于形体变化却呈现出流动感。好像音乐中的节奏、旋律一样,有序曲,有高潮,有尾声,形体高低错落,空间大小纵横。就像歌德所说的:建筑是一种"冻结的音乐","建筑所引起的心情很接近音乐的效果"③。贝多芬创作《英雄交响乐》时,曾从建筑中吸取音乐形象养料,他说:"建筑艺术像我们的音乐一样,如果说音乐是流动的建筑,那么建筑则可以说是凝固的音乐了。"因为建筑和音乐艺术一样,都有内在的有机联系,都需要节奏、变化与和谐,也就是都需要表现。

音乐是一种动态的表现艺术,也叫表情艺术。它的美是通过音乐所组成的形象,来表达作者的思想感情。音乐的表现手段,如节奏、旋

---

① 参见杨辛主编:《青年美育手册》,河北人民出版社1987年版,第234页。
② 同上书,第271页。
③ 歌德:《歌德谈话录》,第186页。

第十二章 艺术的分类及各类艺术的审美特征

律、和声与复合声等，都是由按一定的规律组织起来的、发出美的音响和所构成的音乐形象体现出来的。

音乐的作者与欣赏之间，必须有表演者进行第二次创作，才能把音乐形象展现出来，欣赏者才能欣赏，获得赏心愉情的美感。因之，音乐的表演艺术家就必须根据作者的创作意图和蓝本，充分发挥自己的主观能动性及表演才能，有感情、有思想，全神贯注地进行表演，把对作品的感情体验深入地表达出来。不同的表演者由于自己的生活、经历、情感不同，对同一作品的表演其效果和风格也大为不同。

音乐形象是最活跃的、流动的形象。它可以运用最富有特色的声音来模拟现实中的声音，如钟声、马蹄声、鸟鸣声、松涛声、流水声等等，来表现人对现实的真实情感；还可以运用象征、比拟手法将平静的湖水、蔚蓝的天空等等现象，化为带有情感的声音表达出来。音乐对现实音响虽有模拟作用，但不是模拟艺术，不是再现艺术。它虽有模拟作用，但在音乐的旋律中只占很小的一部分，而且是为了表现人的情感。音乐中的大多数旋律、音响所代表的含义都是不明确的、含蓄的，有时只可意会不可言传。它不像绘画艺术那样具有明确清楚的形象，反映或再现现实生活中的图景；也不像文学那样用语言文字明确表现一定现实的观点和生活图景，而是通过生活中的音响、节奏加以提炼、改造，使之与人的思想感情相一致。音乐美最大的特点就是表现宽泛含蓄的感情和起伏激荡的情绪，如欢庆时的热烈，悲哀时的低沉。这种情绪和感情，可以说不代表什么，又代表很多东西，只能意会不能言传。有的表现一种人的理想和追求，如我们欣赏《二泉映月》，表现很悲怆，调子很高昂，有苦难，有斗争，有理想，有追求，表现了许多东西，但一时又说不清，只能感觉到我们的感情在起伏、激荡之中，我们的心灵受到很大的震动。从这个意义上说，音乐是最具概括性的艺术，是最能激励人心、振奋精神的艺术，也是表现性最强的艺术。

舞蹈和音乐一样，也是动态的表情或表演艺术。舞蹈美是用规范化了的有组织、有节奏的人体动作来表现人的感情。它把人体作为表现的手段,通过有组织、有变化的节奏、动作和姿态等来构成舞蹈美的形象。

舞蹈虽也能模仿动物、植物,但这一切都是为了表达人物的生活和感情而设置的。它长于抒情而拙于叙事,是与它的表现特点分不开的。它最根本的特点,一个是虚拟性,一个是抒情性。它不用语言,而是通过完全在不断运动中的人体,作出种种舞蹈动作和优美的姿态来抒发人的内心情感。关于舞蹈的抒情的本质,中国古代就已有很好的说明,《毛诗大序》中说:"言之不足,故嗟叹之;嗟叹之不足,故咏歌之;咏歌之不足,不知手之舞之,足之蹈之也。"说明古人也懂得舞蹈发之于内而形于外,一方面要有饱满的发之于内的激情;另一方面又要找到形于外的完美形式的深刻道理。

舞蹈也是最古老的艺术形式之一。在原始社会里,舞蹈是模仿动物,再现狩猎、战争等过程,是与人的生活密切相连的。随着社会生活的发展,舞蹈中的模拟成分逐渐减少,表情部分逐渐增加,舞蹈也从单纯地模仿具体事物逐渐过渡到以抒发情感为主。它通过概括抽象的虚拟动作程式,就是说表现成分越来越压倒再现的成分,和各种动作的节奏、夸张、变形等来表现人的精神状态,抒发人的内心丰富情感,表现一定时代的内容,从而引起欣赏者的广泛联想并使之得到审美享受。如民间集体舞蹈《安塞腰鼓》以龙腾虎跃的形式,把人们内心一派欢快的情绪,火一样炽热的感情充分地、淋漓尽致地表现了出来。现代三人舞《担鲜藕》,也充分表现了轻盈、欢快拟人的鲜藕与赶集姑娘的欢喜、雀跃,映衬出对美好生活的情趣,给人以感染、启迪和审美享受。再如芭蕾舞是虚拟和抒情的集中表现,你什么时候和在什么地方,见过少女用脚尖站在马路上走路,小伙子用托举抒发对恋人倾心爱慕之情?这在生活里是见不到的,在芭蕾舞中却比比皆是,应用的好,可以产生强烈的效果,引起观众的美感。

舞蹈与音乐是密不可分的。虽然说舞蹈是视觉形象,但若没有音乐的配合,视觉形象与听觉形象就不能融合为一体,就难以取得动人的效果。另一方面,舞蹈动作高低起伏、动静缓急,也带有音乐的节奏、旋律的效

第十二章　艺术的分类及各类艺术的审美特征

果，表现出某些音乐的特点。舞蹈与雕塑有相似之外，雕塑贵在抓住人物刹那间留下的印象，表现了一个感情的顶点；舞蹈则是流动的雕塑，它表现的情感也是高度的集中。所不同的是，雕塑是静止的，舞蹈是流动的，雕塑不过是舞蹈暂停的一瞬间。舞蹈通过虚拟的动作，使观众联想起生活中的情感内容，是对舞蹈形象的补充、充实、丰富和再创造。

总之，表现艺术也是来源于生活，来源于实践，不过它侧重于表现——整个创作过程中都侧重于表现——通过创作的加工与提炼，表现主体的情感、心灵和精神境界。

现在，我们再谈再现艺术。再现艺术的特点、长处在于再现生活。再现生活并不是对生活机械的模仿或幼稚地反映生活的表层，而是通过对生活的加工、改造、提炼，甚至通过想象和幻想，将生活改造为虚构、夸张、变形的形式，主观渗透于客观来反映生活的本质。

雕塑是静态的再现艺术。它的美首先在于以动人的造型来反映生活、再现现实。它最宜于表现有理想崇高的正面形象；宜于观赏者从不同角度和距离进行欣赏和领悟。雕塑形象对于观赏者来说，由于所处的位置、角度和远近不同而有不同的感受，它最能直接感染、陶冶和激发观赏者的心灵。

雕塑创作反映生活的能动性，主要表现在作者对素材的提炼、取舍上，经过提炼取舍能够使人在人物个性、阶级性、时代性和具体情景的描写中联想到没有被直接描写出来的行动和态度等等，使人从有限的形体中看到更为广阔的艺术境界。雕塑不仅是生活的再现，而且还是精神交流的手段，还是教育的工具。虽然它有再现艺术功能，但无论如何，它是雕塑而不是绘画，更不是戏剧和小说。它有自己的特殊词汇和语言结构，特殊的表现方法，它的特长不是记述，至少不是详尽的资料性的叙述，而是把丰富性的内容缩为一个形象鲜明的塑像。在富于概括性的雕像中，能够借助有限的动作、姿态、脸型、服饰和整个风度、风貌的描写，使观赏者感觉、联想和想象更多的生活内容。以少概多，以有限概括无限，这是供人观赏的雕塑应有的品格。

雕塑立体的，占有一定的空间，这是雕塑最简单的基本概念。但有体积占有一定空间的却不一定是雕塑。一定要使体积表现思想感情，再现出一定的生活内容，具有生命力，才能成为雕塑艺术。雕塑艺术由于所使用的物质材料（如大理石、金属、木料、泥土等）不同，不仅使我们看到，而且能够使我们摸到不同质感。优秀的雕塑作品能够给我们真实的生命感，使那些无生命的大理石好像活了起来，具有了生命。在观赏者的想象里会感到肌肤的温暖。法国著名雕塑家罗丹说，古希腊雕像维纳斯不仅能给我们肌肤的温暖，而且还能给人以真实的生命感。这种生命感就在于善于组织体积，使它形成某种力量、某种感觉和某种韵律。雕塑就是要从某种体积变化、转折的韵律当中，来体会一种生命、情绪、情感，甚至一种思想。

雕塑是再现艺术，而再现艺术的特点就是要有真实感。古希腊的菲迪阿斯的雕像虽然动作表现很小，但稳定，给人以舒展、流畅的感觉，表现了古希腊黄金时代的稳定、含蓄、很有力量、很有信心的一种情绪，是很真实的。古希腊传说：雕塑家米雍一次雕了一头牛，引来了一头小牛走来向它吸乳，又有一群牛要随着它走；一个牧童向它扔石头，以便把它赶开。米开朗琪罗的雕塑《挣扎的奴隶》，表现了文艺复兴时代市民阶级反封建的代表。他的雕塑充分反映了奴隶的反抗和愤怒，充分体现了"巨人的悲剧"，给人以强烈的真实感。再如，我国汉代霍去病墓前的卧虎石雕，只抓住老虎躺着也威风的神态，就把这个庞然大物的猛勇神态雕塑得那么生动、单纯，既有稚拙的美，也体现了歌颂霍去病创立功业的意图，并且很有真实感。从这些例子中可以看出：雕塑在表达思想、表达内容和表达雕塑美时，必须与一定的时代精神合拍，融为一体，赋予雕塑以真实感。

雕塑在表达思想情感时，要具有概括性、凝练性和普遍性。如爱神维纳斯之所以能引起人们的喜爱，就在于它有一种情感、一种爱的表情，凝聚并寄寓在雕塑作品上，从而充分体现了温柔、典雅之美。有人说：维纳斯雕像甚至比1789年法国资产阶级革命原则更不容怀疑，意思是说，在

第十二章 艺术的分类及各类艺术的审美特征

保卫人性的尊严方面,它更有力量。确实这个半裸体的女人塑像,优美动人,充满活力,却并不给人柔媚和肉感的印象。这种表情是理想的和概括的,不是哪一个阶级所独有,这是雕塑的普遍性。改革开放以后,我国很注意雕塑艺术的发展,特别是在城市建设规划中,雕塑已成为美化城市不可缺少的内容——特别是对建筑环境的创造,更是具有画龙点睛的作用。雕塑与水池、喷泉结合起来,更为吸引人,增加了空间动态美,它打破了环境的宁静,却又使得环境更为幽静。现在需要的是提高雕塑艺术的水平,创造出无愧于我们时代的美的艺术,更好地美化我们的环境。

绘画和雕塑一样,是静态的再现艺术。它的美是通过线条、色彩、构图在二度空间范围内以动人的造型,来再现现实,反映生活,表达画家的审美感情和审美理想。绘画所要描绘的对象十分广阔,从自然的山川、虫鱼、鸟兽到社会生活、人物的精神风貌、性格特征等,都是绘画的内容。它长于捕捉生活中的一刹那,撷取运动中的一瞬来塑造生动的典型的形象,具有巨大的感人的力量,并可以陶冶人的性情,提高人的思想境界(图12.1)。所以,绘画历来为统治阶级所喜爱和重视,是一门有着悠久历

图12.1 八大山人:《枯木小鸟》

史的艺术。

绘画的审美特征，是由绘画词汇形成的。绘画的最基本词汇是线条、色彩和构图，特别是线条是构成绘画最主要的手段和词汇。我们所说的线条不在自然界中，而在形体与形体、色块与色块之间，是我们的想象力在它们之间创造出造型词汇和可视语言，来表达画家的感觉和情感。线条可以说其本质正在于它体现了感情意味。

线条的硬软坚柔、轻重缓急、光滑滞涩等等品格；线条的长短、粗细、疏密、干湿、曲直、快慢等等节奏的变化，都表现出无限丰富的感情层次。一般来说，表现宁静使用平卧线，表现欢乐用上升线，表现抑郁用下降线，介于三者之间的线条则给人无变化的感觉。中国绘画中的线条表现感情意味更丰富，"例如山水中的披麻皴，由于近于平行的线条所组成，运动徐缓，延绵层叠，给人以宁静、谐和、淡远的感受；斧劈皴，由于粗壮的短线和断线所组成，运动急速，锋利逼人，给人以激越兴奋的感觉。"

线条的品格，即画家的笔墨情趣，也即他的品格。如元代大画家倪云林的线条，"枯色中见丰润，疏荡中见遒劲"，表现了作者的飘逸和空灵。晋代顾恺之的线条，简约娴静，反映了画家内向、深思的性格。唐朝吴道子的线条，豪放飘洒，用力不一，迟速不一，反映了作者的奔放、雄浑的气质。

绘画的色彩，是来自客观世界的光与物体，也是表现艺术家的思想情感的。例如耀眼的红色意味着危险，绿色包含着平静和新鲜，蓝色展现平静与安宁，黄色暗示温暖与喜悦，黑色常常给人以恐怖感。不同的人对色彩有不同的联想，因此，色彩的情调不仅因人而异，在不同时代、地区也是不同的。如中国画家笔下的红色，往往不是危险的感觉，而是富贵、喜庆、欢乐的情感。

绘画的构图，是物体的空间组织与安排，以及物体的加工、取舍等错综复杂的形式方面的因素，它也体现着画家的感情。如"横向线式构成常暗示着安闲、和平、宁静；斜线式构成常包含着运动和力量；金字

第十二章 艺术的分类及各类艺术的审美特征

塔式的构成常暗示着稳固、持久"等等,如果在进行构思时,再进行交错、对比的处理,"就能够唤起人的崇高、扩张、升腾、萎缩、逼迫、庄严、悲壮、寒冷、坚实、挺拔、温柔、烦闷、舒展、优美等情绪。"①

绘画的审美本质,即在线条、色彩和构图的情感意味。至于在此基础上所形成的意境与传神前面已经讲过了,这里不再赘述。

摄影也是静态的再现艺术,它的美是通过真实、优美的造型再现现实、反映生活。它不像音乐、舞蹈、绘画等艺术种类那样,在远古时代就开始了自身的历史,而是随着物理学、光学、化学的进步,随着科学技术的发展而出现的,至今不过一百多年的历史。法国人尼普斯在1826年用白蜡板摄制出世界上第一张照片,也是最早的照片。从那个时候起,随着科学技术迅速发展,摄影技术也随之日新月异地发展起来。在今天,我们掌握了崭新的技巧、手段,摄影艺术更是具备了蓬勃发展的条件。可以说,没有近代科学技术,就没有摄影的诞生;没有科学技巧的发展,也就没有摄影艺术的大发展。

摄影艺术家根据自己的艺术构思,运用摄影艺术的技巧,经过暗室的加工,制作成富于有感染力的、典型的艺术作品。它已与绘画有许多共同之处,而以形象逼真见长,并在再现中表现艺术家的思想情感和审美理想。摄影艺术所表现的对象,如新闻、人物、风景、事件等都必须是真实的。纪实性是摄影艺术的一个特点。

摄影艺术通过画面构图,光线的明暗和对比,影调等手段造成艺术形象,还可以通过选择拍摄的距离、方向、角度、速度,或仰拍、或俯拍等,来组织、安排画面以及各部分景物的位置及关系,以取得满意的效果。作为美的存在的方式,摄影是静态的,不受时间因素的影响;作为语言材料,存在又都是动态的,对具体作品来说,稍纵即逝,不可复得。因此,摄影艺术又被称为"瞬间艺术",这是摄影艺术的又一特点。

摄影艺术可以通过对摄制好的底片进行特殊加工,使其具有绘画一

---

① 以上引文均见杨辛主编:《青年美育手册》,第280—283页。

般的感染力与表现力。香港著名摄影家简福庆的作品《水的旋律》，就是追求绘画的意味，表现了蒙蒙海面富有节奏和曲线的美，宛如音乐的旋律。"画面上那浮动着的轻舟的位置，恰到好处，使构图更趋丰富，富有诗意。"① 这种富有诗意的构图和景物位置，不是更具有绘画的表现力和意境吗？这一方法突破了实物局限，开创了摄影的未来。

戏剧是动态的再现艺术。它由文学、音乐、舞蹈、美术、工艺等多种艺术成分综合而成，所以又称综合艺术。戏剧美的实质在演员的表演之中。演员通过扮演角色，运用形体动作、语言、演唱等手段来塑造舞台形象，表现戏剧情节和典型的人物性格，能动地再现和反映社会生活。演员的表演，实际上是演员审美感受的"外化"，是"感性的显现"。所谓演员进入角色，就是指演员创造性地与角色融为一体，取得和谐一致。这样的表演就是美的。戏剧美除了演员表演之外，还要受社会历史命运、社会经济和政治情景的制约。戏剧是形象性与过程性的完美结合，是其他艺术所不能代替的。

戏剧虽然是多种艺术综合，但主要包括两个组成部分，即演出形象和物质形象。演出形象包括演员的表演、导演的艺术处理、舞台美术的总和等；物质形象指布置、灯光、服装、道具、音响效果等。物质形象要服从演出形象，使演出形象有机地结合为一个和谐的整体。

舞台演出的剧本，是戏剧的文学成分，可供阅读，但主要供演出使用，是戏剧表演的根据。剧本要求把生活矛盾集中化，变为戏剧冲突。因而剧中的人物、事件、时间、场景等，都要经过剧作家精心选择与安排，使之围绕戏剧冲突发生、发展，直至高潮。所以说没有戏剧冲突就没有戏剧，戏剧冲突是戏剧的根本。戏剧冲突靠人物的言语、行动来展开，因此，剧本要求人物语言、行动有明确的目的和个性化。

演员的表演是在导演的艺术构思指导下进行的。演员的表演是通过体验导演的意图、角色的性格、在舞台上塑造形象的各种艺术表演手段

---

① 《美育》1985 年第 1 期。

而实现的。演员的表演是对剧本角色的再创造。演员必须充分发挥自己的才能、演技，对角色富有情感地深入分析和理解，根据戏剧冲突和情节的需要，自觉地进行创造，才能塑造出生动感人的、富有个性化的舞台形象。通过不同人物的刻画和情节的发展，反映出生活的本质特点和美，才能给人强烈的审美享受和巨大的教育作用。

戏剧以舞台为演出的中心，这就表现了戏剧的长处与不足。由于戏剧是以舞台作为演出的中心，戏剧的矛盾冲突不可能有许多线索，而必须是非常集中，矛盾冲突非常突出。因而反映生活中的矛盾也就非常突出、集中和鲜明，给人以身临其境的感觉和体验，这是它的长处。它的不足是，由于舞台的限制，不能在更广阔的范围内反映生活，在反映生活本质时有其局限性。

演员在戏中，既是角色，又是演员，这就构成了演员的内在矛盾。在近代戏剧史上曾发生过"表现派"与"体验派"的争论。所谓"表现派"即演员进入角色时，应冷静地运用技巧，有清醒的自控能力，创造出符合理想的角色和人物的性格。所谓"体验派"，即演员的表演要进入角色时，要如实地反映角色的世界和精神面貌，作直接的活生生的体验。"体验派"演员的表演是把演员和角色融为一体，做深入的体验，因此这类演员表演时，往往沉醉角色而忘却自己是在演戏，没有清醒的自控能力。"表现派"与"体验派"的争论一直到现在还没有结束，简单定出两者在演出时的优劣是困难的。真正的表演家，我们认为是"表现派"与"体验派"结合起来，恰到好处地创造出感人的角色。

戏剧形式包括许多种，如话剧、歌剧、戏曲等。如在戏曲艺术中，中国戏曲占有独特的位置。它追求虚拟、不重写实。这种虚拟性通过夸张的唱、念、做、打表演出来。演员的唱、念、做、打能充分地调动观众的想象，使其产生亲临其境的意境。如戏曲《打渔杀家》中，扮演萧恩父女的演员，手中并无桨，脚下也无船，可是他们的真实表演，却能使观众想象到好像他们手中真有桨，脚下真有船，连舞台都荡漾在湖水中。戏曲中的程式化动作虽有相对稳定性、类型性，但一经用到戏曲里，由演员根据不同的具体的情景和角色的需要创造性地运用，就可体现出人物的具体个性，强化内容的表达，引起观众的共鸣。

电影和戏剧一样，是动态的再现艺术。电影的美也和戏剧一样，在于塑造活生生的典型的艺术形象，在更广阔的范围内反映和再现生活的本质。

电影技术是在物理学、光学、化学发展的基础上产生的。法国人卢米埃尔兄弟于1895年12月在巴黎第一次放映了他们摄制的影片《墙》《火车到站》《婴儿的午餐》《园丁浇水》等，虽然这些影片的内容十分简单，但却使人们第一次在银幕上看到了活动人物，使人们大为惊叹。可见电影的历史也就刚过百年不久，是一门最年轻的艺术。它从黑白默片（无声片）、有声片到现今的彩色片和立体电影，都是与技术的发展分不开的。由于电影综合和吸取了各种艺术的特长，能以银幕形象广泛地反映生活，吸引观众，它又是具有广泛性、群众性的艺术。正如列宁所说："一切艺术部门中最最重要的便是电影。"①

电影之所以是最最重要的，首先就在于它可以吸引更多的观众进行审美娱乐和教育；其次，电影是最接近生活、反映生活的综合艺术，它把绘画与戏剧、音乐与雕刻、建筑与舞蹈、风景与人物、视觉形象与语言联结成统一体。其中最重要的因素是视觉形象。电影中的视觉形象不是静止的，而是富有动作性的，是不断运动着的。电影一定要求有戏剧冲突，电影故事一定要有开端、发展、高潮、结尾等戏剧法则。从这一意义上来说，电影是近似戏剧的。但电影又不是戏剧。戏剧由于受舞台的限制，它反映生活的能力是有局限性的、不自由的；电影由于不受舞台的限制和时间、空间的约束，它反映生活则比戏剧自由得多、广阔得多。电影是通过一个一个的镜头来反映生活。这种镜头可以是特写，可以是全景，可以是事物发展的一瞬间，可以是一个较完整的情节，等等，这就极大地丰富了电影美的表现力。镜头的推、拉、摇以及"化

---

① 列宁：《论文学与艺术》，人民文学出版社1983年版，第430页。

入""化出"等具体运用,使电影极其细微地深入到人物内心世界,使人物性格更富有感人魅力。如一个成功的特写镜头,通过演员的面部表情把人物的复杂内心世界充分表现出来,再加以巧妙的烘托和明朗而有力的动作,可以更加清晰地表达出人物复杂的内心活动,这是戏剧在反映生活时所无法比拟的。

蒙太奇是电影的一种特有的手段,是电影审美本质的主要特征之一。蒙太奇来自法语(montage)的译音,原意是构成、装配的意思,借用在电影艺术上指的是镜头组接和剪辑,指镜头的组合关系和联系的方法或按照总的构思把一个一个镜头连接成影片,使之产生叙述、对比、联想等作用,从而形成一部完整的影片。一个单独的镜头、画面往往说明不了多少问题,只有把许多不同的镜头和画面有组织地连接起来,使其处在变化、流动中,处在时空交错中,才能说明更多的问题。蒙太奇的运用使电影获得新的质、新的自由、新的美,有了巨大的变化和升华——可以根据电影剧情的发展和自己认识的逻辑,有目的地把不同画面组接在一起。如苏联电影《战舰波将金号》有名的"敖德萨阶梯"中,将沙皇士兵的脚和举枪齐射的镜头,与群众相继倒下,一辆载着婴儿的摇篮车滚下血迹斑斑的阶梯等镜头交错剪辑在一起,给观众造成久久不能忘怀的大屠杀的悲剧场面,引起对沙皇统治无比愤慨和仇恨的强烈情绪。

再如,电影《青春之歌》中有两个镜头,一个是余永泽和林道静结婚的场面,另一个是结婚以后的琐碎的家庭生活场面,通过这两个镜头的组接,使人一看就明白了余永泽在生活中的庸俗追求。卢嘉川就义时,高呼"中国共产党万岁",紧接着是林道静张贴"中国共产党万岁"标语的镜头。从这两个镜头组接中使人理解到中国共产党是不可战胜的,一个战士倒下去,千百个战士站出来。这种蒙太奇的例子说明了与主题相联系的细节、场景有机地组接在一起,可使电影具有独特的感人魔力,能深刻地反映生活,给人以审美享受。

文学是语言的艺术。它的美是借助语言塑造典型的艺术形象或意境,深刻反映生活或丰富的情感。文学大体上可分两类。一类是诗歌、散文等,主要偏重于抒情性的表现艺术;一类是小说,主要偏重于叙事性的再现艺术。这两类艺术都是以语言为表现手段,塑造艺术形象,反映生活,表达作者的思想情感和对生活的评价。正如高尔基所说:"文学的根本材料,是语言——是给我们的一切印象、感情、思想等以形态的语言,文学是借语言来造型描写的艺术。"① 文学语言与生活中的语言不同,日常生活中的语言虽也有形象性与表现性,但往往很粗糙,很芜杂。文学语言是在日常生活用语中经过提炼加工,纯洁而生动,并着重语言的塑造形象与表现情感的功能。

文学语言的优点,在于它能同时诉诸听觉和视觉,并通过它们唤起生动的表象,作用于欣赏者的再创造。语言艺术在描绘一种具体的生动的图景时,必须是通过欣赏者想象和再创造,才能呈现于欣赏者的面前。它永远是一种心领神会的艺术,它所创造的艺术形象,能给欣赏者提供想象和再创造的广阔天地,欣赏者只有充分发挥其主观能动性,才能得到意味无穷的审美享受。中国古代诗歌中一向讲究意境,追求"诗中有画,画中有诗",这种意境的出现,是通过欣赏者的想象和再创造呈现出来的,它可造成听觉和视觉形象的效果。

文学具有描写现实、表达思想的广阔可能性,在内容上较之仅仅局限于视觉或听觉形象的艺术有较大的优越性。"语言的艺术在内容上或表现形式上比其他艺术都远较广阔,每一种内容,一切精神事物和自然事物、事件、行动、情节、内在的和外在的情况都可以纳入诗,由诗加以形象化。"② 它连其他艺术都难以表达的嗅觉和味觉感受,通过语言的描写都可以表达出来。它既可描写现实,表达感情,也可以概括时空范围很广的事物、人内心细微的变化;既可以运用象征、暗示、含蓄等手法,又可以运用情节,在情节的发展中流露出思想倾向。文学在所有

---

① 引自周扬编:《马克思主义与文艺》,解放社1950年版,第118页。
② 黑格尔:《美学》第三卷下册,第10—11页。

第十二章 艺术的分类及各类艺术的审美特征

艺术中既是自由的，又是富于思想性的。

在语言运用方面，小说最能发挥语言的长处。它运用灵活多变的和富有个性化的语言，多方面地刻画人物，表现出典型环境中的典型性格。它能够广阔地描绘社会生活，深刻地反映历史画卷和发展进程。它与戏剧、电影有些近似，但在某些方面又超越了它们。这是因为戏剧、电影往往受到篇幅的限制，欣赏者必须在两小时左右时间内完成。而小说则不受此种限制，特别是反映一个时代的长篇巨著，其优点更为突出。

表现性的文学，特别是诗歌其语言具有音乐美和特性。诗歌和音乐有着类似的美学规律，在古代，诗歌和音乐本来就是统一的，诗歌最早的作用是唱和，就是与音乐密不可分的。诗歌运用平仄、四声、叠韵等手段，为人们一代一代反复吟咏，就是因为它具有音乐美。现代诗歌创作在语言上的长短、高低、快慢、轻重等，一方面服务于表现情感，一方面也具有音乐的节奏、旋律。即使当代所谓的"自由诗"，也不能否定它的形式节奏、韵律和上口，即在语言上也要有音乐的美和特性。

我们这样为艺术分类，以便找出各门艺术的特殊规律和美，为提高和发展各门艺术创作，为提高和丰富艺术欣赏的能力，为艺术的百花园地更多姿多彩而努力。我们这样分类绝不是说，把各部门艺术对立起来、割裂开来，彼此毫无关系，不是的。我们再说一遍，艺术的各个部门是相互联系、相互渗透、相互作用的，都是认识与情感、再现与表现的统一。各门艺术的相互联系是绝对的，相互分类则是相对的。因此，各门艺术不仅不是相互对立的，而是必须相互学习，取长补短，才能取得共同的繁荣与发展。

思 考 题

1. 艺术为什么要分类？分类标准是什么？
2. 怎样理解艺术各个部门的美的特征？

参考文献

1. 黑格尔:《美学》。
2. 亚里士多德:《诗学》。
3. 克罗齐:《美学原理 美学纲要》。
4. 歌德:《歌德谈话录》。

第十三章　优美与崇高

优美与崇高是美的两种不同形态，即美的两种不同种类。如风和日丽和狂风暴雨，这是两种不同形态的美。这两种不同形态的美，给我们的审美感受也是不同的。前者给我们心旷神怡的审美愉悦，后者给我们的却是无限的力量感觉，可以扩大我们的精神境界和审美享受。前者叫优美，后者叫崇高（或壮美、或伟大）。中国的传统美学亦分为阳刚之美与阴柔之美。

悲剧与喜剧也是如此。悲剧美给人以惊赞和崇敬，喜剧给人的则是幽默和诙谐的喜悦。这种不同，也是由于美的不同形态所造成的。

第一节　优美与崇高的对比

我们平时所说的美，一般指的是优美。优美的特点是：美处于矛盾的相对统一和平衡状态。它在形式上的特征表现为：柔媚、和谐、安静与秀雅的美。从美感上看，能给人以轻松、愉快和心旷神怡的审美感受。这种优美的表现是风和日丽、鸟语花香、莺歌燕舞，或是山明水秀、波平如镜、倒影清澈的自然景色；或是夕阳西下，一脉金晖斜映在山头水面，或是在蔚蓝的天空里略微闪耀着一点淡淡金色。这些境界都是优美，给人以和谐、安静的审美享受。杜甫的诗句："细雨鱼儿出，微风燕子斜。"春天下着毛毛细雨,鱼儿都游到水面上来了;在微微的春风里,轻快的燕子倾斜着身子在飞翔,这景色,表现出诗人的愉悦的情感,充满了优美的诗情画意。再如,晏殊的《寓意》诗:"梨花院落溶溶月,柳絮池塘淡淡风。"描绘出一个春风和煦的夜晚。"溶溶月"和"淡淡风"多么柔和与优美呀。韩愈咏桂林山水的诗中有两句是:"江作青罗带,山如碧玉簪。"用"碧玉簪"和"青罗带"这两个形象来形容桂林山水再恰当不过了,真是恰如其分地表现出了桂林山水的优美特性(见彩图20)。

在人物形象方面,如刀美兰在舞蹈《水》中,塑造了一位西双版纳的傣族妇女的优美形象,表现了傣族姑娘在劳动后的汲水、戏水、沐浴的情景。舞蹈中通过一些生动而富有浓郁的生活气息和东方色彩的细节,抒发了舞中人物的喜悦、欢快的感情。

在中国古代的雕塑中如汉代舞俑,表现女子"长袖善舞",翩翩动人的形象;唐代的一些彩绘舞俑,身着阔袖宫服,舞姿轻曼;还有宋代晋祠中那些左顾右盼、倩丽文秀的宫女都是属于优美的形象。

在西方古代艺术中的不少艺术形象,如古希腊的雕塑维纳斯,文艺复兴时期的达·芬奇的《蒙娜丽莎》、拉斐尔的《椅中圣母》也都是属于优美形象。总之,优美的特点是主体与客体的相对统一的宁静、柔和的状态。

如果说优美是主客体处于相对统一状态的话,那么崇高的特点就是:美处于主客体的矛盾激化中。它具有一种压倒一切的强大力量,是一种不可阻遏的强劲的气势。它在形式上往往表现为一种粗犷、激荡、刚健、雄伟的特征,给人以惊心动魄的审美感受。在社会生活中,崇高通过严重的阶级斗争,艰巨的实践,展示出人征服自然,改造社会的巨大力量。由于斗争的严重性,在矛盾的激化中显示出英雄人物的坚强性格和人的本质力量。特别是为了社会的进步,人民的解放,那种奋起反抗,英勇斗争,主体实践发挥着巨大的威力。对象愈加显示惊人的可怕,愈加阻碍着实践力量的发挥,愈加考验出实践主体力量的伟大。如

"七七"事变后,日本侵略军对坚持东北游击战争的抗日武装力量施加了更大的压力。杨靖宇将军率领的一方面军在长白山区坚持抗日。由于叛徒告密,暴露了部队活动方向,日军满山遍谷疯狂追袭,日夜搜索,大小路口都为日军封锁,杨靖宇将军在森林里坚持奋战五昼夜,他几处受伤,加上腹中饥饿,精疲力竭。又与跟踪而至的日伪军相遇,但他毫无惧色,倚着大树,双手开枪,顽强抵抗。敌人狂喊:"放下武器,保留性命,还能富贵。"杨靖宇将军却挺身高呼:"最后胜利是中华民族的!"像这样大义凛然、富贵不能淫、威武不能屈、宁死不向敌人投降的民族英雄形象正是崇高的集中表现,正如一首东北民歌所歌颂的:

> 十冬腊月天,松柏枝叶鲜。
>
> 英雄杨靖宇,长活在人间。

烈士陈然在临牺牲时,挥笔写的诗歌《我的"自白"》中,写道:

> 人不能低下高贵的头,
> 只有怕死鬼才乞求"自由",
> 毒刑拷打算得了什么?
> 死亡也无法叫我开口!
> 对着死亡我放声大笑,
> 魔鬼的宫殿在笑声中动摇;
> 这就是我——一个共产党员的自白。

这是一个共产党员的"自白",它具有多么坚强的意志和崇高的思想呵!陈然同志为了新中国的自由,不惜洒热血、抛头颅,"对着死亡我放声大笑,魔鬼的宫殿在笑声中动摇",这是多么惊心动魄的崇高美啊!

在改造自然界时,像葛洲坝那种雄伟壮丽的工程等,是多么的壮美!再如狂风暴雨中的海燕、搏击长空的雄鹰,都显示了在艰苦条件下惊人的毅力和力量,都给我们一种崇敬感,而成为崇高的对象。

在崇高与优美的对比中,我们可以看出,崇高是一种庄严、宏伟的美,是一种以力量和气势取胜的美,是一种显示主体实践严重斗争和动人心魄的美,又是一种具有强烈的伦理道德作用的伟大的美。如李大钊同志曾在早期写过一篇论文,题目是《美与高》,对优美与崇高的特征做了分析。他说:"所谓美者,即系美丽之谓;高者,即有非常之强力。假如描写新月之光,题诗以形容其景致,如日月如何之明,云如何之清,风又如何之静。夫如是始能传出真精神而有无穷乐趣,并不知此外之尚有可忧可惧之事。此即美之作用。又如驶船于大海之风浪中,或如火山之崩裂,最为危险之事。然若形容于电影之中,或绘之于油画,亦有极为可观之处。而船中人之惊怖,火山崩裂焚烧房屋之情形,亦足露于图中,令人望之生怖,此即所谓高。"① 又说:"美非一类,有秀丽之美,有壮伟之美。前者即所谓美,后者即所谓高也。"② 在美学史上对崇高与优美的特征也有过不少生动的论述。如中国18世纪的姚鼐,在论述阴柔之美与阳刚之美时,生动描绘了:"其得于阳与刚之美者,则其文如霆,如电,如长风之出谷,如崇山峻崖,如决大川,如奔骐骥;其光也,如杲日,如火,如金镠铁;其于人也,如冯高视远,如君而朝万众,如鼓万勇士而战之。其得于阴与柔之美者,则其文如升初日,如清风,如云,如霞,如烟,如幽林曲涧,如沦,如漾,如珠玉之辉,如鸿鹄之鸣而入寥廓;其于人也,漻乎其如叹,邈乎其如有思,暖乎其如喜,愀乎其如悲。"③ 这里所说的阳刚之美与阴柔之美即是崇高与优美。在西方美学史上,这种研究也是很多的。如英国经验主义美学家博克,他在比较崇高与美时说:"崇高的对象在它们的体积方面是巨大的,而美的对象则比较小;美必须是平滑光亮的,而伟大的东西则是凹凸不平和奔放不羁的;美必须避开直线条,然而又必须缓慢地偏离直线,而伟大的东西则在许多情况下喜欢采用直线条,而当它偏离直线时,也往往

---

① 李大钊:《李大钊诗文选集》,第114页。
② 同上书,第116页。
③ 《中国美学史资料选编》下,第369页。

作强烈的偏离；美必须不是朦胧模糊的，而伟大的东西则必须是阴暗朦胧的；美必须是轻巧而娇柔的，而伟大的东西则必须是坚实的，甚至是笨重的。"① 在这里，崇高与优美的区别也是明显的，它们形成了强烈的对比。

优美即是一般所说的美，这种美在前面已经谈得很多了。下面我们着重谈一谈崇高的问题。

第二节　美学史上对崇高的探讨

中国早在先秦时代，就有"大"这一美的形态。"大"是伟大的意思，也就是所谓崇高。孔子说："大哉！尧之为君也。巍巍乎！惟天为大，惟尧则之。"② 用现在的话来说就是：真伟大呀！尧这样的君主。多么崇高呀！只有天，才是最高大的，只有尧，才能效法天。这就是说，尧的品德像天一样伟大，老百姓真不知道如何赞美他才好。在孔子那里，"大"还和道德品质的完美混杂在一起。到了孟子的时候，"大"虽然有道德伦理的意义，但与道德伦理意义究竟有所不同。这就是孟子所说的："充实之谓美，充实而有光辉之谓大"③ 所谓"充实"，即充实仁、义、礼、智等道德品质，"使之不虚"。所谓"大"，不仅充实道德品质，而且发扬光大，使其具有"光辉"的气势。这不仅把"美"与"大"相互区别开来，而且指出"大"是在美的基础上产生，而又具有"光辉"的气势。在孟子看来"大"是"美"的发展而又不同于美，这在当时确乎丰富了"大"这一美的形态。庄子虽然在美丑的问题上持相对主义的态度，甚至最后否定了美与丑的客观存在，但在美与"大"的问题上则做了明确的区分。他在《天道》篇中"舜问于尧"的一段谈

---

① 古典文艺理论译丛编辑委员会编：《古典文艺理论译丛》第五册，人民文学出版社1963年版，第65页。
② 《中国美学史资料选编》上，第15页。
③ 同上书，第23页。

话里说:"美则美矣,而未大也"。在这里"美"与"大"是两个不同的概念,这是一目了然的。什么是"大"呢?天与地是最伟大的了。他说:"夫天地者,古之所大也,而黄帝、尧、舜之所共美也。"① 在庄子看来,天与地都是最伟大的,而又是最美的。"美"与"大"既是有区别的,又是有联系的。由此可见,在中国古代"大"就是一种美的崇高形态,二者总是联系而不可分的。

在西方美学史上,古罗马的朗加纳斯在《论崇高》中最早使用"崇高"这一范畴。他是从修辞学的角度,而不是作为美的一种形态加以论证的。他说:"所谓崇高,不论它在何处出现,总是体现于一种措辞的高妙之中,而最伟大的诗人和散文家之得以高出侪辈并在荣誉之殿中获得永久的地位总是因为有这一点,而且也只是因为有这一点。"又说:"但是一个崇高的思想,如果在恰到好处的场合提出,就会以闪电般的光彩照彻整个问题,而在刹那之间显出雄辩家的全部威力。"② 这虽是从修辞学角度论证崇高,但也可看出崇高对诗人和散文家的重要意义。

18世纪的英国经验主义者博克,详细地研究了崇高与美的不同特点。他认为人的所有情感都可以归结为两大类,这就是自我保全和相互交往。属于自我保全的一类情感,主要是与危险和痛苦相关,它不能产生积极快感,相反,倒会引起一种明显的痛苦或恐惧的感觉。但是随着危险和痛苦的消失,也会产生一种愉悦。这种愉悦是由痛感转化而来的,这就是崇高感的起源,产生这种情感的东西就被称为崇高的东西。属于相互交往的一类情感主要与爱联系在一起,所产生的是积极的快感,这就是美感的起源,凡能产生这种积极快感的东西,就是美的。

因此,他认为崇高而伟大的对象引起我们的惊异情绪,并带有某种程度的痛苦或恐怖之感。但也不是随便哪一种痛苦或恐怖之感都能产生

---

① 《中国美学史资料选编》上,第33页。
② 文艺理论译丛编辑委员会编:《文艺理论译丛》第二期,人民文学出版社1958年版,第34页。

崇高的对象，只有当危险或痛苦与人隔着一定的距离，不能加害于人的时候才能产生。所以，他说："当危险或痛苦发生的影响过于接近时，它们不能造成任何喜悦，只会令人恐怖。但是当隔着一定距离，存在着一定的改变时，它们是能够而且事实上常常是令人喜悦的。"① 这种常常是令人喜悦的情感就是崇高感。

他认为凡是能引起人们恐怖的东西，都是构成崇高对象的因素。例如晦暗与朦胧，空虚与孤独，黑夜与沉寂等，都使人感到可怕，从而形成崇高的对象。力量也能形成崇高，如我们无法驾驭某种力量，于是便会产生危险感而形成崇高。他举一匹马为例：当它被人驯服成为驾在犁上的家畜时，不会引起崇高的感觉；当它昂首直立，猛烈狂奔，野性发作，给我们造成恐怖时，它便能引起人们崇高的印象。因此，只有人无法征服的、自由不拘的、对人无害的力量，才会使人产生崇高感。

此外，在量的方面，如庞大的体积，无止境的长度，无边无际的沙漠，浩瀚无涯的汪洋大海，一望无际的天空，往往都能令人产生无限的观念，也能给人以崇高感。崇高的对象在形式上往往是粗犷不羁的直线条，凹凸不平和偏重于阴暗的颜色。如巨石随随便便的堆积所表现出来的粗糙，往往能给人以崇高印象等等。博克用大量的生动例子，说明了崇高的对象的特点。

康德在《判断力批判》的《崇高的分析》中，认为崇高的特征是"无形式"，即对象的形式无规律、无限制或无限大。他说："它们（按指自然里的崇高现象）却更多的是在它们的大混乱或极狂野、极不规则的无秩序或荒芜里激引起崇高的观念，只要它们同时让我们见到伟大和力量。"② 这里所说的"大混乱"或"极狂野"，"无秩序"或"荒芜"之所以能激引起崇高观念，就是因为它们是"无形式"。美只能涉及对

---

① 转引自中国科学院文学研究所现代文艺理论译丛编辑部编：《现代文艺理论译丛》第六辑，人民文学出版社1964年版，第10页。
② 康德：《判断力批判》上卷，第85页。

象的形式，而形式则总是处于一定的界限中；与此相反，崇高却是对象的"无形式"，这就是说，它不受形式的限制。当它的"无形式"使人得到无限性的表现，同时却又想到它是一个完整的形体，这就是崇高的表现。

美是想象力与知性的和谐统一，产生比较安宁平静的审美愉悦。崇高则是想象力与理性互相矛盾斗争，产生比较强烈激动、震荡的审美感受。崇高感是由痛感转化而来的，它是一种仅能间接地产生的愉快。如我们欣赏崇高的对象暴风雨时，暴风雨对我们的生命有威胁，是对生命力的阻滞，但我知道我不在暴风雨中，没有任何威胁，于是生命力洋溢迸发，崇高感就产生了。因此，康德得出结论说："对于崇高的愉快不只是含着积极的快乐，更多的是惊叹或崇敬，这就可称作消极的快乐。"①

康德把崇高分为两种，一种是数学的崇高，一种是力学的崇高。数学的崇高是指对象的体积和数量无限大，超出人们的感官所能把握的限度。但是审美有一个饱和点，是感官所掌握的极限，如果对象的体积超过了这个极限，我们的想象能力就不再把它作为一个整体来把握了，但我们的理性却要求见到对象的整体。虽然想象力不能超出极限，对象不能作为一个整体来把握，理性却要求它作为一个整体来思维。因此，崇高只是理性功能弥补感性功能（想象力）不足的一种动人的愉快。所以，"真正的崇高只能在评判者的心情里寻找，而不是在自然对象里。"②

力学的崇高表现为一种力量上的无比威力，如"高耸而下垂威胁着人的断岩，天边层层堆叠的乌云里面挟着闪电与雷鸣，火山在狂暴肆虐之中，飓风带着它摧毁了的荒墟，无边无界的海洋，怒涛狂啸着，一个洪流的高瀑，诸如此类的景象，在和它们相较量里，我们对它们抵拒的能力显得太渺小了。但是假使发现我们自己却是在安全地带，那么，这

---

① 康德：《判断力批判》上卷，第84页。
② 同上书，第95页。

景象越可怕，就越对我们有吸引力。"① 这就是说，自然的力学崇高以其巨大的无比的威力作用于人的想象力，想象力无从适应而感到恐惧可怕，因而要求理性观念来战胜它和掌握它，从而发现我自己"是在安全地带"，由想象的恐惧痛感转化为对理性的尊严和勇敢的快感。"即巨大的自然对象，通过想象力唤起人的伦理道德的精神力量与之抗争，后者在心理上压倒前者、战胜前者而引起了愉快，这种愉快是对人自己的伦理道德的力量、尊严的胜利的喜悦和愉快。这就是崇高感。"② 所以，康德认为崇高的审美判断最接近伦理道德的判断。

康德认为，崇高是人对自己伦理道德的力量、尊严的胜利的喜悦，是与理性观念直接相联系。因此，必须有众多的"理性观念"和一定的文化修养，才能对崇高进行欣赏。欣赏崇高需要有更多的主观条件，因此，崇高比美更具有强烈的主观性。"所以那对于自然界里的崇高的感觉就是对于自己本身的使命的崇敬，而经由某一种暗换赋予了一自然界的对象"③。这就是说，自然对象本身没有崇高的性质，是我们通过"暗换赋予"了自然界的。这说明康德的崇高观完全是主观的。

黑格尔从客观唯心主义出发，认为崇高是绝对理念大于感性形式。他说："自在自为的东西（绝对精神）初次彻底地从感性现实事物，即经验界的个别外在事物中净化出来，而且和这种现实事物明白地划分开来，这种情况就要到崇高里去找。"④ 为什么要到崇高里去找呢？因为崇高就是理念大于形式。自在自为的东西即绝对精神或绝对理念，从感性现实、个别外在的事物"净化"出来，而与它划分开来。也就是说，这种自在自为的东西在感性的个别的事物中找不到真正能表达它的形象。所以，"崇高一般是一种表达无限的企图，而在现象领域里又找不

---

① 康德：《判断力批判》上卷，第101页。
② 李泽厚：《批判哲学的批判》，人民出版社1979年版，第372页。
③ 康德：《判断力批判》上卷，第97页。
④ 黑格尔：《美学》第二卷，第78页。

到恰好能表达无限的对象。"① 无限即自在自为的东西,现象领域即经验界个别的有限的事物。所以,在这个领域里不可能找到表现无限性的对象。按其本性说,无限性超越出通过有限事物的表达形式,也就是在有限事物中容纳不下理性的内容。"因此,用来表现的形象就被所表现的内容消灭掉了,内容的表现同时也就是对表现的否定,这就是崇高的特征。"② 所谓"被所表现的内容消灭掉了",或"就是对表现的否定",即崇高的绝对理念的内容大于或压倒了感性的表现形式,绝对理念内容与感性的现象界相对立,这就是崇高的特征,崇高的内容就是绝对的理念。黑格尔不同意康德把崇高看作理念、理性、观念之类的主观因素,但却把崇高的来源建立在绝对理念上,实质上他们之间的分歧不过是主观唯心主义与客观唯心主义的不同而已。

黑格尔认为:美是理念的感性显现,崇高则是理念大于或压倒形式。在美与崇高里都是以理念为内容,以感性的表现为形式,不过这两种因素的表现形式不同而已。在美里内在因素即理念渗透在外在的感性的现实里,成为外在现实的内在生命,使内外两方面相互配合、互相渗透,成为和谐的统一体。崇高却不然,用来表现理念的"呈现于观照的外在事物被贬低到隶属"的地位,内在意义并不能在外在事物里显现出来,而是要溢出事物之外。尽管美与崇高有所不同,但是崇高是美的一种形态这是肯定无疑的。在这里黑格尔抓住了美与崇高的内在联系。

车尔尼雪夫斯基首先批判了流行的,也就是黑格尔关于崇高的两个定义:一个是"崇高是理念压倒形式",一个是"崇高是'绝对'的显现。"他认为"理念压倒形式"这条定义并不适用于崇高,而结果只能得出"朦胧的模糊的"和"丑"的概念。丑、模糊与崇高的概念是完全不同的。"固然,如果丑的东西很可怕,它是会变成崇高的;固然,朦胧模糊也能加强可怕的或巨大的东西所产生的崇高的印象。"但丑的

---

① 黑格尔:《美学》第二卷,第79页。
② 同上书,第80页。

或模糊的东西并不总是产生崇高的效果和印象。"并不是每一种崇高的东西都具有丑或朦胧模糊的特点;丑的或模糊的东西也不一定带有崇高的性质。"这说明崇高和丑的模糊的东西没有必然的内在的联系。

"绝对"或"无限"是一个意思,在黑格尔那里"绝对"或"无限"都是观念。关于第二条定义可以说是:"崇高是'无限'的观念的显现"。但是,"无限"观念不论怎样理解它,却并不一定是或者从来就不是与崇高的观念相联系的。车尔尼雪夫斯基认为:"第一,我们觉得崇高的是事物本身,而不是这事物所唤起的任何思想;例如,卡兹别克山的本身是雄伟的,大海的本身是雄伟的,恺撒或伽图个人的本身是雄伟的"①。"第二,我们觉得崇高的东西常常决不是无限的,而是完全和无限的观念相反。"② 例如勃兰克峰或卡兹别克山是崇高的、雄伟的,但绝不是无限的或不可测量的。在自然界里,我们没有看到过任何真正称为无限的东西,"无限"的条件或许反而不利于崇高所产生的印象。

那么,到底什么是崇高呢?车尔尼雪夫斯基认为,"一件事物较之与它相比的一切事物要巨大得多,那便是崇高。""一件东西在量上大大超过我们拿来和它相比的东西,那便是崇高的东西;一种现象较之我们拿来和它相比的其他现象都强有力得多,那便是崇高的现象。""更大得多,更强得多——这就是崇高的显著特点。"③ 车尔尼雪夫斯基关于崇高的定义,强调了崇高在客观事物本身,而不是观念或"无限"所引起的。他认为崇高的东西,比其他一切事物都要巨大得多,强有力得多,这就是崇高的特点,但他却忽略了崇高与人类的社会实践的关系。

---

① 黑格尔:《美学》第二卷,第15页。
② 同上书,第16页。
③ 同上书,第18页。

第三节　崇高的表现

崇高是美的一种表现形态，是事物的一种客观性。它和美都来源于人类的社会实践，都直接或间接与社会实践有着一定的联系。崇高美不仅比优美有着特殊的威力，而且有使人更高尚的特点。它能提高和扩大人的精神境界，鼓舞人的意志和毅力。它激发了实践主体的巨大的潜在能力，使人感觉到高临在平庸和渺小之上，促使人去和卑鄙、委琐作斗争。鲁迅曾说："养肥了狮虎鹰隼，它们在天空、岩角、大漠、丛莽里是伟美的壮观，捕来放在动物园里，打死制成标本，也令人看了神旺，消去鄙吝的心。"[①] 崇高和美有着不可分割的联系，如对一种行为作审美评价时，我们既可说是美的，又可说是崇高的。对那种大公无私、全心全意为国家富强而拼搏的行为，我们不是既可以说是美的又可以说是崇高的吗？可见崇高和美有一致性，但崇高是在艰苦环境中，显示出主体实践的顽强、英勇的斗争，它是美的一种更壮丽、更雄伟、更高尚的形态。

一、现实生活中的崇高

在社会生活里，崇高则主要是体现实践主体的巨大力量，更多地展示主体要征服和掌握客体的矛盾冲突状态。社会先进力量要征服邪恶力量不是轻易实现的，需要经过反复曲折的斗争，需要付出巨大的努力，才能最后取得胜利。但也正是在这种反复艰苦的斗争中，先进的社会力量才能显示出巨大的潜力和崇高的精神品质。

反抗外族的入侵和压迫，是爱国主义的极其严重的斗争。在这种斗争中出现了许许多多的英勇献身、忠诚爱国之士。他们的事迹是可歌可泣、悲壮动人的。这是我们民族的骄傲。例如，南宋时期抗金英雄岳飞

---

① 《鲁迅全集》第 6 卷，第 482 页。

就是如此。他生在封建社会里,他的"忠"还是愚忠,忠于赵构之流的皇帝,这是他的历史局限性。但他能英勇杀敌,精忠报国,一心要把入侵的金兵驱逐出去,收复失地,还我河山。他一生呕心沥血,奔走战场,视死如归,气贯长虹,"壮怀激烈"!他的品质和形象还不是崇高的吗?为表达他的爱国主义的热情,他写了气吞山河的诗词《满江红》:

> 怒发冲冠,凭栏处,潇潇雨歇。
> 抬望眼,仰天长啸,壮怀激烈。
> 三十功名尘与土,八千里路云和月。
> 莫等闲,白了少年头,空悲切。
> 靖康耻,犹未雪;
> 臣子恨,何时灭!
> 驾长车,踏破贺兰山缺。
> 壮志饥餐胡虏肉,笑谈渴饮匈奴血。
> 待从头,收拾旧山河,朝天阙。

这首词充满了爱国主义激情,表达了英雄不愿虚度年华,强烈地要求建立功名事业,报仇雪耻,收复国土的雄心壮志,又是多么的激动人心的崇高美!

再如,南宋末年的抗元英雄文天祥。他为了阻止元兵的南下,高举义旗,奋力抵抗,虽然接连失败,但毫不灰心。被俘后,在燕京关押了三年,始终浩气长存,不肯屈膝投降。临刑时从容不迫。他留给人间的光照千古的诗句:"人生自古谁无死,留取丹心照汗青。"表现了宁死不屈的崇高精神。

社会生活中崇高的特点是:在严重的实践斗争中所显示的伟大实践力量。所谓严重的实践斗争,是指矛盾处于激化的状态,由于矛盾的激化,带来的是斗争的艰苦性,人的实践正是在这种条件下才显示出它的伟大力量。而人物形象的优美则常常是表现于矛盾处于相对静止、均衡的状态。由于崇高体现了矛盾的激化状态,因此它的表现形式具有粗犷、激荡、刚劲、有力的特点，和优美所具有的那种柔和、平静、轻快、细腻的特点形成鲜明对照。在社会生活中，崇高的事物是美的升华，是美在严重斗争中的一种特殊表现形式。崇高和优美都是人们的审美对象。但在现实生活中，崇高对于提高人们的精神境界，鼓舞人们在实践斗争中的信心和勇气，具有更为重要的意义。

　　自然的崇高，虽不在于自然对象的本身属性，但是自然对象的巨大的体积和力量以及粗犷不羁的形式等，都对形成崇高的对象起积极的作用。如汹涌的波涛，直泻而下的瀑布（图13.1），狂风暴雨，雷电交加，奔腾的长江，咆哮的黄河等；巨大体积有：无边无际的大海，黑暗朦胧的夜空，高耸入云的山峰，陡峭的悬崖等，这些大自然的惊人景象，不都具有崇高对象的自然特点么？但是崇高对象仅仅有这些自然的特点，还不足以构成崇高对象，还必须有人类的社会实践。人类为征服掌握自然界，在艰苦复杂的斗争中，实践发挥着巨大的威力。从人类历史发展上来说，在人类实践还没有征服和掌握这些自然对象时，这些自然对象作为异己的、恐怖的或崇拜的对象，而与人类相对立。只有当人类的实践发展到能够征服和掌握这些自然对象时，它们才能成为人们欣赏的崇高对象。崇高的对象虽为人们所征服，但它还是以巨大的体积和似乎

图13.1　黄果树瀑布

不可抗拒的力量与人类相抗争，因而能引起人们的惊叹和崇敬的情感。康德把人征服和掌握自然对象的力量归之于理性，这是不对的。人的理性在认识自然对象时固然有其积极的作用，但更主要的掌握和征服自然对象的实际力量却是实践。崇山峻岭，或断崖峡谷，茫茫荒漠，或雪域高原，甚至闪电与雷鸣等等，它们之所以崇高，就在于在长期的社会实践中，人类逐步了解、掌握了它们，并且逐渐改变了它们与人类的客观关系，它们才逐渐成为人类欣赏的崇高对象。

二、艺术中的崇高

崇高通过实践作为一种审美现象，在艺术作品中得到最真实、最集中的反映。例如南朝的《敕勒歌》，是描写草原风光的："敕勒川，阴山下。天似穹庐，笼盖四野。天苍苍，野茫茫，风吹草低见牛羊。"它之所以有如此巨大的力量博得人们的喜爱，就在于它反映的丰富而典型的内容，具有豪迈而粗犷的气魄和激动人心的艺术魅力。当微风吹过，绿浪起伏，看到一群群的牛羊。而那"苍苍""茫茫"、无边无际的原野，一望无垠，则正写出草原苍茫广阔的壮美。

苏轼的《念奴娇·赤壁怀古》："大江东去，浪淘尽，千古风流人物。故垒西边，人道是，三国周郎赤壁。乱石穿空，惊涛拍岸，卷起千堆雪。江山如画，一时多少豪杰！……"这首词笔力雄健、风格豪放，在古人中也是少有的。主要是反映对英雄人物的向往与怀念，用描述赤壁的雄奇景色来衬托出三国时火烧战船的壮烈场面。"乱石穿空，惊涛拍岸，卷起千堆雪"，这是多么真实，而又多么惊心动魄、壮美崇高的景象。这些描写不仅表现了自然的景色，而且能深刻地感受并理解自然的美和伟大。王国维《人间词话》里说："明月照积雪"，"大江流日夜"，"中天悬明月"，"长河落日圆"，"此种境界，可谓千古壮观。"苏轼的词《念奴娇·赤壁怀古》，也可以说它的境界，正是千古壮观。

俄国的艾伊凡佐夫斯基的油画：《九级浪》（见彩图22），把巨大的海浪铺天盖地而来的气势真实地表现了出来。在阳光照射下天空、海浪连成一片混沌,画面上帆船已经翻了,幸存的几个人聚集在已经倾倒了的桅杆上,与大浪搏斗着、呼喊着。画面中心是一个九级的巨浪,给人以粗犷、激荡,有力和惊心动魄的壮美感。再如,柯勒惠支的连续画《农民战争》,其中一幅叫《磨镰刀》(图 13.2),表现了农民战争的前夕枕戈待旦的一瞬间,整个画面表现出苦难沉重的农民已到了忍无可忍的地步,一位中年农妇用她粗壮有力的大手紧紧地抓住一把镰刀,正准备战斗,好像火山立刻就要爆发,岩浆就要喷出,农民战争将要开始了。画面黑白对比鲜明、强烈,给人粗犷有力的崇高感。正如柯勒惠支所说:"我要把人类无穷无尽,目前像一座大山压顶似的苦难倾诉出来"。这不仅把苦难倾诉出来,而且是向苦难展开有力的反抗与斗争了。中国的雕塑《农奴愤》中的农民英雄的形象,也体现了这种崇高的美。

图 13.2　柯勒惠支:《磨镰刀》

　　在艺术作品里,崇高作为一种昂扬的激情和悲愤不平,表现得愈是激烈,愈加显得崇高。例如我国两千多年前的杰出的爱国诗人屈原,他的忧国忧民思想是多么的悲愤、激昂。"长太息以掩涕兮,哀生民之多艰";"愿摇起而横奔兮,览民尤以自镇";"路漫漫其修远兮,吾将上下而求索"。当人们诵读这些诗句时,总是感到发自肺腑而感同身受。他那诗句的高昂和悯惜人民困苦的感情,犹如生命的迸发。他同情人民的胸怀是多么美,又是多么的崇高。

在旧社会中，小人物的质朴、憨厚和善良，有时也给人以崇高的印象。如鲁迅先生在《一件小事》中，记述了一个人力车夫，在北风的严寒下，拉着车飞快地跑，忽然碰倒了一位头发花白、衣服都很破烂的女人，老人是慢慢地倒下的，肯定没有碰伤，可以拉着车一走了事。可是车夫却不然，停住车，把伊扶起，问声"你怎么啦？""我摔坏了。"便搀着伊的臂膊一步一步地向巡警分驻所走去。"我这时突然感觉到一种异样的感觉，觉得他满身灰尘的后影，霎时高大了，而且愈走愈大，须仰视才见。而且他对于我，渐渐地又几乎变成一种威压，甚而至于要榨出皮袍下面藏着的'小'来"。可见小人物的质朴、憨厚和善良，在那人压迫人的旧社会里表现愈分明，愈觉得难能可贵，愈觉得变成一种威压自己的崇高。所以，鲁迅先生又说："独有这一件小事，却总是浮在我的眼前，有时反更分明，叫我惭愧，催我自新，并且增长我的勇气和希望"①。

世界上一切真正崇高的东西，都是为人民实践所掌握、所创造出来的。我们认为崇高的根源是实践，是客观的，不仅因为它是现实的现象，而且因为它和社会实践密切相联系。许多资产阶级唯心主义美学家在探索崇高的根源时，仅仅从主观上去寻找，认为崇高的根源仅是主观的精神、情感或理性；由于其内在活动产生了整个外在世界及崇高的对象，因此成了主观的。我们认为崇高是现实的客观的，绝不像唯心主义者所说的是主观的，是来自空虚的心灵的。宗教唯心主义者把"神"的伟大说成是远远超过了人。在他们看来，神是全知全能的，人不过是神的创造物，"神"要比人伟大得多。恩格斯彻底地驳斥了这一点，他说："人所固有的本质比臆想出来的各种各样的'神'的本质，要伟大得多，高尚得多，因为'神'只是人本身的相当模糊和歪曲了的反映。"②这就是说，人不是"神"的创造物，恰恰相反，"神"倒是人的创造

---

① 鲁迅：《鲁迅小说集》，人民文学出版社1952年版，第57—58页。
② 《马克思恩格斯全集》第1卷，第651页。

物,"神"的本质是人的本质相当模糊和歪曲的反映。所以,恩格斯又说:"为了认识人类本质的伟大,了解人类在历史上的发展,了解人类一往直前的进步,……为了了解这一切,我们没有必要首先求助于什么'神'的抽象概念,把一切美好的、伟大的、崇高的、真正的人的事物归在它的名下。"① 应把伟大的、崇高的、真正的人的事物归还于人。这说明崇高是现实的、客观的、是来自人的实践的。当然,并不是一切人的行为和斗争都是崇高的,只有那种为了社会的进步,为了人民的利益和祖国的解放而英勇斗争的形象,才是崇高的。这与资产阶级宗教唯心主义欺骗人民、鄙视人民的美学是根本相对立的。

　　有的美学家还千方百计地企图证明,恐惧是崇高感情的基础,这也是根本不对的。事实证明,人在感到崇高的时候,不是恐惧而是豪迈,不是害怕而是强有力。真正的崇高感情是敬佩和自豪。马克思主义美学在指出先进人物的崇高理想时,总是与伦理学之间有着密切的联系。如果说善是溶化在、沉淀在美感的愉悦之中,是潜藏着的;那么善在崇高感中则较强烈地表现出来。如绵延在群山之巅的长城以它雄伟的气势,引起我们的崇高感,但它也是我们古老民族的象征,在它引起崇高感之中,总是与民族自尊心、自豪感密不可分的(见彩图21)。再如白求恩同志的共产主义道德往往引起我们的崇高感,这是与他的精神上、思想上的强大力量分不开的。所以,崇高感总是与道德感最相接近的。有的美学家则极力否认它们之间有任何联系,从美的形态中阉割掉它的一切道德内容,剥掉它的一切社会意义和作用,以便为生活和艺术中的无道德论作辩护。我们认为,没有高度伦理学的基础,就没有也不可能有任何真正美学意义上的崇高。崇高体现了人类社会在极艰巨的斗争中发展的光辉历程,有着强大的感染和教育作用。

---

① 《马克思恩格斯全集》第1卷,第650页。

思 考 题

1. 优美与崇高的特点是什么？你对优美与崇高有什么看法？
2. 试谈康德对崇高的看法？为什么说康德的观点是唯心主义的？
3. 崇高的根源为什么说是社会实践？怎样理解自然界的崇高？

参考文献

1. 王朝闻主编：《美学概论》，人民出版社 1981 年版，有关崇高的部分。
2. 博克：《论崇高与美》。
3. 康德：《崇高的分析》（见《判断力批判》）。
4. 车尔尼雪夫斯基：《生活与美学》。
5. 李泽厚：《批判哲学的批判》，有关崇高的分析部分。

第十四章 悲　　剧

悲剧是崇高的集中形态，是一种崇高的美。悲剧的崇高特征，是通过社会上新旧力量的矛盾冲突，显示新生力量与旧势力的抗争。它经常表现为在一定的时期内，还具有强大的实际力量的旧势力对新生力量暂时的压倒，表现为带有一定历史发展必然性的失败或挫折，表现为正义的毁灭，英雄的牺牲，严重的灾难、困苦等等，在严重的实践斗争中显示出先进人物的巨大精神力量和伟大人格。悲剧中所体现的崇高，经常以其庄严的内容和粗犷的形式震撼人心，引起人们的崇敬和自豪。它是对进步社会力量的实践斗争的积极肯定。它与悲观、悲惨、消沉等完全是不同的。在这里悲剧不是作为一种戏剧的种类，而是作为一种美学的范畴，不仅表现在戏剧中，而且表现在诗歌、小说等创作中。

第一节　悲剧的本质

西方美学史上对悲剧很重视，一向被称为崇高的诗。古希腊亚里士多德所写的《诗学》主要是讨论悲剧的。他在悲剧的理论中提出：

第一,"悲剧是对于一个严肃、完整、有一定长度的行动的摹仿"①。所谓有一定长度的行动就是指情节,他认为在悲剧的成分中,"最重要的是情节,即事件的安排"②。悲剧艺术的目的,在于组织情节。"只要有布局,即情节有安排,一定更能产生悲剧效果"③。"情节乃悲剧的基础,有似悲剧的灵魂"④。他认为"情节"乃是"布局"与"安排",有了"布局"与"安排",就有了"情节"。他不懂得"情节"乃是矛盾冲突的结果,更不懂得矛盾冲突是对立面的斗争。因此,"最完美的悲剧的结构不应是简单的,而应是复杂的"⑤。所以,亚里士多德认为:"悲剧没有行动,则不成为悲剧"⑥。他认为悲剧之所以能产生惊心动魄的效果,主要靠"情节"的"突转"和"发现",并不靠性格的描写和矛盾冲突。他所谓"突转"是什么意思呢?就是按照可然律或必然律而发生。他提出"必然律"很重要,这接触到文艺及悲剧的本质。

第二,悲剧有特定的对象,特定的人物。他说:"悲剧是对于比一般人好的人的摹仿"⑦,"喜剧总是摹仿比我们今天的人坏的人,悲剧总是摹仿比我们今天的人好的人"⑧。但是悲剧并不是写一般情况下的好人,而是要写在特定条件下的好人。这样才能产生怜悯与恐惧的悲剧效果。所谓"特定条件"是指一个人遭受不应遭受的厄运,也就是好人受苦难的折磨,才会引起怜悯。而且这个遭受厄运的人是和我们相似,由于这种"相似"而引起"共鸣",才使我们感到恐惧。所以,亚里士多德说:"因为怜悯是由一个人遭受不应遭受的厄运而引

---

① 亚里士多德:《诗学》,第19页。
② 同上书,第21页。
③ 同上书,第22页。
④ 同上书,第23页。
⑤ 同上书,第37页。
⑥ 同上书,第21页。
⑦ 同上书,第50页。
⑧ 同上书,第9页。

起的,恐惧是由这个这样遭受厄运的人与我们相似而引起的"①。此外还有一种遭受厄运的人,他本身既不十分善良,又不是为非作恶,而是由于犯了错误,也是悲剧所反映的对象。

第三,悲剧所引起的对人的恐惧与怜悯之情,在积极方面能起"陶冶"作用。他说:"摹仿方式是借人物的动作来表达,而不采用叙述法,借以引起怜悯与恐惧来使这种情感得到陶冶"②。所谓"陶冶"要从道德上来理解,在潜移默化的同时,悲剧还能引起一种理性力量。在道德上震撼人心的同时给人以审美享受,提高人的思想境界。亚里士多德的悲剧理论在西方美学史上最早奠定了悲剧的基础。

在亚里士多德以后,在悲剧理论方面最值得注意的便是黑格尔。他从矛盾冲突出发来研究悲剧,认为悲剧不是个人的偶然的原因造成的,悲剧的根源和基础是两种实体性伦理力量的冲突。冲突双方所代表的伦理力量都是合理的,但同时都有道德上的片面性。每一方又都坚持自己的片面性而损害对方的合理性。这样两种善的斗争就必然引起悲剧的冲突。黑格尔认为说明他的理论的最好例子,是古希腊悲剧《安提戈尼》。

《安提戈尼》是古希腊三大悲剧家之一索福克勒斯的作品。悲剧的大意是忒拜城的俄狄浦斯王由于杀父娶母自行流放,他的两个儿子厄忒特俄克勒斯和波吕涅克斯为了争夺王位,互相残杀,一同死去。于是王位落在他们的舅父克瑞翁手中。由于波吕克勒斯曾勾结外敌攻打祖国,克瑞翁便命令将波吕涅克斯的尸体丢弃在田野里,让飞禽走兽吞食,并宣布有谁敢违犯这项法令就将谁处以死刑。波吕涅克斯的妹妹安提戈尼出于对哥哥的爱和宗教的律条,不顾法令埋葬了波吕涅克斯(图14.1)。因此,国王把她囚禁起来处死。安提戈尼的未婚夫

---

① 亚里士多德:《诗学》,第38页。
② 同上书,第19页。

海蒙是克瑞翁的儿子，听到安提戈尼的不幸消息而自杀，海蒙的母亲听到海蒙自杀的消息亦自杀而死。

从表面看来，在《安提戈尼》这一悲剧中，一方面代表国法，一方面代表亲族之爱的家法和宗教，双方都是善的合理的，但是由于互相损害，又都有不合

图14.1 安提戈尼

理的因素，都有片面性。这两种伦理观念斗争的结果，必然引起悲剧的结局。这是符合黑格尔的悲剧观的，但它却并不符合剧作者的本意，实际上剧本的倾向性是明显的。我们可以看出剧作者的同情是在安提戈尼一边的，而对克瑞翁所代表的国法进行了淋漓尽致的揭露。从这里我们也可以看出黑格尔的悲剧观带有德国庸人主义的调和气息。

黑格尔的悲剧理论虽有庸人主义的调和气息，但值得注意：第一，承认悲剧矛盾冲突的必然性。在黑格尔看来，悲剧是两种合理观念斗争的必然结果，肯定了悲剧矛盾的必然性。但悲剧的根源不是现实生活中各种物质力量或阶级力量的矛盾冲突，而是两种伦理观念的冲突。第二，在黑格尔的悲剧矛盾冲突中，抹杀了正义和非正义的区别，在理论上混淆了现实中美丑、善恶的斗争，因而看不到悲剧冲突本身是反映着新旧两种势力的斗争。第三，黑格尔的悲剧观还具有一定的乐观主义因素，他强调悲剧通过双方的冲突，扬弃了各自的片面性，悲剧所毁灭的是双方的片面性，肯定了双方的合理性。例如在《安提戈尼》中两种伦理力量相互冲突，在冲突中两者的片面性被扬

弃，国法和家法本身都得到了肯定，这就是所谓"永恒正义"得到了胜利。

车尔尼雪夫斯基首先批判了黑格尔的悲剧观，认为他不从生活出发，而从理念出发规定悲剧的本质，这实际上是宿命论的观点，企图将悲剧的概念和命运的概念联结在一起。假如悲剧总是命运干预的结果，那么"我不预防任何不幸，我倒可以安全，而且几乎总是安全的；但是假如我要预防，我就一定死亡，而且正是死在我以为可以保险的东西上。"① 因此，"这种对人生的见解与我们的观念相符合处是如此之少，它只能当作一种什么怪诞的想法使我们感兴趣"②。车尔尼雪夫斯基认为命运的概念是和科学概念相矛盾的，不可调和的。其次，车尔尼雪夫斯基认为，悲剧是人生中可怕的事情，与艰苦斗争有联系，但又不能等同。例如"航海者同海作斗争，同惊涛骇浪和暗礁作斗争；他的生活是艰苦的，可是难道这种生活必然是悲剧的吗？有一只船遇着风暴给暗礁撞坏了，可是确有几百只船安全地抵达港口。就假定斗争总是必要吧，但斗争并不一定都是不幸的。结局圆满的斗争，不论它经过了怎样的艰难，并不都是痛苦，而是愉快，不是悲剧的，而只是戏剧性的。"③

再次，车尔尼雪夫斯基还批判了黑格尔认为悲剧中死者都有罪过的思想。他说："每个死者都有罪过这个思想，是一个残酷而不近情理的思想。"④ 因为在沙皇统治下的俄国人民遭受迫害和镇压，都是些无辜受难含恨而死的人，他们的死亡并不是自己的罪过，而是沙皇制度造成的。这种观点显示了车尔尼雪夫斯基的革命民主主义精神。车尔尼雪夫斯基又说："当然，如果我们一定要认为每个人死亡都是由于犯了什么

---

① 《车尔尼雪夫斯基选集》上卷，生活·读书·新知三联书店1958年版，第24页。
② 同上。
③ 同上书，第27页。
④ 同上书，第29页。

罪过，那么，我们可以责备他们：苔绿德梦娜的罪过是太天真，以致预料不到有人中伤她；罗米欧和朱丽叶也有罪过，因为他们彼此相爱。"① 这对黑格尔的悲剧理论是一个切中要害的批判。

最后，车尔尼雪夫斯基反对黑格尔悲剧矛盾冲突的必然性的思想。他说："伟大人物的命运是悲剧的吗？有时候是，有时候不是，正和渺小人物的命运一样；这里并没有任何的必然性。"② 又说："悲剧并不一定在我们心中唤起必然性的观念，必然性的观念决不是悲剧使人感动的基础，也不是悲剧的本质。""在生活里面，结局常常是完全偶然的，而一个也许是完全偶然的悲剧的命运，仍不失其为悲剧。"③ 在这里车尔尼雪夫斯基强调悲剧没有任何必然性，纯粹是偶然的原因造成的，完全抛弃了黑格尔悲剧理论中的合理内核，把脏水和小孩一起倒掉了。

那么悲剧的本质是什么呢？车尔尼雪夫斯基给悲剧下的定义是："悲剧是人生中可怕的事物。"他说："悲剧是人的苦难和死亡，这苦难或死亡即使不显出任何无限强大与不可战胜的力量，也已经完全足够使我们充满恐怖和同情。无论人的苦难和死亡的原因是偶然还是必然，苦难和死亡反正都是可怕的"④。但是我们认为在生活中并不是任何苦难与死亡都是悲剧，正如生活中并不是任何可笑的事情都是喜剧一样。在森林中被猛兽咬死，在路上被车辆撞死，虽然都是很悲惨的死亡，却不一定是悲剧性的。车尔尼雪夫斯基的悲剧理论，虽然强调了悲剧来源于现实生活，但却否认悲剧矛盾的必然性，这恰好暴露了他的旧唯物主义的缺陷。

关于悲剧的本质，马克思、恩格斯从辩证唯物主义和历史唯物主义

---

① 《车尔尼雪夫斯基选集》上卷，第28页。
② 同上书，第34页。
③ 同上。
④ 同上书，第30—31页。

出发，科学地研究了人类社会发展的规律，在这个基础上对悲剧的本质作了深刻的说明。恩格斯在评论拉萨尔的剧本《济金根》时曾说：悲剧是"历史的必然要求和这个要求的实际上不可能实现之间的悲剧性的冲突"①。这说明悲剧本质在于客观现实中的矛盾冲突。这种冲突有其客观的历史必然性。

所谓"历史的必然要求"，是指那些体现历史发展的客观规律的人的合理要求、理想以及在实践中所体现的人的优秀品质等等，代表了社会发展的方向和本质。"这个要求实际上不可能实现"，是指在一定的历史条件下，上述人的合理要求、理想等未能实现。这两方面的矛盾冲突是悲剧的本质所在。例如新生力量在一定历史阶段上还处在相对弱小的地位，本身还有弱点及片面性，在现实中被强大的旧势力所压倒或毁灭，从历史发展总趋势来看，由于新事物体现了历史的必然，因此它虽然遭受暂时失败，经过艰难曲折的斗争，总是要实现的。但新生事物所遭受的暂时失败或毁灭，就一定形成悲剧。

马克思也曾经说："黑格尔在某个地方说过，一切伟大的世界历史事变和人物，可以说都出现两次，他忘记补充一点：第一次是作为悲剧出现，第二次是作为笑剧出现。"② 这也是运用历史的观点分析了悲剧的根源。从历史上几次重大的社会变革来看，每当一种新的社会制度取代一种旧的社会制度的时候，必然出现两种社会力量的斗争（在阶级社会中是阶级力量的斗争），旧的社会力量不会自动退出历史舞台，由于他们还掌握着庞大的国家机器，必然要运用一切凶残的镇压手段来维护其既得利益。新的社会力量虽然有着强大的生命力，但是面对强大的传统的力量，却显得弱小，因此在斗争中必然会有牺牲和失败，在实践中逐渐壮大自己。这种力量对比是历史形成的。这是形成悲剧的客观现实基础。马克思所说的"第一次是作为悲剧出现"就是指历史上新生事物

---

① 《马克思恩格斯选集》第 4 卷，第 560 页。
② 《马克思恩格斯选集》第 1 卷，第 584 页。

在成长过程中所必然出现的失败和牺牲，无产阶级的革命是如此，资产阶级的革命也是如此。

鲁迅先生也曾说："悲剧将人生的有价值的东西毁灭给人看"①。这里所说的人生有价值的东西，是指那些合乎历史必然性的人类进步要求和美好品质。这里所说的"毁灭"是指这些有价值的东西，在特定历史条件下所遭受到的挫折、失败和牺牲。在毁灭中表现出正面人物巨大的精神力量。老舍曾说："悲剧是描写在生死关头的矛盾和冲突，它关心人的命运。它郑重严肃，要求自己具有惊心动魄的感动力量"②。

恩格斯和鲁迅对悲剧本质特征所作的概括精神是一致的，但分析的角度略有不同。恩格斯所说的"历史必然的要求和这个要求的实际上不可能实现"，是侧重从历史发展中的矛盾冲突来揭示悲剧的本质，强调的是悲剧产生的历史条件。鲁迅所讲的"悲剧将人生的有价值的东西毁灭给人看"，是侧重于说明悲剧所反映的特定对象，即被毁灭的是有价值的东西，并从事件的结局上暗示出悲剧的效果，即有价值的东西遭到毁灭而引起的人们特定感情反映。所以鲁迅的话，可以作为理解恩格斯对悲剧本质所作的概括的补充。

第二节　悲剧的几种类型

悲剧的本质在于悲剧的矛盾冲突，由于矛盾性质不同，悲剧艺术可分为几种不同的类型：

一、体现历史上英雄人物的牺牲

这是属于革命的悲剧，在悲剧的对象中占有重要的地位。如鲁本斯

---

① 《鲁迅全集》第 1 卷，第 297 页。
② 老舍：《论悲剧》。

的油画《被缚的普罗米修斯》(图14.2),他违犯宙斯的意志偷火给人间,让人类有科学文化知识,并得到发展。他虽因此被宙斯钉在高加索山上,戴着镣铐,忍受着巨大的痛苦,却坚信正义必然战胜邪恶。他宁愿受苦一万年,也绝不向宙斯投降屈服。像这样为了人类的事业、为了美好的理想,甘愿遭受苦难和牺牲,这是历史上最早出现的英雄人物的悲剧。再如巴黎公社的失败,许多公社社员悲壮牺牲,也充分体现了这种类型的悲剧人物的特点。孙滋溪的油画作品《母亲》,也深刻体现了革命英雄悲剧的特点。这件作品是画家根据民主

图14.2 被缚的普罗米修斯

革命时期赵云霄烈士的真实事迹而创作的。画家真实而深刻地塑造了烈士在就义前的英雄形象。这幅画把革命者为真理而献身的精神和母爱之情结合起来,英雄形象既是一位坚贞的革命者,又是一位慈爱的母亲。在这为革命献身的时刻更加显示出一种视死如归的英勇精神。

这种类型的悲剧人物具有的特点是:(1)自觉地捍卫真理,为实现自己伟大理想而斗争;如夏明翰烈士的"就义诗":"砍头不要紧,只要主义真。杀了夏明翰,还有后来人。"这说明无产阶级的英雄人物,由于坚定的理想,才能临危不惧。他们的进步理想,有如黑夜中的火炬。(2)牺牲的英雄与人民的命运有着深刻的联系;如:周文雍的"绝笔诗":"头可断,肢可裂,革命精神不可灭。志士头颅为党落,好汉身

躯为群裂。"这首诗体现了烈士为了人民的利益不惜粉身碎骨的崇高精神。(3)在巨大的苦难中显示出他们的崇高品质,他们的牺牲成为新世界代替旧世界的信号。这种悲剧的特点不是悲惨,而是悲壮;不是怜悯,而是自豪;不是恐惧,而是无畏。

二、在私有制条件下善良的普通人民的不幸和苦难

在这种情况下,历史的必然要求表现为人民对生活劳动的正当要求,但是在私有制条件下,这些要求却得不到实现。例如祥林嫂就是封建制度下千百万农村劳动妇女的典型。祥林嫂具有勤劳而善良的美好品质,她并不属于悲剧中的英雄,自觉地为改变旧制度而斗争,但是她希望有正常生活、劳动的权利,但在旧社会政权、神权、族权、夫权的统治下却不能实现。她的不幸、苦难、死亡,是和旧制度的摧残分不开的。在旧社会中像这样的悲剧性的人物是大量存在的。在生活中看来很平常,但经艺术家发掘出来,创造成为艺术形象却能强烈感人(图14.3)。这种悲剧不是低沉,而是深沉,是蕴藏的愤怒,是"于无声处闻惊雷"。鲁迅把这种悲剧称为"几乎无事的悲剧",像"无声的语言一样"。鲁迅又说:"然而人们灭亡于英雄的特别的悲剧者少,消磨于极平常的,或者简直近于没有事情的悲剧者却多。"①

图14.3 祥林嫂

---

① 《鲁迅全集》第6卷,第293页。

关汉卿所写的《窦娥冤》表现的也是普通人民的苦难和不幸，这些不幸和苦难是和当时所处黑暗动乱年代分不开的。当时蒙古奴隶主贵族统治着中国，人民不仅受残酷剥削，甚至丧失了起码的做人权利。窦娥三岁亡母，七岁离父，给人做童养媳，十七岁成亲，又死去丈夫。后来又被坏人张驴儿诬告，赃官枉断，逼她承认毒害人命。窦娥在公堂上受尽了苦刑。"捱千般拷打，鲜血淋漓，一杖下，一道血，一层皮。"赃官见窦娥不招，便毒打她的婆婆。窦娥不忍婆婆受苦，被逼屈招，被押赴刑场典刑。赴刑场时窦娥悲愤地唱出了："我将天地合埋怨……为善的受贫命更短，造恶的享富贵又寿延……地也，你不分好歹何为地；天也，你错勘贤愚枉做天！"

《窦娥冤》的例子体现了在特定历史条件下善与恶的斗争。窦娥不是孤立的个人，而是体现了在异族入侵和封建统治下，善良的普通人民的悲惨命运和坚强不屈的斗争形象。结局是善良的普通人民的死亡，在毁灭中显示出有价值的东西。

三、旧事物、旧制度的悲剧

这主要是由于在一定历史阶段上，曾经是先进的、合理的社会力量，社会制度开始转化为旧的力量，而与社会历史进程相矛盾，但是，它又还没有完全丧失自己存在的合理性，因而，它的代表人物的失败或毁灭，也有一定的悲剧性。它之所以还有一定的悲剧性，在于代表毁灭的悲剧人物为争取自己的合理性而斗争。例如《林家铺子》的林老板就是这样的悲剧人物。此外，旧事物的悲剧也可能产生在旧世界内部的矛盾冲突中。当不处于统治地位的旧力量起来反对统治阶级，反对占统治地位的现存制度，如拉萨尔的悲剧《济金根》就是如此。济金根虽然作为封建旧制度内部的一个骑士是垂死阶级的一个代表，但在当时封建旧制度内部他不是统治者。在当时德国的三大营垒中，他不是属于第一营垒的保守的天主教派，即希望维持现状的分子，而是属于第二营垒的路德宗教改良派。他的暴动是为了反对皇帝和大诸侯以及高级僧侣，要求德国国民的统一。虽然他的目的不是推翻封建统治阶级，只是改变一下由诸侯皇帝为骑士皇帝，这显然企图是把历史拉向后退。但他的暴动能削弱封建的统治，打乱他们的计划，在客观上有利于农民的反封建的起义和斗争。他在反对大诸侯中战败身亡了，还没有发展到背叛人民，投降大诸侯的地步。所以他的暴动还有一定的进步作用。正是在这个意义上，马克思和恩格斯才肯定《济金根》有一定的悲剧意义。这就是在统治阶级内部不占统治地位的旧力量反对占统治地位力量的旧事物的悲剧。

由此可见，对旧事物的悲剧，也是要从社会历史发展规律出发，对革命力量与反动力量的基本矛盾，运用阶级观点和阶级分析的方法进行观察，才能深刻揭示出旧事物的悲剧本质。

西方美学史将悲剧艺术分为"命运悲剧""性格悲剧"和"社会悲剧"，它们从不同角度反映了社会的发展阶段和各个社会历史的现实生活的悲剧冲突。古希腊时代所谓"命运悲剧"，反映了"超人"的社会力量与自然力量和人的矛盾冲突，社会历史必然性与自然威力作为一种不可理解和不可抗拒的命运和人相对立，结果导致悲剧的结局。这正是古代奴隶社会的科学不发达，对社会力量与自然力量还不理解，因而把社会力量与自然力量转化成"命运"与人对立。在古希腊悲剧中，虽然反映出人抗拒自然和社会恶势力的英勇斗争，但不论是人，还是神都逃不脱命运的摆布。希腊悲剧《俄狄浦斯》是一部"命运悲剧"代表作，作为该剧主人公的俄狄浦斯，为了逃避神谕杀父娶母的命运而四处流浪，但结果却反而实现了这一命运。他对无意犯下的杀父娶母罪行感到震惊，最后他放弃了王位，弄瞎了自己的双眼，离开忒拜城出走了。它的悲剧冲突是：一方面是神意对命运的安排，另一方面是俄狄浦斯为逃避命运的安排所作的毫无结果的努力。从表面上看俄狄浦斯顺从了命运的安排，实际上他的行动都是对命运的抗争。

在长期封建社会中，封建的宗教伦理制度、宗教迷信等统治着压制着争取民主、自由、解放的新生力量。这种斗争产生了所谓"性格悲剧",出现了许多惊心动魄的深刻的斗争。《哈姆雷特》《罗密欧与朱丽叶》等就是如此。哈姆雷特为父报仇,可是他的性格犹疑、软弱,他内心虽然有深仇大恨,有火一样的热情,但又任人摆布,失去报仇机会,终于酿成大错,造成了悲剧。这种性格鲜明的悲剧反映了封建社会内部滋长的民主主义思想和人文主义思想的萌芽。这些人物虽然代表历史必然的进步要求,但是却在封建势力和周围环境的强大压力下遭到灭亡,他们的悲剧是对旧制度的尖锐揭露与愤怒控诉。

到了资本主义社会,人与人之间的关系变成了冷酷无情的金钱关系,个人与社会的矛盾尖锐化,产生了所谓"社会悲剧"。如小仲马的《茶花女》,巴尔扎克的《高老头》,易卜生的《玩偶之家》,俄国奥斯特洛夫斯基的《大雷雨》等悲剧。茶花女虽然出身低下,但她的品格心灵却是高尚的,为了纯洁真挚的爱情宁愿牺牲自己,忍受巨大的痛苦,但却仍不见容于社会。《高老头》充分表现了人与人之间的关系已变为冷酷的金钱关系,高老头的女儿们采用各种手法拿走了他的金钱,而置高老头的死活于不顾。《玩偶之家》中的女主人翁娜拉,是名副其实的家庭中的一只玩偶,她处处听从丈夫,依顺丈夫,为了挽救丈夫的生命,她借了钱反而得不到丈夫的宽恕,最后娜拉不得不离开了她的家庭,以抗议家庭对她的束缚。这些悲剧中人物,大都以普通人民身份表现了人与家庭、与社会的矛盾冲突。

有的资产阶级美学家,在美学理论和艺术实践上,不断宣扬反动的唯心主义的悲剧观,散布悲观主义,涣散人民群众改造社会的革命斗志,从而歪曲悲剧概念的积极内容,以抽象的人的生死问题为掩护,引导人们走向悲观失望,放弃斗争。

第三节　悲剧的效果

艺术中的悲剧是现实中悲剧的能动反映。由于在悲剧艺术中反映了先进社会力量在严重实践斗争中的苦难或死亡，美暂时被丑压倒，因而悲剧给人一种特殊的审美感情，即在审美愉悦中产生一种痛苦之感，并使心灵受到巨大的震撼。这就是悲剧中的崇高感。这和欣赏一幅优美的风景画所产生的愉悦是迥然不同的。人民在欣赏悲剧时止不住流泪，因为在悲剧中美受到摧残，同时由于美在受到摧残时显示其光辉品质，又使人在道德感情上受到"陶冶"。在审美感的各种形态中，悲剧所引起的美感最接近道德的判断和实践意志。在悲剧的美感中显示着认识与情感相统一的理性力量，伦理态度非常突出。悲剧能够使人受到多方面的教育。

1. 认识生活道路上充满了矛盾、曲折、艰苦的斗争，为了实现伟大的理想，经常需要付出代价，有时甚至需要付出生命的代价。

2. 学习英雄人物在严重的实践斗争中所表现出来的崇高品质和巨大的精神力量。

英雄人物的崇高品质有如燧石在受猛烈敲打中飞溅出的灿烂的火花，敲击愈是厉害，火花就愈是灿烂。又如疾风中的劲草，风愈是刮得猛烈，劲草就愈是显示出坚韧不拔的力量。

3. 激起对丑恶事物的憎恨。

悲剧不但在毁灭的形式中肯定有价值的东西，同时也是对丑恶事物的揭露。这种揭露和喜剧中对丑恶事物的揭露有不同的特点。喜剧中是撕掉美的外衣揭露丑，引起人们的笑声；悲剧则是通过美好事物的毁灭去揭露丑恶。在悲剧中丑恶的事物是作为美好事物的敌对力量。

悲剧从两个方面揭示矛盾冲突：一方面正面的事物在毁灭中显示其价值，在暂时失败中预示着未来的胜利；另一方面反面事物在其暂时胜利中暴露了它的虚弱和必然灭亡。如果说真正的喜剧接近悲剧，那么真正的悲剧则同时预言着旧事物最后喜剧的到来。

思 考 题

1. 什么是悲剧？悲剧的本质何在？
2. 社会主义时期有没有悲剧？它和旧社会的悲剧有何异同？
3. 悲剧的客观效果是什么？怎样理解悲剧对人生的积极意义？

参考文献

1. 《马克思致斐迪南·拉萨尔》（见《马克思恩格斯全集》第 29 卷）。
2. 《恩格斯致斐迪南·拉萨尔》（见《马克思恩格斯全集》第 29 卷）。
3. 亚里士多德：《诗学》。
4. 车尔尼雪夫斯基：《生活与美学》。
5. 鲁迅：《论雷峰塔的倒掉》《几乎无事的悲剧》。
6. 朱光潜：《悲剧心理学》，安徽教育出版社 2006 年版。
7. 王世德：《论近两年悲剧讨论中的若干问题》，《文学评论》1980 年第 6 期。
8. 程孟辉：《西方悲剧学说史》，商务印书馆 2009 年版。

第十五章 喜 剧

第一节 喜剧的本质

关于喜剧的本质在美学史上曾进行过各种探讨。唯心主义的美学家否定喜剧的客观现实基础。他们或者从主体的感受出发，或者从绝对精神出发说明喜剧的本质。如康德曾从主体的感受出发研究喜剧的效果——笑。他认为"笑是一种从紧张的期待突然转化为虚无的感情。"① 他举例说有一个印第安人去参加宴会，在筵席上看见一个坛子打开时，啤酒化为泡沫喷出，大声惊呼不已。别人问他为什么惊呼，他指着酒坛说：我并不惊讶那些泡沫是怎样出来的，而是它们怎样搞进去的。康德认为，人们听了这件事会大笑。而笑的原因并不是认为我比这个无知的人更聪明些，而是由于紧张的期望突然消失于虚无。康德的这种看法，虽然指出了喜剧的心理特征，但并没有揭示喜剧的本质，因为期待突然转化为虚无，不仅可以产生喜剧中的笑声，同样可以产生悲剧中的沉痛。黑格尔是从绝对精神的发展去研究喜剧，他认为喜剧是"形象压倒观念"，表现了理念内容的空虚。这种观点虽然从属于他的唯心论的体系，但是里面包含了辩证法的合理因素。他认为喜剧是对那些"虚伪

---

① 康德：《判断力批判》上卷，第180页。

的，自相矛盾的现象归于自毁灭，例如……把一条像是可靠而实在不可靠的原则，或一句貌似精确而实空洞的格言显现为空洞无聊，那才是喜剧的。"①

唯物主义的美学家首先肯定喜剧的客观基础，认为喜剧反映特定的生活对象。如亚里士多德从模拟说出发，提出"喜剧是对于比较坏的人的摹仿"，并指出喜剧与生活中丑的联系，"滑稽的事物是某种错误或丑陋，不致引起痛苦或伤害，现成的例子如滑稽面具。它又丑又怪，但不使人感到痛苦。"②

车尔尼雪夫斯基从唯物主义出发提出了关于喜剧本质的一些卓越的见解。他认为"滑稽的真正领域，是在人、在人类社会、在人类生活"③。自然风景可能是十分不美的，却绝不会是可笑的。并明确指出"丑乃是滑稽底根源和本质"④。但不是在一切情况下现实中的丑都能成为滑稽可笑，而是"只有当丑力求自炫为美的时候，那个时候丑才变成了滑稽"⑤。也就是当丑带有荒唐和自相矛盾性质的时候，才会使人感到滑稽可笑。但是由于车尔尼雪夫斯基是从人本主义的立场去研究喜剧，而不是从历史的辩证发展上去理解生活，因此他仍不能科学地说明喜剧的本质，正如他不能科学地说明美的本质一样。

马克思主义美学的喜剧观是建立在对社会发展规律的科学理解的基础上。马克思曾说："历史是认真的，经过许多阶段才把陈旧的形态送进坟墓。世界历史形态的最后一个阶段是它的喜剧。"⑥ 又说："黑格尔在某个地方说过，一切伟大的世界历史事变和人物，可以说都出现两次，他忘记补充一点：第一次是作为悲剧出现，第二次是作为笑剧出

---

① 黑格尔：《美学》第一卷，第84页。
② 亚里士多德：《诗学》，第16页。
③ 车尔尼雪夫斯基：《美学论文选》，第112页。
④ 同上书，第111页。
⑤ 同上。
⑥ 《马克思恩格斯选集》第1卷，第5页。

现。"① 我们体会马克思在这里所说的笑剧，主要指的是社会生活中的否定方面，即讽刺性喜剧。因为陈旧的生活方式走进坟墓时，往往具有这样的特征，即"用一个异己本质的外观来掩盖自己的本质"②，这正是陈旧生活方式的一种自我讽刺。这些深刻的论述，闪耀着历史唯物主义的光辉，具有鲜明的科学性和战斗性。它包含了以下主要内容：

一、历史上陈旧生活方式的灭亡是产生讽刺性喜剧的客观基础

从唯物辩证法的观点看来一切事物有其产生，便有其灭亡。在人类社会的发展过程中一切生活方式都有其产生、发展、消灭的过程。历史上那些重大的喜剧性的事件和人物都是和陈旧的生活方式相联系的。马克思结合当时德国的现实生活来说明喜剧的本质。在 19 世纪 40 年代德国的政治制度是极其腐败的封建君主制度。马克思愤怒地指出："向德国制度开火！一定要开火！这种制度虽然低于历史水平，低于任何批判，但依然是批判的对象"③，这就是说，当时德国的旧制度连同对它的批判本身，在欧洲各国历史的发展中都早已过时，已经是"现代各国历史储藏室中布满灰尘的史实"。正是在这种条件下，马克思提出"把陈旧的生活形式送进坟墓，世界历史的最后一个阶段就是喜剧"。这一思想也强烈地反映在恩格斯于 19 世纪 40 年代写的一些文章中，如 1848 年写的《战争的喜剧》，1849 年写的《皇冠的喜剧》，都是讽刺德国封建统治的。

二、体现这种陈旧生活方式的统治阶级的代表人物都是历史上的丑角

马克思指出德国的封建阶级"不过是真正主角已经死去的那种世界

---

① 《马克思恩格斯选集》第 1 卷，第 584 页。
② 同上书，第 5 页。
③ 同上书，第 4 页。

制度的丑角。"① 这里提出两个问题：第一个问题是反动腐朽的统治阶级代表人物为什么会成为生活喜剧中的丑角，在政治领域中两种社会力量的斗争，如何在审美领域表现为美与丑的斗争。我们不能把审美领域中美丑的斗争简单地等同于两种社会力量的斗争，前者不过是后者表现的一个侧面，但是二者之间有着密切的联系。人物在政治上的反动腐朽决定了他在性格、形象上的丑。人物形象包括了人的动作、表情、仪容、风貌等等，它是人物内在性格和外部特征的统一，是"诚于中而形于外"的东西。政治上反动腐朽的人物必然在性格上留下深刻的烙印，如伪善、残暴、贪婪等等，这些性格特征体现在形象上就是丑。大量的历史事实都可以说明这一点。从法国巴黎公社时期的梯也尔、第二次世界大战中的希特勒，直到中国的蒋介石、林彪、"四人帮"，这些人物在历史上都是扮演喜剧中的丑角而告终的。他们的丑恶形象在各种形式的喜剧艺术中有深刻的反映。历史上剥削阶级的代表人物并不是在任何情况下都以丑角出现。当剥削阶级作为一种新的生产关系的代表，处于上升时期的情况下，他们的形象是开朗而富有生气的。马克思曾说："资产阶级革命……人和事物好像是被五彩缤纷的火光所照耀，每天都充满极乐狂欢"②。当资产阶级处于腐朽没落时期，他们的性格、形象必然趋于阴暗、颓废，成为丑的形象。第二个问题是，现实生活中的丑角并不是在一切情况下都能成为喜剧对象。生活中丑恶的东西常常使人感到可憎，然而并不一定使人感到可笑。历史上的统治阶级当其成为某种陈腐生活方式的代表，在生活中已经充分暴露其腐朽性，而又极力掩盖其腐朽性的时候，才会成为可笑的丑角。马克思在揭露德国腐朽的封建制度的喜剧特征时说：这是"用另外一个本质的假象把自己的本质掩盖起来，并求助于伪善的诡辩……"这一点对于揭示生活中喜剧的本质有着非常重要的意义。在社会生活中由于内容与形式的矛盾，而产生种种乖

---

① 《马克思恩格斯选集》第 1 卷，第 5 页。
② 同上书，第 588 页。

讹、倒错、自相矛盾，这才使事物变得荒唐可笑。"四人帮"在垮台前的种种表演不正是一出生动的历史喜剧吗？他们千方百计把自己的本质隐藏在假象之中。反动变成了革命，小丑扮装成英雄；表面上"语录不离手，万岁不离口"，骨子里却包藏反党篡权的阴谋；扼杀革命文化的罪人，却自称为"文艺革命的旗手"……历史证明一切反动没落阶级的代表人物灵魂愈是腐朽肮脏，就愈是想把圣光罩到头上，而结果总是"欲盖弥彰"，更加暴露他是一个可笑的历史小丑。

三、生活中的矛盾冲突是产生喜剧的根源

马克思在分析喜剧形成的原因时指出："这是为了人类能够愉快地和自己的过去诀别。"这是从两种社会力量在斗争中的关系来说明喜剧的根源。喜剧性体现了生活中美丑斗争的一种特殊状态，在崇高和悲剧中，丑展现为一种严重的敌对力量，对美进行摧残和压迫；喜剧正相反，美以压倒优势撕毁着丑，对丑的渺小本质进行揭露和嘲笑。被嘲笑的对象从来不认为自己是可笑的，正如他永远不会承认自己是反动和愚蠢的一样，喜剧中的笑声是来自先进社会力量的胜利。在喜剧艺术中，美的事物虽然有时并不直接出现，而是隐藏在丑的背后，但我们可以在观众的笑声中发现它。果戈理在谈到《钦差大臣》时写道："没有人在我的戏剧人物中找出可敬的人物。可是有一个可敬的、高贵的人，是在戏中从头到尾都出现的。这个可敬的、高贵的人就是'笑'……它是从人的光明品格中跳出来的。"① 这里所说的"光明品格"就是指先进社会力量。生活中的两种社会力量的斗争尽管是迂回曲折的，但最后必然是新世界战胜旧世界，新世界的每一重大胜利必然伴随着对旧世界的嘲笑。在斗争的过程中腐朽的势力，也可能取得某些暂时的胜利，而发出自鸣得意的笑声，但是随着腐朽势力的灭亡，这笑声也成为对他们自己的嘲笑。正如一句名言所说："谁最后笑的，谁笑得最好。"当先进社会

---

① 段宝林编：《西方古典作家谈文艺创作》，第412页。

力量发出笑声的时候表明他们早已在实践上、理性上处于优胜地位。"一般地说，一个人胜利的时候才会笑。"① 在嘲笑腐朽的事物时已经表明作者在精神上早已战胜了自己的对象，把他们看成蠢材。在喜剧中对腐朽事物的否定和对先进事物的肯定是统一的。先进社会力量向过去告别，就意味着旧事物被否定和新事物在斗争中的成长和发展，因此这种诀别对于先进社会力量来说是愉快的。离开了生活中的矛盾冲突便无法说明喜剧的本质。

上述马克思关于喜剧的论述主要是结合当时德国政治斗争的情况而提出的，虽然它不是直接对喜剧的本质下定义，但它对于我们研究喜剧理论（如喜剧的本质、特征、形成的条件等）有着普遍的指导意义，这一点是必须肯定的。同时，我们又不能机械照搬某些具体结论，因为随着现实生活的发展，喜剧的内容和形式也在发展，我们需要结合历史实际做进一步的研究。在现实生活中，喜剧的内容是多种多样的。笑声也是多样的：有讽刺的笑，幽默的笑，还有赞美的笑。人类愉快地同自己的过去诀别，并不只限于把反动没落阶级送进坟墓这一种情况，同时还包括在人民内部自身所受的旧的影响，当然后者和前者在性质上是不同的。此外，喜剧的内容还可以包括对新的事物和正面人物的歌颂。人类既可以愉快地向自己的过去诀别，也可以愉快地去迎接自己的未来。在现实生活中，以上这几种情况往往是交织在一起的。不论是哪一种情况，在特定条件下（如由于本质与现象、内容与形式的矛盾而产生的倒错、乖讹、悖理、异常等）都可以成为喜剧的内容。

生活中的喜剧性现象常常和笑是联系在一起的，但并不是生活中任何可笑的现象都具有喜剧性。只有当可笑的现象体现了一定社会意义，体现了先进美好的事物与落后丑恶事物的冲突，在倒错、自相矛盾、悖理等形式中表现本质的时候才具有喜剧性。讽刺性喜剧和歌颂性喜剧都是如此。

---

① 卢那察尔斯基：《论文学》，人民文学出版社1978年版，第479页。

第二节　喜剧性艺术的特征是"寓庄于谐"

这里所说的喜剧性艺术不单是指戏剧中的喜剧，还包括带有喜剧性的漫画、相声、讽刺诗以及一部分民间笑话、机智故事等等。

"庄"是指喜剧的主题思想体现了深刻的社会内容；"谐"是指主题思想的表现形式是诙谐可笑的。

在喜剧中"庄"与"谐"处于辩证的统一，失去深刻的主题思想，喜剧就失去了灵魂，但是没有诙谐可笑的形式，喜剧也不能成为真正的喜剧，中国古代喜剧理论中很注重"庄"与"谐"的结合。《史记·滑稽列传》中讲优旃"善为言笑，然合于大道"，刘勰在《文心雕龙》中提出"谐辞隐言"。"言笑"与"大道"，"谐辞"与"隐言"的统一也就是"谐"与"庄"的统一。李渔在《笠翁偶集》中也提到"于嬉笑诙谐中包含绝大文章"。卓别林也说过："我有本事既勾出眼泪，又引起笑声。"① 这些说法都包含了"寓庄于谐"的意思，不过由于时代不同，"庄"与"谐"的表现具有不同的特点，喜剧中的"庄"与"谐"的结合，一方面是解决"庄"的问题，也就是要求作者真实地反映生活。鲁迅曾说："讽刺的生命是真实。"马克·吐温也曾说："只有建立在真实生活基础上的幽默才会不朽……很多人都不了解这一点：就是一个幽默作家也应该有严肃的著作家所必须具备的那种观察分析和理解能力。"喜剧性艺术中"庄"的含义，除了指作品内容真实地反映生活本质外，还指艺术家在创作中的严肃认真的态度。卓别林对喜剧情节的处理都是经过认真的思考和反复的推敲，而不是单纯地追求逗笑或新奇。他很重视在喜剧中对人物性格的刻画，例如在《城市之光》中，原来有一个场面是流浪汉在路上遇到一个乞丐手里拿着一个盛钱的机器，扔进一个硬币便自动给施主打一张收据，流浪汉对这机器很感兴趣，便把自己身上

---

① 查理·卓别林：《初试导演工作》，《电影艺术》1979 年第 4 期，第 61 页。

的硬币一个一个地都给了乞丐，最后，流浪汉换来了满手的收据。这个情节虽然可以使人发笑，但是拍好后卓别林认为这个场面、情节不符合他的创作要求，因此删去了。他说："这种场面在别的影片中有存在的权利，可是我所追求的是另外一种效果，这场戏是以机器的特殊技巧为基础，而我认为艺术中主要的东西是人。"① 这个例子说明卓别林在喜剧创作中的严肃态度。另一方面则要很好地研究喜剧艺术的形式，也就是要解决"谐"的问题。一个喜剧家、漫画家在创作过程中对生活的理解是和喜剧形象的探索结合在一起的。有的同志说："卓别林浑身都是喜剧细胞。"这说明卓别林在创作过程中总是结合喜剧艺术形象的特点去思索，善于通过诙谐的形式去表现特定的生活内容与思想感情，把深刻的思想内容和强烈的诙谐效果完全融合在一起。如何才能在喜剧中取得寓"庄"于"谐"的效果，这个问题很值得研究。喜剧的艺术效果之一是引人发笑，是让人觉得可乐。但是要弄清笑的实质、笑的形成的条件却是一个比较复杂的问题。有人曾说："再没有比笑更难捉摸的东西了，缺乏某种次要的条件也可能使最可笑的事情失去效果，就可能阻碍笑的产生"（司汤达）。这里所说的"条件"，是指在创作中如何掌握喜剧艺术形象的特点。这里着重说明两点：

一、在倒错中显真实

一切艺术都要真实地反映生活，而喜剧艺术则是要在倒错（自相矛盾）的形式中显示真实。在中国古代关于喜剧的理论中曾对滑稽的特点作过分析："滑，乱也；稽，同也。以言辩捷之人，言非若是，说是若非，能乱同异也"（《史记·滑稽列传》司马贞《索引》）。这里所说的"乱同异""言非若是，说是若非"都是指喜剧性艺术善于运用倒错的形式，以取得诙谐的效果。这与喜剧性艺术所反映的特定的生活矛盾密

---

① 转引自电影艺术译丛编辑部：《电影艺术译丛》第3期，中国电影出版社1979年版，第99—100页。

切相联系。在生活中具有喜剧性的事物也常常是体现在内容与形式的自相矛盾中的。莎士比亚在《雅典的泰门》① 中写道:

> 金子!黄黄的,发光的,宝贵的金子!……
> 只这一点点儿,就可以使黑的变成白的,丑的变成美的,错的变成对的,卑贱变成尊贵,老人变成少年,懦夫变成勇士。

这里所举的各种倒错的生活现象都是特定社会条件下的产物,他们具有深刻的喜剧性。正是由于生活中喜剧的这个特点决定了喜剧艺术表现上的特点,在对敌人的讽刺喜剧作品中我们经常可以看到丑扮成美,渺小冒充伟大,"慈善"里包藏狠毒,"真诚"掩盖着虚伪等等。川剧《望江亭》中杨衙内赏月吟诗的情节,深刻揭露了一个庸俗腐朽的花花公子如何冒充风雅多情。谭记儿为了嘲弄杨衙内,要他作一首赏月的诗,首尾两句都要带有"月"字。杨衙内苦想一阵,才抄来一句流行的歌词:"月儿弯弯照楼台",但是第二句接不下去了,捉摸半天,才挤出一句"楼高又怕栽下来"。接着第三句是"下官牵衣忙下跪",但是"跪"字不会写,谭记儿告诉他"跪"字是"足"旁加个"危"字,杨衙内听了马上装出一副刚想起来的样子说:"对!对!我们也是那么写的。"又是不懂装懂,最后杨衙内怎么也编不出这带"月"字的末句诗,憋了满头大汗,才硬凑了一句:"子曰:学而时习之。"("曰"和"月"音同字不同)这个情节所以滑稽可笑,关键就在于"装",所谓"装"就是在倒错的形式中显现真实,揭露本质。在喜剧艺术中所表现的这些倒错,都是经过艺术家识别了的倒错,在这里假象并不掩盖本质,而是揭露本质,使讽刺的对象处在"欲盖弥彰"的情况下。正像莫里哀在谈《伪君子》的创作时所说:"观众根据我送给他(指伪君子)的标记,立即认清了他的面貌;从头到尾,他没有一句话,没有一件事,不是在为观众刻画一个恶人的性格"②。在歌颂性喜剧中人们也常

---

① 《莎士比亚全集》第八册,人民文学出版社 1978 年版,第 176 页。
② 段宝林编:《西方古典作家谈文艺创作》,第 88 页。

常采用倒错的表现形式，当然它在内容和性质上与讽刺性喜剧不同。例如正确的思想行为常常表现在谬误的形式中。在喜剧电影《今天我休息》《五朵金花》《锦上添花》中许多误会的情节，都是属于倒错的表现方法。

二、夸张是喜剧艺术表现的另一个特点

夸张以至变形常常能产生明显的喜剧效果。例如在《大独裁者》中兴格尔演说，由于情绪的狂热，把麦克风的支架都给烤弯了。还有，兴格尔玩弄地球的夸张动作，充分暴露了他的政治野心（图15.1）。在《淘金记》中，查利由于女友乔佳答应他的约会，高兴得在屋子里狂舞起来；并抓起枕头来捶打，结果枕头打破，鸭绒乱飞，弄得屋子里像下了一场大雪（图15.2）。由于采用了这种夸张的手法，既深刻地表现了人物的性格，又具有强烈的喜剧效果。在漫画中运用夸张手法更是常见。当然，喜剧艺术上的夸张、变形，不是"胡闹"，不能违反生活的真实。这里所说的真实，是要反映生活的本质，而不拘泥于对生活现象的逼真模仿。所以鲁迅又说："漫画虽有夸张，却还是要诚实。'燕山雪花大如席'，是夸张，但燕山究竟有雪花，就含着一点诚实在里面……如果说'广州雪花大如席'，那可就变成笑话了。"①

图 15.1　卓别林喜剧

---

① 《鲁迅全集》第6卷，第186页。

第十五章 喜剧

图 15.2 淘金记

在喜剧艺术中还有不少其他的表现方法，如巧合、重复等等，运用这些方法都是为了表现特定的内容。"谐"是为"庄"服务的，离开"庄"而去追求"谐"，便会流于浮浅，成为"为逗乐而逗乐"。在成功的喜剧艺术中，最能使观众发笑的地方，也常常是反映生活本质最深刻的地方。例如相声《帽子工厂》有以下一段对话：

乙："我是跟随毛主席南征北战几十年，坚决听毛主席的话。
甲："你是民主革命派，也就是"党内走资派"。
乙："这帽子就飞来了！"我是新干部。"
甲："新生的资产阶级分子。"
乙："我不是领导。"
甲："混进群众里边的坏人。"
乙："你也没有调查研究……"

273

甲:"攻击领导。"

乙:你……

甲:"谩骂首长。"

乙:"我不说话。"

甲:"暗中盘算。"

乙:"我把眼睛闭上。"

甲:"怀恨在心。"

乙:(无可奈何,做揣手动作)……

甲:"掏什么凶器?"

乙:"我怎么也躲不开呀!"

这段对话,加上演员的生动表演,引起观众阵阵笑声。在这笑声中对"四人帮"的"打倒一切""怀疑一切"的罪行作了深刻的揭露。喜剧艺术中引人发笑,既可满足人们对喜剧的娱乐性要求,同时又能给予人们以思想感情上的影响。当然在少量喜剧作品中虽然没有反映很深刻的社会内容,但是只要内容是健康的,能使人们在笑声中心情舒畅,得到休息,这也是人民所需要的。

这里还要说明一点,就是喜剧艺术虽然来源于生活中的喜剧,但两者还是有区别的。主要的区别是:

第一,生活中的喜剧性往往隐藏在生活现象中,看上去很平常,也不一定引人发笑。但经过艺术家的提炼,在作品中就显示出喜剧性来。果戈理曾说:"到处隐藏着喜剧性,我们就生活在它当中,但却看不见它;可是,如果有一位艺术家把它移植到艺术中来,搬到舞台上来,我们就会自己对自己捧腹大笑,就会奇怪以前竟没有注意到它。"[①]鲁迅也讲过,在喜剧艺术中"所写的事情是公然的,也是常见的,平时谁都不以为奇的,而且自然是谁都毫不注意的。……现在

---

① 段宝林编:《西方古典作家谈文艺创作》,第410页。

给它特别一提，就动人。譬如罢，洋服青年拜佛，现在是平常事，道学先生发怒，更是平常事……但'讽刺'却是正在这时候照下来的一张相，一个撅着屁股，一个皱着眉心，……连自己看见也觉得不很雅观。"①

第二，生活中的丑角是作为反面人物出现的，而喜剧艺术中的丑角，既可以是反面人物，也可以是正面人物。我国喜剧《乔老爷上轿》中的乔溪，是作为"丑角"出现，却是一个善良的人物；卓别林所扮演的夏尔洛和查利也属于善良人物，以"丑角"形式出现。而在《摩登时代》中使人发笑的喜剧主角夏尔洛，在现实生活中却是属于悲剧性人物。

第三节 喜剧形式的多样性

"寓庄于谐"是一切喜剧性艺术的共同特征。但是由于作品所反映的内容，在性质上的不同，因此在表现形式上也是多样的。

讽刺所反映的对象是社会生活中的否定现象。生活的喜剧把本质隐藏在假象中，喜剧艺术则是透过假象揭露本质。鲁迅说："喜剧将那无价值的撕破给人看"②。这主要是指喜剧艺术中的讽刺。讽刺具有两种不同的性质：一种是对敌人的揭露和批判；一种是对人民内部某些比较严重的缺点和错误提出尖锐批评。对敌人的讽刺，是要充分暴露敌人的丑恶，在笑声中包藏着愤怒和仇恨。这种笑声像烈火，像利剑，它摧毁一切偶像，撕破一切伪装。恩格斯曾在1847年画了一幅漫画讽刺普鲁士的国王《威廉四世》（图15.3）。在漫画中威廉四世正扬手扪胸，发表演说，仿佛在发誓表白他对人民的"忠诚"。在威

---

① 《鲁迅全集》第6卷，第258页。
② 《鲁迅全集》第1卷，第193页。

图 15.3 威廉四世

廉四世的身边是一帮昏庸的王侯、近臣和手持长剑的卫士,远处是一群端正直立的恭顺的议会代表,代表的前排正中一人双手交叉胸前,两腿张开,以一种傲慢的眼光投向威廉四世,表达了进步力量对国王的伪善的憎恨。恩格斯在另一篇文章中讽刺威廉四世,写道:"他深信自己是第一流的演说家,在柏林没有一个商品推销员能比他更善于卖弄聪明,更善于辞令。"① 这段话可说是上面漫画的一个很好注脚。在生活中假象掩盖本质,在喜剧艺术中假象却成为暴露丑恶本质的"显影液"。正如鲁迅在评萧伯纳作品时所说的:"他使他们(被讽刺

---

① 《马克思恩格斯选集》第 1 卷,第 494 页。

的对象）登场，撕掉了假面，阔衣装，终于拉住耳朵，指给大家道，'看哪，这是蛆虫'！"①

在资本主义社会中大量生活矛盾现象都具有喜剧特征，因而成为讽刺家的绝妙题材。恩格斯曾称赞傅立叶"无情地揭露资产阶级世界在物质上和道德上的贫困……拿这种贫困同当时的资产阶级思想家的华丽的词句作对比；他指出，同最响亮的辞句相对应的到处都是最可怜的现实……傅立叶不仅是批评家，他的永远开朗的性格还使他成为一个讽刺家，而且是自古以来最伟大的讽刺家之一。"② 这里所说的，把响亮的词句与可怜的现实相对比，就是通过这种对比把伪装起来的无价值的东西撕破给人看。

卓别林自编自演的电影《摩登时代》，尖锐地讽刺了资本主义世界所谓的"现代文明"，使我们看到在资本主义条件下科学技术的发展给无产者带来的灾难（图15.4）。影片中表现工人在自动传送带上拧紧螺帽。这是一种极其紧张的、反复的、简单的操作。这种操作摧残着工人的肉体和神经，把工人变成了机器、陷入精神失常，以至看见别人的衣服纽扣和鼻尖便要用钳子去拧掉。这种情节引起人们大笑，却绝不是单纯逗乐，而是在笑声中包含了工人的眼泪。"高尚的喜剧往往

图 15.4 摩登时代

---

① 《鲁迅全集》第4卷，第436页。
② 《马克思恩格斯选集》第3卷，第727页。

郑通校

图 15.5 对自己与对别人

是接近于悲剧的。"（普希金）别林斯基也说过："果戈理君的这种独创性，表现在那总是被深刻的悲哀之感所压倒的喜剧性的兴奋里。"卓别林也说："我从伟大的人类悲剧出发，创造了自己的喜剧体系"[1]。《摩登时代》这样的喜剧也可以说是含泪的喜剧。

至于对人民内部某些严重缺点错误的讽刺，则是另一种性质的讽刺。尽管批评是尖锐的，但在笑声中仍然体现了热情帮助。在表现这种题材时，一般是侧重在"事理"上而不是去丑化人物，如漫画《对自己和对别人》（图 15.5）。当然事理的表现往往离不开人物。因此，对人物的处理上必须掌握分寸。在讽刺敌人时笑声像刺向心脏的匕首，故要充分地暴露敌人的丑恶本质；在讽刺人民内部缺陷时，虽然也免不了笑中带刺，但这种刺痛却像一根治病的银针，刺痛是为了治好疾病。聪明的艺术家在处理这类题材时，为了避免丑化人物，有时可以避免画人物面部，或者以事物作象征不出现人物形象。这类讽刺作品主要是概括地批评某些不良的社会现象，让恶习成为笑柄，对恶习就是重大的致命的打击。

幽默的特点不同于讽刺，虽然两者在喜剧性艺术中常常是难以分开的。幽默不仅反映生活中的否定现象，而且反映生活中的肯定现象。它比讽刺更带有快乐的色彩，讽刺较严厉，幽默较轻松；讽刺较辛辣，幽默较温和。幽默使人产生会心的微笑、同情的苦笑、或戏弄的讥笑。例

---

[1] 转引自电影艺术译丛编辑部：《电影艺术译丛》第 3 期，第 81 页。

如华君武所画的《决心》（图15.6）。讽刺有的人"决心"戒烟，从楼上把烟斗扔掉，但不等烟斗落地，便飞奔下楼双手接住烟斗。这幅画虽然也包含讽刺，但更富有快乐和轻松的特色，所以又近于幽默。列宁曾对高尔基说："幽默是一种优美的、健康的品质。"① 当幽默运用于歌颂新的事物或正面形象时，能使人产生会心的微笑。它直接地表达了先进社会力量的一种优越感。这种会心的微笑不同于一首抒情诗或一幅风景画引起的愉快的心情，因为幽默所引起的会心的微笑包含了诙谐或机智的成分。例如法国漫画家让·艾飞曾创作过一幅歌颂新中国诞生

图15.6 华君武：《决心》

的漫画，名叫《创世纪》。在画面上一个小天使手握画笔，站在云端，身前的画架上安放着一幅画好的"星座"（新中国国旗上的五星图案），天空画有各种星座。小天使对身边的上帝说："这完全超出了你的计划，这一星座从1949年10月已经照耀世界了。"这幅画构思新颖、巧妙，既有诙谐效果，又富有机智。把新中国国徽上的五星图案，比作夜空中灿烂的星座，体现了深刻的含义。再如韦启美所作的一幅漫画是歌颂葛洲坝工程的。画中的题词是："两岸人声笑不住，轻舟又过一重山"，船

---

① 高尔基：《列宁》，第26页。

图 15.7 韦启美漫画

图 15.8 无效劳动

闸的两侧,有如高山耸立,闸顶站满欢呼的人群,在巨轮的上空彩色的气球在升腾,巨轮后面李白站在小舟上吟诗。这幅画也具有幽默的特色(图 15.7)。

在我国传统喜剧作品中常常是把讽刺与幽默结合在一起。如《望江亭》《救风尘》《乔老爷上轿》等喜剧中都是在讽刺嘲弄反面人物的同时,幽默地赞扬了正面人物的美好品质(有时也善意地表现正面人物的某些缺陷)。

当幽默运用于批评人民内部某些缺陷时,常常引起一种同情的苦笑,或善意的微笑。这种作品所反映的对象,常常是那些想把事情办好,但是由于种种原因(如理论脱离实际,或者工作方法不对头等),造成效果和动机之间的自相矛盾,而且往往自己还意识不到是缺点或毛病。例如漫画《脸盆里学游泳》(华君武作),批评一些同志理论脱离实际。画了某君一头栽进水盆,双手在空中划水作蝶泳状,动作十分"认真"。另一幅漫画《无效劳动》(赵良作),画了两个人使劲拉锯,但是锯齿朝上,白费力气(图 15.8)。这些漫画对生活中的某些错误观点和错误做法提出了诚挚的批评,里面既流露了几分同情,也包含了一些善意的批评。

这和另一些人民内部的比较尖锐的讽刺漫画是有所区别的。

幽默也可以用于揭露敌人。这往往是先进社会力量处于绝对优势，或者已经取得胜利的情况下对敌人的戏弄和轻侮，这种作品引起的笑声虽然是轻松的，却往往更暴露敌人的腐朽的本质和表现先进社会力量的自信和优越感。恩格斯曾对无产阶级在斗争中的幽默态度作了深刻分析："工人不论在对政权或对个别资产者的斗争中，处处都表现了自己智慧和道德上的优越……他们大都是抱着幽默态度进行斗争的，这种幽默态度是他们对自己事业满怀信心和了解自己优越性的最好的证明。"①

以上分析说明，喜剧艺术（包括讽刺喜剧）的共同特征是寓庄于谐，它使人们在笑声中满足了审美要求，并提高了思想。"笑是一面胜利的旗帜"。在我们现在这个时代里，喜剧所引起的笑声体现了人民群众的精神特征和优越感，因此可以说发展喜剧性艺术是时代的需要。笑是一种战斗的方式，我们要在笑声中揭露阶级敌人的反动、腐朽、伪善；在笑声中教育人民克服旧的思想和习惯势力的影响；还要在笑声中热情地歌颂我国社会主义现代化的建设。过去"四人帮"出于他们反动没落阶级的本能，害怕群众的笑声，甚至要禁止群众的笑声，他们极力扼杀喜剧艺术，但最后还是逃脱不了历史的惩罚，被群众的笑声送进坟墓。

思 考 题

1. 什么是喜剧？怎样理解马克思所说的巨大的历史的事变和人物"第一次是以悲剧出现，第二次是以闹剧出现"？
2. "寓庄于谐"为什么是喜剧艺术的本质？
3. 暴露性喜剧与歌颂性喜剧有何异同？试谈谈你对它们的看法。
4. 喜剧中的讽刺与幽默有什么联系和区别？

---

① 《马克思恩格斯全集》第 18 卷，第 565 页。

参考文献

1. 马克思：《〈黑格尔法哲学批判〉导言》。
2. 卢那察尔斯基：《评谢·谢·季纳莫夫〈肖伯纳〉一书》（见《论文学》）。
3. 鲁迅：《再论雷峰塔的倒掉》《且介亭杂文二集》。
4. 康德：《判断力批判》。
5. 黑格尔：《美学》第一卷，"艺术美的概念"中的滑稽部分。
6. 车尔尼雪夫斯基：《美学论文选》，论滑稽部分。
7. 司马迁：《史记·滑稽列传》。
8. 刘勰：《文心雕龙·谐隐》。
9. 李渔：《闲情偶寄》《科诨篇》。
10. 《关于喜剧问题讨论综述》，《文汇报》1961 年 3 月 18 日。

彩图19 北京·天坛祈年殿（建筑）

彩图20 桂林漓江《水映青峰》

彩图21 中国·长城

彩图22 [俄] 艾伊凡佐夫斯基《九级浪》（油画）

彩图23 安康《当人们还在熟睡的时候》（摄影）

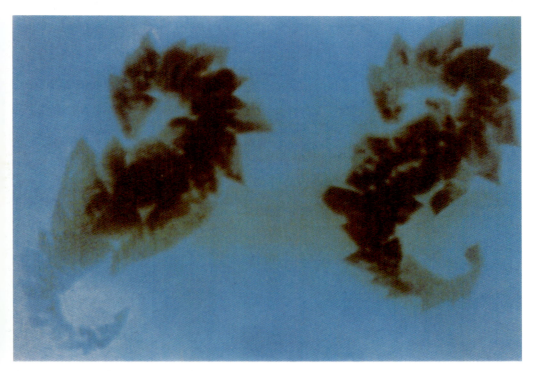

彩图24 海马双舞（电子显微镜摄影）

彩图25 龙凤对话（电子显微镜摄影）

彩图26 广寒春暖（电子显微镜摄影）

彩图27 小溪流花（电子显微镜摄影）

第十六章　美感的社会根源和反映形式的特征

什么是美感？美感是在接触到美的事物时所引起的一种感动，是一种赏心悦目和怡情的心理状态，是对美的认识、欣赏与评价。在西方美学史上，美感又叫作审美鉴赏、审美判断或趣味判断。因这种认识形式带着明显的感情体验愉悦的特征，始终不脱离感性的具体的形象，而又暗含着理性的认识，在欣赏中能够达到怡然自得的境界，所以一般又叫作观照。它与"无所为而为"的静观有本质的区别。

美感作为一种美的欣赏活动，在社会生活中是大量存在的。但对美感的社会根源及其反映形式的特征，在美学史上则是一个众说纷纭没有解决的问题。

第一节　美感的社会根源

美感作为一种体验和特殊认识，对于它的社会根源和性质，美学史上对之有根本不同的解释。有的从主观出发，歪曲或否认美感产生的社会根源和客观内容。如有的美学家用"迷狂"状态来解释美感，并且认为这种"迷狂"是由于神灵的依附所致。例如，柏拉图就是如此。柏拉图认为，美感是灵魂在"迷狂"状态中对于美的理念的回忆。美的理念

（或理式）才是"上界事物"和"永恒真实界"。每个人的灵魂在生下来之前，天然地曾经观照过"上界事物"和"永恒真实界"的美；灵魂在生下来之后，由于习染了尘世罪恶而忘掉了"上界伟大景象"，也就是美本身。只有少数人凭着"神灵"的依附，还能保持回忆本领，"他凝视这美形，于是心里起一种虔敬"①，于是进入了"迷狂"状态，"灵魂遍体沸腾跳动"②。由此可见，美感的产生完全由于"神灵"的凭依和"迷狂"，这就是柏拉图对美感所作的神秘主义的解释。

罗马的普洛丁（205—270）继承和发展了柏拉图的美感的神秘主义思想。他认为理式美是最高的美，这是感官所不能感受到的，感官所感受到的是事物的美，而最高的美只有心灵才能见出。心灵要判定它们（理式）美，并不凭感官。他说："要观照这种美，我们就得向更高处上升，把感觉留在下界。""见到这种美所产生的情绪是心醉神迷，是惊喜，是渴念，是爱慕和喜惧交集"③，这就是美感。他所谓"心醉神迷"的状态，完全是由于见到理式的或神的美所引起的。

还有人认为美感虽不是由理式或神的事物所引起来的，但是与人生来就有的"内在感官""内在眼睛"（即后来所谓的"第六感官"）是分不开的。例如17世纪末和18世纪初，英国美学家夏夫兹博里就是如此。他认为人天生就有审辨善恶、美丑的能力。他说："眼睛一看到形状，耳朵一听到声音，就立刻认识到美、秀雅与和谐。"④是什么原因使人立刻能够分辨出美与丑呢？那就是由于天生的"内在眼睛"。这"内在眼睛"既然是天生的，是人类本性所具有，是根植于自然的，那么，这些分辨能力本身也就不需要后天的学习和教育，是天生的、自然的。

夏夫兹博里的学生，英国18世纪的美学家哈奇生，发展了美感的

---

① 《西方美学家论美和美感》，第35页。
② 同上。
③ 同上书，第60—61页。
④ 同上书，第95页。

"内在感官"学说。他认为有些事物可以立即引起我们的美的快感,这是因为我们具有"适于感觉到这种美的快感的感官",而且这种美的快感与那种见到美时,由自私心所产生的快感是迥然不同的。这种美的快感和感官,即是所谓的"内在感官"。这种"内在感官"与外在五官感觉既有区别,也有类似——区别在于外在感官只能接受"简单观念",只能得到一种较微弱的快感。但是认识"美、整齐、和谐"的"内在感官"却可以接受复杂的观念,所产生的快感也远较为强大。例如"就音乐来说,一部优美的乐曲所产生的快感远远超过任何一个单音所产生的快感。"①

还有人否定美感的体验的客观内容,认为美感不是美的对象的反映,而只不过是一种主观的情感的表现。例如,18 世纪英国著名哲学家休谟就是如此。他认为:"美不是事物本身的属性,它只存在于观赏者的心里。每一个人心见出一种不同的美。"② 完全否认了美的客观性。因而他所认为的美感也是主观的,毫无客观内容的主观表现。再如,康德的美学也是如此。前面我们说过,康德认为美不是客观原因而是主观原因造成的。他说:"为了判别某一对象是美或不美,我们不是把 [它的] 表象凭借悟性联系于客体以求得知识,而是凭借想象力(或者想象力和悟性相结合)联系于主体和它的快感和不快感。"③ 所以,只有这种主观的快感,才是美的。因之,审美判断(也就是美感)是无客观内容的,完全在于观赏者的心境和快与不快的情感。这样,美感不就是一种不反映客观美的主观的情感表现吗?因之,不是客观的美的对象决定美感,相反,而是主观的美感决定美的对象。

有的从客观出发,认为美感是美的对象的反映,具有一定的客观内容。但是由于他们离开了人的社会性和历史发展去观察认识问题,不理

---

① 引自朱光潜:《西方美学史》上卷,第 220 页。
② 同上书,第 226 页。
③ 康德:《判断力批判》上卷,第 39 页。

解认识对社会实践的依赖关系——在美感问题上也是如此,也不理解美感认识对社会实践的依赖关系——因此,在解释美感认识时,离开了人的社会性,只从人的生理感官或自然本能出发,既看不到美感认识的社会性质,也看不到美感认识的历史发展,不仅不能科学地揭示出美感的本质,而且还带有抽象的直观性质。例如,费尔巴哈在美感问题上就带有抽象直观性质。他认为美的对象"是人的显示出来的本质,是人真正的、客观的'我'"。就连"那些离开人最远的对象,因为是人的对象,并且就它们是人的对象而言,乃是人的本质的显示。"① 正如马克思所说的:"人在对象世界里直观自身",因而感到快慰与喜悦,所以是美的。费尔巴哈认为美也是在对象上显示出来的人的本质,这从一方面说是对的。但是,他又认为:"动物只为生命所必需的光线所激动,人却更为最遥远的星辰的无关紧要的光线所激动"。就是说,动物也有美感,不过动物是为生命所必需的而激动,而人有心灵和理智,可以不必为生命所必需的而激动。但其为"激动"则是一样的。这说明他把动物和人看作同一类东西。他不理解人是实践的产物,不理解美感是在实践基础上产生的,并且随着实践的发展而不断发展,所以,他对美感的认识有抽象的直观的性质。

车尔尼雪夫斯基虽是生活与美学的奠基者,但在美感问题上也有直观的性质。他说:"美感是和听觉、视觉不可分离地结合在一起的。离开听觉、视觉,是不能设想的。"② 又说:"美感认识的根源无疑是在感性认识里面,但是美感认识毕竟与感性认识有本质的区别。"③ 这说明了他对美感的认识。听觉和视觉是美的感官,美感发生当然要靠它们。美感认识的根源当然在感性认识里面,但它们是有区别的:在感性认识里没有理性认识的内容,而在美感认识里则包含有理性认识。他认为在

---

① 《西方美学家论美和美感》,第 210 页。
② 同上书,第 253 页。
③ 同上书,第 255 页。

第十六章　美感的社会根源和反映形式的特征

它们二者之间是有本质区别的，这无疑是对的。但是他又说："对于生物来说，畏惧死亡、厌弃僵死的一切、厌弃伤生的一切，乃是自然而然的事情。所以，凡是我们发现具有生的意味的一切，特别是我们看见具有生的现象的一切，总使我们欢欣鼓舞，导我们于欣然充满无私快感的心境，这就是所谓美的享受。"① 这就是说，人的美感也就是美的享受，都是贪生厌死，畏惧死亡，厌弃僵死的一切；而对于看见一切生的现象都会欢欣鼓舞，充满无私的快感心境。这种对于生死问题不论它们的性质，正义的或非正义的，一概都看成是贪生厌死，不加区别，这不就是把人降为生物了吗？生物的本能才是贪生厌死的。他不理解人与动物的本质区别，不理解美感是在社会实践基础上产生和发展起来的，因而和费尔巴哈一样，在美感问题上具有抽象的直观的性质。

我们认为美感是建立在社会实践基础上的。一方面，美感的产生依赖于人类社会实践，它的性质和发展也是由人类实践所决定的。另一方面，美感是客观美的对象的能动反映，它的反映形式的各种特征，又是由美的对象特征所决定的，是美的特征的能动反映。

客观的美的对象与主观的美感都是在生产劳动中产生和发展起来的。人类的生产劳动有两个方面：一方面是人与自然的物质交换，根据客观规律和人的目的，有计划地改造客观自然，生产物质财富，以满足人类生活的需要；正是在改造客观自然的过程中创造了美的对象。另一方面，在生产劳动中也创造了人类本身，使人成为区别于动物的社会的人；同时发展了人的各种感官和能力，使各种感官成为社会的人的感官和能力。人的手不仅是劳动的器官，而且它还是劳动的产物。由于在长期的劳动基础上所引起的筋肉、韧带以及骨骼的特别发展被遗传下来，"由于这些遗传下来的灵巧性不断以新的方式应用于新的越来越复杂的动作，人的手才达到这样高度的完善，以致像施魔法一样造就了拉斐尔

---

① 《西方美学家论美和美感》，第243页。

的绘画（图16.1）、托瓦森的雕刻和帕格尼尼的音乐。"① 脑的发展也是如此。恩格斯说："首先是劳动，然后是语言和劳动一起，成了两个最主要的推动力，在它们的影响下，猿脑就逐渐地过渡到人脑；……随着脑的进一步发育，同脑最密切的工具，即感觉器官，也同步发育起来。正如语言的逐渐发展必然伴随有听觉器官的相应的完善化一样，脑的发育也总是伴随有所有感觉器官的完善化。"② 在劳动过程中，人

图16.1 拉斐尔绘画

的各种感官才完全脱离了动物的自然状态，得到了不断的完善和发展。因之人的感官与动物的感官便具有了根本的不同和质的区别，人的感官便具有了社会性质，成为社会性感官。恩格斯又说："鹰比人看得远得多，但是人的眼睛识别东西远胜于鹰。狗比人具有锐敏得多的嗅觉，但是它连被人当作各种物的特定标志的不同气味的百分之一也辨别不出来。"③ 动物、特别是高等动物的感觉和反映，也具有相当复杂的形式和能力，与人的感觉能力在表面看来有某些相似之处，但实际上它与人的感觉有本质的不同。动物只能消极地适应自然，它的一切感觉都只能满足于生物本能的需要。所以，它只能片面感觉事物的某一属性，由于生存竞争的需要尽管这某一感觉发展得很锐敏，甚至大大超过人的感

---

① 《马克思恩格斯选集》第4卷，第375页。
② 同上书，第377—378页。
③ 同上书，第378页。

第十六章 美感的社会根源和反映形式的特征

觉,但它始终不理解事物的本质特征和社会属性。而人却不然,人的感官和感觉是在生产劳动的基础上发展起来的,具有人的社会的性质。"人的感觉、感觉的人性,都只是由于它的对象的存在,由于人化的自然界,才产生出来的。"① 这就是说,人的感觉不仅可以认识事物的自然本性和特征,而且可以认识"人化了的自然界"及其所具有的社会生活内容和多方面的社会意义。这是动物的感觉所根本没有、也是不可能做到的。

  人的感官不是自然的,而是社会的,是直接与语言和思维联系着的。语言是思维的直接实现,作为生理感官除了直接感知对象以外,还以社会感官感知对象了解其社会意义和内容。在实践的基础上,只有创造了人的本质的客观的展开的丰富性之后,才有主观的感觉的丰富性。马克思说:"如有音乐感的耳朵、能感受形式美的眼睛,总之,那些能成为人的享受的感觉,即确证自己是人的本质力量的感觉,才一部分发展起来,一部分产生出来。"因此,"五官感觉的形成是以往全部世界历史的产物。"正因为人的感觉是在对象世界里感觉到人的本质的展开的丰富性,"因此,人不仅通过思维,而且以全部感觉在对象世界中肯定自己。"② 也正因为感觉在其实践中肯定着人在对象世界中的本质力量,这正是认识美的主观条件。"只有音乐才能激起人的音乐感;对于没有音乐感的耳朵说来,最美的音乐也毫无意义,不是对象,因为我的对象只能是我的一种本质力量的确证"③。所以,他能够"在他所创造的世界中直观自身"。人正是在对象世界中"肯定自己"时,看到了人的自由创造活动,感觉到人在创造活动中的自由,因而在精神上体验到一种特殊的快感和舒畅的喜悦。这就是美感的产生和形成。

  在美感产生初期的原始社会中,由于美的对象与实用的对象是不可

---

① 马克思:《1844年经济学哲学手稿》,第83页。
② 同上书,第82页。
③ 同上。

分的，对对象的美感认识与对象的实用价值的认识也是不可分的。其后，在长期的劳动实践过程中，通过语言和思维能力的逐步发展，与人类想再度体验到创造劳动的自由的喜悦，特别是原始艺术的发展，发展了人类的审美需要和美感能力。如和语言发展有关的原始人的诗歌，与原始陶器有关的绘画，与模仿劳动、狩猎有关的舞蹈等等。这些原始艺术的发展丰富了人的情感，发展了人的认识和想象力，才使人的美感认识能力得到了不断发展。只有当主要为满足审美需要的要求产生之后，人类的美感认识才能够从对象的实用价值的认识中区别出来，日益得到相对独立的发展，而成为远离劳动的那种"更高的凌驾于空中的意识形态领域"。但美感不论看起来多么远离劳动生产，在最初阶段上都是在生产劳动中产生的。正如普列汉诺夫所说，在原始社会中，"审美趣味总是随着生产力的发展而发展的，因此，不论在这里和那里，审美趣味的状况总可以成为生产力状况的准确的标志。"① 又说，原始狩猎者的审美趣味和概念，是由"他的生产力状况、他的狩猎的生活方式则使他恰好有这些而非别的审美的趣味和概念。"② 都一再说明原始民族的审美趣味、美感，是由生产力状况所决定的，也就是在生产劳动中产生的。

由此可见，美感既不是主观论者所说的，是由什么神秘的神的能力或由什么先天的"内在的感官"产生的——而是在社会实践的基础上所产生的把握对象的一种能力；也不是像客观论者所说的是由人的生理感官、动物本能所产生的，只具有自然的性质——它不是自然的，而是社会的，是由社会实践和社会生活所产生和决定的。只有从一定社会实践和社会生活条件出发，才能够说明"一定的社会的人（即一定的社会、一定的民族、一定的阶级）正是有着这些而非其他的审美的趣味和概

---

① 普列汉诺夫：《普列汉诺夫美学论文集》Ⅰ，第430页。
② 同上书，第337页。

念。"① 当人们的社会实践和社会生活条件有了改变与发展之后，人们的美感、审美趣味也必然或先或后地随之改变和发展。因之，它是具体的、历史的、不断改变和发展的。到了阶级社会里，由于人们的阶级地位不同，美感也发展成为具有不同的阶级性质。

美感既是对美的对象的认识，是在对象中直观到作为社会的人的本质力量，从而感到一种快慰与自由的喜悦，这种体验和认识就必然带有鲜明的情感体验与情感态度。所以，美感作为一种特殊认识的反映形式，它的特点是认识与情感的结合。它不仅能使人认识到生活的本质、真理，而且能够给人以精神上的审美享受。因之，美感认识的本质在于：它是在生产实践的基础上产生的，由美的对象所决定的一种特殊的反映形式。它不同于逻辑的认识的反映形式。它的特征在于：情感与认识、感性与理性的统一。

第二节　美感反映形式的特征

一、美感中的感性和理性

美感认识和其他认识一样，都是以感性认识为基础的。人要认识对象的美，就必须以直接的感知方式去感知对象。美感认识总是首先通过一定对象的感性状貌、色彩、线条和声调等的感知或表象来进行的，这是因为美的事物都有一定的感性形象，都具有一定的外部特征与状貌。不首先感知美的外貌特征、色彩、线条等，我们是不能得到情感的体验，引不起美感的。大海如没有深蓝的颜色和惊涛骇浪的声音，艺术如果没有生动的可感的形象，不能被人直接感知，它们就都不能引起情感的体验和美感。所以，美感认识是永远不能离开美的对象的感知与表象的感性因素的。

---

① 普列汉诺夫：《普列汉诺夫美学论文集》Ⅰ，第320页。

人的感官，作为审美的感官，主要的是视觉和听觉。这是因为视觉可以看到各种色彩、线条、动作和表情等；听觉可以听到各种声音、音调。欣赏大自然的美、社会生活的美以及各种艺术的美，都离不开视觉和听觉的直接感知。比如要欣赏绘画的美，就需要有欣赏形式美的眼睛；要欣赏音乐的美，就需要有欣赏音乐的耳朵。所以，生理感官先天有缺陷的人，特别是视听感觉有缺陷的人，是不能欣赏这种美的。盲人不能欣赏绘画的美，聋人不能欣赏音乐的美，因为他们缺少这方面的感官。如英国19世纪画家琼·米莱斯画的《盲姑娘》（图16.2），表现一位双目失明的姑娘坐在野外的土坡上，身后的天空出现一道美丽的彩虹，盲姑娘身侧的另一女孩在给她描述彩虹的美丽，但是从盲姑娘面部茫然的表

图16.2 盲姑娘

情，说明她很难体验彩虹的美。在盲姑娘身边的土地上开着一些野花，还有一只彩色的蝴蝶落在她上身的披巾上，这些视觉形象对于这位瞎眼的姑娘来说似乎都失去了美的意义，因为她失去了为她提供视觉方面审美经验的生理基础。但是盲姑娘却有着敏锐的听觉，在她的怀里放着一架小小的手风琴，表现了她对音乐的爱好。虽然盲人凭着特别发达的听觉可以欣赏和爱好音乐的美，聋人凭着他特别敏锐的视觉，可以欣赏绘画的美，但是由于他们分别看不到彩色所表现的热烈和鲜艳，听不到声

第十六章 美感的社会根源和反映形式的特征

音所表现的高亢与低沉,感觉不到喧闹或幽静的美,所以,他们欣赏音乐和绘画与我们正常人比起来,其美感的程度仍然是有差别的,也就是说,他们对美的感受是有局限的。

视觉和听觉可以综合为一个完整性或整体性的形象,这是与美表现和反映生活的形象相一致的,零碎的形象或不完全形象是不美的。盲人虽然凭着手的触觉,可以欣赏雕塑,可以用手的触觉"端详"它,但却不能反映雕塑的完整形象,至少雕塑的各种色彩、表情是不能反映出来的。所以盲人欣赏雕塑只能限于触觉,对于整个雕塑的美不能有一个完整形象。盲人欣赏雕塑,他的手的触觉再灵敏,也只能欣赏一部分,而不能欣赏它的完整形象的美。视觉和听觉虽是审美的主要感官,但有时还是需要其他感官的配合。如绘画欣赏中常常是视觉与听觉相配合,在白居易的《画竹歌》中有:"举头忽看不似画,低耳静听疑有声。"再如花卉的沁人心腑的幽香,必须经由嗅觉和味觉的配合才能感受得到,光视觉和听觉是感受不到花卉的芳香的。"鸟语花香"就不只视觉和听觉,还有嗅觉,就包含了三种感受。松涛、竹韵及流水叮咚之声,就是各种感觉的配合。如金人张瑀所绘《文姬归汉图》,表现蔡文姬在归汉途中,朔风严寒,漠北风沙,蔡文姬骑在马上,头戴貂冠,衣带被风吹向身后,牵马的二人,以袖捂嘴,缩首耸肩,作瑟缩状。看了这幅画使人不仅得到漠北的视觉形象,而且仿佛感到寒冷。这就需要各种感觉的配合了。所以恩格斯对各种感觉的性质及其相互作用作了以下论述,他说:"我们的不同的感官可以给我们提供在质上绝对不同的印象。因此,我们靠视觉、听觉、嗅觉、味觉和触觉而体验到的属性会是绝对不同的。"① 这些不同的感觉又不是孤立的,绝对的,而是互相作用、互相补充、互相渗透的。比如"视觉和听觉二者所感知的都是波动。触觉和视感是如此互相补充,以致我们往往可以根据某物的外形来预言它在触觉上的性质。"正是在这种互相补充和内在联系的基础上,"科学直到今

---

① 《马克思恩格斯选集》第 4 卷,第 340 页。

图 16.3　石涛：《竹》

天并不抱怨我们有五个特殊的感官而没有一个总的感官,或者都抱怨我们不能看到或听到滋味和气味。"① 虽然视觉和听觉是审美的主要感官,但却是由于各种感官的内在联系和互相补充,这才能够完整地认识美的不同方面,获得多方面的美感与享受。

美感认识虽不能离开感觉和知觉等感性因素,是以感性认识为基础,但又不同于一般的感性认识,它还包括理性认识内容。这是因为,美的事物不仅具有感性形式、生动可感的形象,而且还有内在的本质、一定的生活内容。认识美的本质和内容,单靠视、听等感觉活动是不行的,必须有理性认识,有思维活动。所以,在美的欣赏中,那种不动脑筋、不进行推敲和品味的思维活动,是不能深刻地认识美的内在本质、内容和意义的。例如,我们欣赏清代石涛的《墨竹图》(图 16.3)。疏密相掩,有分有合,用墨浓淡相宜,有虚有实,如果不动脑筋,不进行推敲和品味,怎么欣赏那枝叶潇洒、富于书法意味的美呢?他的画是和书法联系在一起的,因此欣赏他的画如果没有书法知识是不行的。又比如,王国维在《人间词话》中说过:"'云破月来花弄影',

---

①　《马克思恩格斯选集》第 4 卷,第 340 页。

第十六章 美感的社会根源和反映形式的特征

着一'弄'字，而境界全出矣。"为什么"云破月来花弄影"，着一"弄"字，而境界全出了呢？这是因为欣赏者根据"弄"字而展开的思维活动。我们好像看见在皓洁的月光下，满园的花影婆娑，但著作不说月光照射的花影，而说花来弄影。这一"弄"字将花影写活了，赋予花以人的性格，好像真的我们看到了在皎洁的月光下，一个含羞的少女在玩弄自己的衣服一样，那神态是玩味无穷的。这不是一个很好的境界出现在我们面前么！如果我们在欣赏这句诗时，只有感性没有理性，没有思维活动，那就既看不出什么"境界"，也体会不到美感的愉快和感受。

美感认识中的理性认识因素，是不同于一般的逻辑认识中的理性认识的。逻辑中的理性认识虽然要依赖感性认识，是从大量的感性认识中抽象出来的概念、判断和推理，但它却排斥一切感性认识的因素。而美感认识中的理性，它不是排斥一切知觉、表象等感性因素的抽象概念，而是存在于知觉、表象等感性认识之中。所以，美感认识中的理性不是抽象的概念和逻辑推理，而是就在对于美的感性形象的品评与体验之中。所谓品评，既不脱离具体的可感的形象，又在比较、推敲、揣摩的品味和品鉴之中，必然就包含着理性思维活动的评价和情感体验。中国的诗品、画品、书品等都是欣赏、判断和情感体验的结合，是感性和理性的统一。钟嵘《诗品·序》说"文已尽而意有余"，"使味之者无极，闻之者动心，是诗之至也。"因之，美感认识正是在对对象的品评与体验中，达到对美的本质的认识。审美中的理性因素不是与感性相对立的概念，而是融合、渗透、沉淀在知觉、表象等感性因素之中。正如盐之溶解于水，有咸味，但又不见盐一样，美感中的理性认识也是如此。它溶解于生动的具体形象之中，从不脱离和抛弃感性的生动的形象的同时，而又见不到理性认识，但却能给人以精神上的理解和自由的喜悦与快慰。这正是美感的一个特征。美感中的感性认识因素就不是一般的低级认识，而是理解之后的感觉。"感觉到了的东西，我们不能立刻理解它,只有理解了的东西才更深刻地感觉它。"① 美感就是这种理解之后的感觉,是理性和感性的统一,是在感性形式中包含着理性认识的内容。

在审美认识的过程中,有时候我们一面感受,一面理解,使美感不断地发展。感受和理解不仅是相辅相成、互相补充的,而且二者又是互相融合、不着痕迹地进行的。如听贝多芬的交响乐,初听时只能感到旋律、节奏的美,对其内容还不太了解。听过多遍之后,不仅对其节奏、旋律有更深的理解,而且对其表现的内容也有较深入的把握。并且这种对内容把握与对节奏与旋律的理解又是互相促进的,最后才能达到感受与理解的统一,获得沁人肺腑、心旷神怡的美感和审美享受。有时候,又有这种情况,当我们欣赏大自然的美,或绘画、雕塑的美时,不假思索,一下子就为它的美所吸引,引起强烈的美感与享受,从而使感受和理解的因素契合为一,密不可分。这是因为,我们欣赏大自然的美,绘画或雕塑的美,平时已有所熟习、了解和训练,当它符合我们的美的观念、符合我们的美的理想,便会被它的美一下子所吸引。这两种情况都说明,美的欣赏是感性和理性的统一,只不过前者表现得比较明显,后者不明显罢了。

"诗贵在言外,使人思而得之"。所谓"言",就是概念。"意"是所谓意境、意味或韵味。诗的意境、意味等是在"言"外,好像与理性思维没有什么关系,是离理智而独立的了,但又必须思而得之,只有通过深入思考、理性思维才能得到言外之意,才能得到意境、意味或韵味的审美享受。可见,美感是不能够离开理性思维的,只是这种理性思维蕴含于感性之中罢了。如"象外之旨""韵外之致""言有尽而意无穷"等等,都得反复深入思考、推敲、比较,然后才能有无穷的趣味体验与审美享受。所以,严羽在《沧浪诗话》中说:"夫诗有别材,非关书也;诗有别趣,非关理也。然非多读、多穷理,则不能极其至"。诗的

---

① 《毛泽东选集》第1卷,人民出版社1991年版,第286页。

"别材""别趣"与"书""理"无关，即与逻辑的理性认识无关，然又要"多读书、多穷理"，才能"极其至"。这说明只有在多读书、多穷理的基础上才能达到"极至"，即极其好的程度，而诗的"别材""别趣"又是不能离开理性思维的，这是美感能体验美、把握美，获得美感享受的一个重要原因。

对于审美认识，一方面不能把它等同于理论的逻辑认识，取消了审美认识中的感性特征；另一方面，也不能绝对夸大审美的感性特征，而否认审美中有理性的思维活动。如康德就否认审美判断中的思维活动。他认为审美的鉴赏判断不同于逻辑判断，逻辑判断是运用概念，而审美的鉴赏判断不是运用概念，而是快与不快的情感判断。所以，他说："美是那不凭借概念而普遍令人愉快的。"[①] 他虽然看出了鉴赏与逻辑判断的不同，但由于他不理解在鉴赏判断中是感性和理性的统一，是在感性活动中有理性的内容，因而他把逻辑判断与鉴赏判断的不同绝对化，割裂了感性与理性的统一，把概念（理性）排除在鉴赏判断之外，从而认为鉴赏判断没有理性的思维活动。他说："去发现某一对象的善，我必须时时知道，这个对象是怎样一个东西，这就是说，从它获得一个概念。去发现它的美，我就不需要这样做。花，自由的素描，无任何意图地相互缠绕着的、被人称做簇叶饰的纹线，它们并不意味着什么，并不依据任何一定的概念，但却令人愉快满意。"[②] 他认为审美和概念是根本对立的。这是对的。美感虽排斥概念，但还包括理性思维活动。它不像概念一样，是抽象，而是沉淀在感性因素和理性之中。康德不懂得在"令人愉快满意"之中，就包含了理性思维活动。

二、美感中的情感体验

美感作为一种认识活动，它的另一个特征就是有着情感体验。情感

---

① 康德：《判断力批判》上卷，第57页。
② 同上书，第43—44页。

体验是对客观对象的一种特殊的反映形式，是对对象是否符合人的需要的一种心理反应。情感反映的对象与认识不同，它不仅反映对象本身，而且反映对象对人的一种关系，即对象是否符合人的社会需要与理想的一种主观态度。它来源于社会实践与现实生活，与人的利害有直接的密不可分的关系。当社会需要与理想和人的主观态度相符合，则产生积极的肯定的情感体验；否则，则产生消极的否定的情感体验。美感中的情感活动则是在审美对象中直观到人的本身、满足了审美需要和美的理想而引起的。当人在对象中直观到人的自由创造，体验到人的智慧、才能和力量，见到了自己的生活目的和理想的实现，从而热爱生活，在精神上感到一种满足和自由的幸福的喜悦。这是人看到美的事物时所必然要产生的美感。车尔尼雪夫斯基曾说："美的事物在人心中所唤起的感觉，是类似我们当着亲爱的人面前时洋溢于我们心中的那种愉悦。我们无私地爱美，我们欣赏它，喜欢它，如同喜欢我们亲爱的人一样。"① 又说："大地上的美的东西总是与人生的幸福和欢乐相连的。"② 这说明美感的愉悦和欢乐，总是与美的对象和生活密切相连的，是对它们的肯定态度与评价、认识与反映。因之，美感中的情感不仅表现着审美需要的满足，是一种享受，而且在这种满足中，还包含着理性认识的内容。在美感活动中，人的理智（认识）、意志（需要）和情感是处于和谐的统一中的，正是这种和谐的统一，在审美中才会感到舒畅昂扬和自由的喜悦。例如好的演员的表演，主要是情感的表现。一方面要热烈、纯真、自然，但在热烈的情感中要有节奏，要和理性和谐地统一起来。演员的情感包含着理性内容，是一种具有深刻的社会内容的情感。过火的情感或情感不足是由于演员对情感的理性内容没有深刻的理解，使情感没有与理性调和交融，没有做到恰到好处，缺乏节制感所造成的。但理性思维在美感中，不是明显的抽象的概念，而是暗含的，是沉淀于、融化于

---

① 车尔尼雪夫斯基：《生活与美学》，第6页。
② 同上书，第11页。

美感之中的，它是引导着、规范着美感，是在对对象的比较、推敲、揣摩和品味之中。所谓"理在情中""情理结合"，就是讲的这种理性渗透于情感之中的情形。

在美感中，人的情感和审美需要处于和谐的统一中。例如，在《艺苑趣谈录》中，第一篇文章叫作《列宁与〈热情奏鸣曲〉》，说的是苏联著名画家苏科夫画过一幅出色的素描，题为《热情奏鸣曲》。画面上列宁靠着椅背，潮水般的音乐激荡着他，感染着他，一种难以捉摸的温和表情在他脸上舒展开来，目光沉思着。这幅画是描绘列宁欣赏音乐时候的情景，形象生动地表现了贝多芬的《热情奏鸣曲》如何赢得了列宁的喜爱，也恰好说明了美感是需要与情感处于和谐时的自由的愉悦，是情感的具体表现。

列宁从小就非常喜爱音乐，他的音乐世界是非常广阔的，不仅喜爱无产阶级的战斗歌曲，而且尤其喜爱贝多芬的《热情奏鸣曲》。1913年列宁在瑞士时曾多次邀请钢琴家凯德洛夫为他演奏《热情奏鸣曲》。每当凯德洛夫演奏时，列宁不是坐在窗台上眺望远方的阿尔卑斯山白雪皑皑的顶峰，就是两手抱膝，屏息静气地仰靠在沙发上，沉浸在深邃的、只有他一个人才能感受到的音乐愉快的情感境界中。夺取政权后，有一次在别什科娃家里听《热情奏鸣曲》时，列宁深情地向高尔基讲了这段有名的、充满热情的评论。列宁说："我不知道还有比《热情奏鸣曲》更好的东西，我要每天都听一听，这是绝妙的、人间所没有的音乐。我总带着也许是幼稚的夸耀想，人们能够创造怎样的奇迹啊！"[①] 这说明贝多芬的《热情奏鸣曲》有多么感人的魅力，同时也和列宁的深邃、激荡的思想和情感结合在一起，使他陶醉在音乐的优美、激荡的旋律中。

美感是一种情感。虽然一切美感都是一种情感，但不是一切情感都是美感。美感与普通情感有显著的不同，这是由于在美感中蕴含着理性认识，比日常生活情感有着丰富的、深刻的社会内容。所以，它不仅在

---

① 参看龙协涛：《艺苑趣谈录》，北京大学出版社1984年版，第3页。

情调上比日常生活情感更丰富、更深刻、更充实，有着更广阔的精神上的东西，有无限的情趣和韵味，而且，它比日常生活情感更能丰富人们的精神生活，陶冶和净化人们的心灵和情操。因之，人们把美感称为高级情感之一。

美感和一般的生理快感有本质的不同。一般的生理快感只是物质作用在生理感官上所引起的舒适、快乐。如听到悦耳的声音，就会感到舒适；看到鲜艳的色彩，就会感到畅快；吃到鲜美的东西，就会觉得可口等。它们之所以与审美的快感不同，就在于没有理性认识的内容，没有精神性的东西。这种生理快感所带来的不过是声色、吃喝等欲望的满足而已。

在美学史上，有的美学家不懂得美感与一般快感的这个区别，因而把生理快感当作美感。18世纪英国的经验主义者博克就是如此。他认为身体"松弛舒畅"是美所特有的效果；他又认为正是这种感觉才是真正的美感。他说："休息当然使人松弛舒畅；可是还有一种运动比休息更使人松弛舒畅，那就是一种时上时下的和缓的摇摆的运动。……大多数人一定曾经注意到他们坐在一辆舒服的马车里，在和缓地上下起伏的平坦的草地上疾驰时所体验到的那种感觉。这给人以一个更好的美的观念，并且几乎比其他任何东西都更好地指明美的可能的原因。"① 这说明美感不过是时上时下和缓的摇摆运动所引起的筋肉"松弛舒畅"的快感，他把这种生理的快感作为更好的美的观念的原因，甚至说几乎没有比这更美的了。这种把生理快感当作美感的看法，不过是博克对这两个概念混淆不清而已。

生理感官的快感虽不是美感，但美感无疑包含着生理感官的快感。因为美感也有生理条件，也要依赖耳目的活动，依赖大脑的记忆和其他意识的生理功能。研究美感不是研究它的生理根源和功能，而是研究由情感思维所引起的精神的自由的愉悦。沉湎于酒肉之中，局限于感官之

---

① 《西方美学家论美和美感》，第123页。

内的快感，那不过是生理需要的快感；而美感不受生理快感的束缚，并能超出生理快感，是在对象的感性形象中意识到人的自由创造，认识到事物的美，在精神上感到一种喜悦和欢乐。它是自由的，无私的，有无穷的意味，所以它能给人精神上美的喜悦和享受。美感作为一种精神的喜悦和享受，它能震撼人的整个心灵，影响人的整个精神世界，使人的心灵更高尚，更美，使人的精神境界更纯洁、更宽广，也更丰富了。

在美感活动中，有人认为只有情感活动而无思维活动，这是不对的。例如托尔斯泰给艺术下的定义是："在自己心里唤起曾经一度体验过的感情，并且在唤起这种感情之后，用动作、线条、色彩以及言词所表达的形象来传达出这种感情，使别人也能体验到这同样的感情——这就是艺术活动，"① 普列汉诺夫认为这是不对的，他反驳说："艺术既表现人们的感情，也表现人们的思想，但是并非抽象地表现，而是用生动的形象来表现。"② 这里虽然谈的是艺术，但艺术是美感的物化形态，它们在实质上是一样的。这就是说，美感中的感情体验和思想并非抽象的，而是在活生生的美的形象中表现出来的，这与恩格斯所说的："我认为倾向（即思想和感情——引者）应当是不要特别地说出，而要让它自己从场面和情节中流露出来"③ 是一致的。

美感是思想和感情的统一，科学家探求真理的认识，也有感情活动。列宁就曾经说过：如果没有人的感情，就从来没有也不可能有人对于真理的追求。那么，美感与一般探求真理认识有什么不同呢？一般说来，科学认识都与人有着这样或那样的利害关系，也有情感，甚至是很强烈的情感，没有情感就不会有对真理的热烈追求。但科学家所追求的"真"，虽然有热烈的感情，但情感只是作为认识真理的动力，它不能进入认识的过程，更不能成为认识的结果。追求真理的认识，毕竟是以理

---

① 普列汉诺夫：《普列汉诺夫美学论文集》Ⅰ，第308页。
② 同上。
③ 《马克思恩格斯论艺术》，第6页。

智、思想等抽象的逻辑的认识为其特征的。因为"真"是事物的本质、真理，是抽象掉事物的感性形象才能获得的。所以，追求真理认识也有情感，但毕竟以抽象的逻辑认识为特征。而美感则是对美的认识，它是不脱离感性的具体生动的美的形象。所以对美的认识是具体的，是对一个完整形象的认识，它是以情感体验为其特征的。在情感体验中虽然也有理性思维活动，但是它是融化于情感之中的，它只有在情感的深入发展的过程中，在美感的倾向中，才显示出来。如果说科学家的认识是以抽象的逻辑认识为主的话，那么美感认识则以情感体验为主，这是二者的基本区别。

高尔基在《苏联的文学》一文中曾经说过，民间创作、劳动人民的口头创作之所以是完美的，"是因为这一切都是理性和直觉、思想和感情和谐地结合在一起而创造出来的形象。"① 这里所说的"理性与直觉、思想和感情和谐地结合在一起"，也正是美感的特征。美感正是"理性和直觉、思想和感情和谐地结合在一起"，所以能引起人的心旷神怡的精神境界和审美享受。这也再一次说明，感情在美感中的重要地位和起的主要作用。

三、美感中的想象作用

美感中的理性认识和情感体验的和谐的统一，是在想象中实现的。想象是一种特殊的心理功能，人在反映事物时，不仅能感知直接作用于主体的事物，而且还能在头脑中创造出新的形象。这种创造新的形象的能力，就称为想象。想象也是一种认识，是一种思维活动。这种思维活动，是把过去神经系统中所形成的暂时联系，加以重新组合，形成一种新的联系；把知觉所供给的表象进行加工改造，成为新的表象。所以，想象这种思维活动的特点是创造新的形象。高尔基曾说："想象在其本质上也是对于世界的思维，但它主要是用形象来思维，是'艺术的'思

---

① 高尔基：《论文学》，第104页。

维；可以说，想象——这是赋予大自然的自发现象与事物以人的品质、感觉，甚至还有意图的能力。"① 这只有在想象中才能做到。

　　按照想象的内容，心理学又把它分为再造性想象和创造性想象两类。所谓再造性想象，是人类在生活经验的基础上再现出记忆中的客观事物的形象；所谓创造性想象，是在经验的基础上对记忆加工组合，创造出新的形象。在美感活动中，就是把感觉、知觉中所得到的关于对象的完整的表象，根据自己的生活经验，通过想象的活动再造出来，或创造出新的形象。例如宋代张元有咏"雪"诗，"战退玉龙三百万，败鳞残甲满天飞。"这就是诗人根据自己从现实所获得的表象（弥漫的大雪）通过想象所创造出来的新的形象，并对这种形象加以认识、体验和品评的结果。在美感中的想象活动，一方面联系感知和表象的感性事物，加深着对对象的认识和理解；另一方面又有广大的空间，任凭想象的自由活动，产生着推动着情感体验。在想象活动中认识和情感是自由和谐地统一着的。通过想象活动感觉和知觉的印象材料被理解，理解又被体验，在情感体验中又指向一定的理性的认识。而理性认识正是在活生生的抒情的想象中，不着痕迹地进行的。正因如此，审美认识才能不通过概念而达到对对象的本质的认识。同时，这种认识由于是被情感体验过的，饱和着情感的喜悦，又能给人以精神上享受。在审美认识中，想象愈活跃，情感体验也就愈强烈，精神上所获得的审美感受也就愈丰富，对对象的认识也就愈深刻，愈能把握对象的本质。因之，审美认识作为一种能动的反映，它通过感受、情感和想象等心理活动，在想象的情感体验中，达到对对象的本质认识。这个认识不是抽象的，而是饱和血肉在情感体验中的认识。

　　想象是一个广阔的心理范畴。人们不仅可以想象过去和当前的事物的形象，也可以想出未来的事物和形象。如人可以根据别人口头或文字描写想象他从来未见过或从未接触过的事物和形象。几百年甚至几千年

---

① 高尔基：《论文学》，第 160 页。

前的人物，我们当然既不曾见过，更没有接触过，不可能有什么完整的表象，但可以通过人物传记或其他描述，把零碎的表象通过想象综合为完整的新的人物形象；或根据当时的历史环境、政治思想、风俗习惯和生活情况等，通过想象的分析综合、加工改造，就能完整地虚构出个性鲜明、栩栩如生、从未见过的人物形象。小说《李自成》中众多的人物都是这样塑造出来的。众多的神话人物和故事，如牛郎织女、孙悟空等等，都是根据生活经验想象的结果。正如马克思谈到神话时所说："任何神话都是用想象或借助想象以征服自然力、支配自然力，把自然力加以形象化。"① 又说想象力是"十分强烈地促进人类发展的伟大天赋"②，所以它在文学艺术创作中尤其有重要的作用，正如黑格尔所说："最杰出的艺术创作本领就是想象。"又说："想象是创作性的。"高尔基也说："想象是创造形象的文学技巧和最重要的方法之一。"③ 想象过去的事物是如此，想象未来的事物也是如此。

美感的想象活动是与生活经验、学识教养密切不可分的，生活经验、学识教养等，为欣赏提供的那些直接的或间接的生活印象，为想象增添了翅膀。生活经验愈丰富，学识教养愈多，那么想象的翅膀也就愈丰满，所得到的审美愉悦和审美享受也就愈强烈。比如岑参在《白雪歌送武判官归京》一诗中有，"忽如一夜春风来，千树万树梨花开"，这是写西北边塞的大风雪的，遍地都结了冰，树上都挂满了冰块，远远望去树木一片皆白，就好像一夜的春风，把千树万树的梨花都吹开了似的。这是多么迷人的景致，又是多么愉快的感受和美感呀！只有有生活经验的人，即看到过塞外的冰天雪地，又看到过千树万树梨花盛开，才能把二者联系起来想象。把塞外冬天的大风雪想象为春风所创造出来的千树万树梨花，如此惟妙惟肖的想象，是不能离开生活经验的土壤的，

---

① 《马克思恩格斯选集》第 2 卷，第 29 页。
② 《马克思恩格斯论艺术》第二卷，第 5 页。
③ 高尔基：《论文学》，第 317 页。

是生活经验为想象插上了高高飞翔的翅膀。

儿童画《打秋千》(胡小舟作)(图 16.4)说明在孩子的记忆里储存了许多来自生活的有趣事物的表象,如月亮、星星、秋千、小妹妹等等,经过想象把这些表象重新组合,创造出一种新的形象。画面上弯弯的月儿好像一个挂钩,秋千正好系在月牙上,月亮的周围是闪烁的繁星,在高高的月牙上面还站着一个挥手助兴的小妹妹,在这里荡起秋千来该是多么惬意。这幅画充满了孩子对生活的新鲜乐趣,同时生动地说明儿童的天真的想象也是扎根在孩子的生活土壤中。

图 16.4　打秋千

在欣赏古希腊的雕塑《掷铁饼者》(图 16.5),能够唤起我们丰富的想象,这是由于艺术家精心选择了人物动作在出现高潮前的一瞬间,从静态中蕴蓄着将要爆发的力量,使欣赏者从静止的状态中想象出即将发生的旋风般的急速转体投掷动作。如果这件雕塑直接表现了动作的高潮就达不到激发欣赏者想象的效果。正如莱辛在分析艺术形象时所说:"最能产生效果的只能是可以让想象自由活动的那一顷刻了。我们愈看下去,就一定在它里面愈能想出更多的东西来。……在一种激情的整个过程里,最不能显出这种好处的莫过于它的顶点。到了顶点就到了止境,眼睛就不能朝更远的地方去看,想象就捆住了翅膀……"①,美感中的想象具有宽广的内容,它可以是以无为有,以假作真。它可以把美的对象中概

图 16.5　掷铁饼者

---

① 《西方美学家论美和美感》,第 148 页。

括性、抒情性的内容和特长，想象成更为丰富、更为多样的具体化的形象，以促进美感的深入发展。中国诗论中的所谓"象外之旨""韵外之致"，说的都是以有限的形象唤起读者无穷的想象，以及想象在美感和欣赏中的作用。"象外之旨""韵外之致"，只有通过想象，在想象的具体形象中体验和品味，才能体会得出来。所以，诗贵含蓄，不宜直说，给欣赏者留下想象的余地，才能获得深刻的美感。

诗和画的意境，只有通过欣赏者想象才能显现出来。如欣赏齐白石画的小鸡时，它浑身绒毛，我们感觉到细柔、温软，不但看到它活泼的、稚气的外形，而且几乎听到它的呼唤的叫声。对于它的神态、意境，通过想象真实地生动地展现在我们面前。画面上的小鸡为什么比真实的还生动，更能引起人的美感呢？除了画家高度的集中、概括和技巧以外，就因为它是欣赏者想象的结果。况周颐在《蕙风词话》中说："读词之法，取前人名句意境绝佳者，将此意境缔构于吾想望中。然后澄思渺想，以吾身入乎其中而涵咏玩索之，吾性灵相与浃而俱化，乃真实为我所有而外物不能夺。"这是因为，想象是能够将"吾性灵相与浃而俱化，乃真实为我所有而外物不能夺。"这样的真实的艺术境界，可以加强欣赏者的情感活动。好的艺术作品之所以能够引人入胜，就在于它能引起各种联想和想象，而在想象中对各种境界的品味则是无穷的。

中国戏曲舞台上，全没有什么布景，而且道具也只有桌椅而已。演员全凭表演的技巧来调动欣赏者的想象，以无作有，甚至比真实的布景更真实，更丰富。如演员在舞台上所表达的骑马、乘车、坐轿、开门、关门、上楼、下楼等。这一切程式的虚拟的动作，都是实际生活特点的高度集中和概括，用艺术夸张的形式表现出来的，只有这样才能调动观众的想象。通过想象，这一切程式的虚拟动作的运用才显得真实、可信，才能给观众无穷的意味和美感的喜悦。宗白华先生在《中国艺术表现里的虚和实》里，引清初画家笪重光在《画筌》里的一句话说："空本难图，实景清而空景现。神无可绘，真景逼而神景生。位置相戾，有画多属赘疣。虚实相生，无画处皆成妙境。"这一切都离不开观众的想象。他又说：这"也叫人联想到中国舞台艺术里的表演方式和布景问题。中国舞台表演方式是有独创性的，我们愈来愈见到它的优越性。""演员集中精神用程式手法、舞蹈行动，'逼真地'表达出人物的内心情感和行动，就会使人忘掉对于剧中环境布景的要求，不需要环境布景阻碍表演的集中和灵活。"假若做到这一点，"就会使舞台上'空景'的'现'，即空间的构成，不须借助实物的布置来显示空间，恐怕'单置相戾，有画处多属赘疣'，排除了累赘的布景，可使'无景处都成妙境'。例如川剧《刁窗》一场中虚拟的动作既突出了表演的'真'，又同时显示了手势的'美'，因'虚'得'实'。《秋江》剧里船翁一支桨和陈妙常的摇曳的舞姿可令观众'神游'江上。"① 令观众在"神游"江上的神游，不是在想象中才能实现的么？再比如扮演《闹天宫》中的猴王孙悟空，不只是摹仿抓耳搔痒，而且要抓住猴子的灵活机警的特征，通过古典神话所赋予它的人性，表现出人民用想象力创造出美猴王的形象，才能给观众无穷的喜悦。这一切离开了想象，怎能把孙悟空演活，又怎能给观众如此强烈的美感呢？

　　欣赏音乐更离不开想象。许多诗人都喜欢欣赏音乐，让想象在音乐的海洋里畅游。如欧阳修在《送杨寘序》中，谈到操琴的时候说："操弦骤作，忽然变之。急者悽然以促，缓者舒然以和。如崩崖裂石，高山出泉，而风雨夜至也。如怨夫寡妇之叹息，雌雄雍雍之相鸣也。其忧深思远，则舜与文王孔子之遗音也。悲愁感愤，则伯奇孤子屈原忠臣之所叹也。喜怒哀乐，动人必深。"所以如"崩崖裂石，高山出泉"，所以如"雌雄雍雍之相鸣也"，皆因欣赏者有想象，根据琴声的音调、旋律，才能想象这动人的形象，才能"动人必深"。

　　再如在《老残游记》第二回中，描述老残听了一位歌女的清唱的感受："唱了十数句之后，渐渐的越唱越高，忽然拔了一个尖儿，像一线钢丝抛入天际，不禁暗暗叫绝。哪知她于那极高的地方，尚能回环转折；几

---

① 宗白华：《美学散步》，上海人民出版社1981年版，第77页。

转之后，又高一层，接连有三四叠，节节高起，犹如由傲来峰西面攀登泰山的景象：初看傲来峰削壁千仞，以上与天通；及至翻到傲来峰顶，才见扇子崖更在傲来峰上；及至翻到扇子崖，又见南天门更在扇子崖上；愈翻愈险，愈翻愈奇。"这是由清唱引起的想象的感受。音乐有着非常广泛的概括性的内容，从欣赏的角度，就非通过欣赏的想象，将概括化的音乐内容，转化为非常具体的，丰富多彩的音乐形象，才能倍增其美感。想象对于美感来说，是一刻也不能缺少的。传说古代伯牙弹琴，钟子期听琴音后赞叹道："善哉，善哉，巍巍乎若高山……善哉善哉，荡荡乎若流水。"从琴音联想到高山流水，这也说明欣赏中的美感活动是离不开想象的。

美感中的想象带有浓厚的情感色调。主观情感在想象中得到自由抒发，因而审美对象在想象中也涂上一定的感情色彩，造成欣赏中所谓"情景交融"的现象。"春蚕到死丝方尽，蜡炬成灰泪始干。"这是人以"春蚕""蜡炬"做比喻，在想象中赋予了它以人的性格和思想，带上了感情的色彩。情与景水乳交融在一起，是一种拟人现象。高尔基曾说："我们常读到和听到：'风在悲泣'，'风在呜咽'，'月亮沉思地照耀着'，'小河低声地哼着古老的民间壮士歌'，'森林皱着眉头'，'波浪想推动山岩，山岩在波浪的打击下皱起眉头，但并没有向波浪让步'，'椅子像雄鸭一样呷呷地叫着'，'靴子不愿套到脚上去'，'玻璃出了汗'——虽然玻璃是没有汗腺的。"[①] 岂止玻璃没有汗腺，风也不会悲泣、呜咽，月亮也不会沉思，小河也不会哼着古老的民歌，森林也不会皱起眉头等。这都是欣赏者根据对象的特点，通过想象而赋予它的，于是才有了人的感情，思想的色彩。这正是欣赏中一种情景交融现象。所以高尔基又说："在这儿我们可以看出，人赋予他所看见的一切事物以自己的人的性质并加以想象，把它们放到一切地方去——放到一切自然现象，放到他们的劳动和智慧创造出来的一切事物中去。"[②] 欣赏中的拟人

[①] 高尔基：《论文学》，第160—161页。
[②] 同上。

现象是普遍的、合理的,特别表现在中国的诗词中是普遍的、合理的。

四、美感中的社会功利

美感作为一种特殊的反映形式,是感性和理性、情感和认识和谐的统一,是有社会功利目的的。美感的功利来源于审美对象的功利性和所表现的社会生活内容。美的社会生活内容是对人的自由创造的肯定。人欣赏美,正是欣赏人的自由创造活动。美感的喜悦正是人体验到自由创造的喜悦。人对客观事物的性质、规律及其必然性的认识越深刻,人的社会需要、目的越明确,人的自由创造的力量越大,才能越高,越能引起人的审美的喜悦。所以美感对人的精神发生积极影响,有着深广的社会功利目的。美感不仅给人以赏心悦目、心旷神怡的喜悦,使身心得到更好的娱乐和休息,而且就在这种喜悦中提高了人的思想境界,丰富了人的思想感情和道德品质,使人受到潜移默化的教育,并进一步激发起为了过美好生活和改造环境而斗争的积极热情。审美这种社会功用,集中地表现在艺术的社会作用中。

审美的功利性质不同于个人的狭隘的实用功利。实用功利是一种物质财富的满足,是一种生活需要和欲望的满足。美感则是一种精神的满足和享受,所以,它们的功利性质是不同的。实用和欲望的满足,需要"它们本身的感性的具体存在。欲望所要利用的木材或是所要吃的动物如果仅是画出来的,对欲望就不会有用。"① 画饼是不能充饥的。相反,美感则不同,人在欣赏森林或动物画时,虽不能给人以物质利益,却能给人以审美的精神上的享受。因为个人的狭隘的实用功利,为一种个人欲望所制约,所束缚,故它是不自由的;审美的享受则不受个人欲望束缚,是无私的,自由的。正因此马克思才说:"贩卖矿物的商人只看到矿物的商业价值,而看不到矿物的美和特性"②。为什么矿物商人看不

---

① 黑格尔:《美学》第一卷,第46页。
② 马克思:《1844年经济学哲学手稿》,第83页。

到矿物的美的特性呢？这是因为在资本主义社会里，矿物商人被唯利是图的占有欲所吞没，完全把注意力放在矿物的利润上，没有也不可能注意矿物的美的特性。所以只能看到矿物的商业价值，这是为狭隘的自私的实用目的所束缚的缘故。"赖斯金说得非常好：一个少女可以歌唱她所失去的爱情，但是一个守财奴却不能歌唱他失去的钱财。"① 有哪个守财奴失去钱财而写出动人的诗歌来？没有。因为他被狭隘的自私的实用目的束缚住了自己。如果他歌唱的是自己钱财的损失，他的歌唱就不会感动任何人。而一个纯真少女的失恋，却可以写出动人的诗歌来，把她内心的痛苦，可以非常生动地表现出来。因为它没有自私的狭隘的实用目的的束缚，歌唱得愈是真实，愈能感动人。所以，在对美的欣赏中也必须超出这种个人的狭隘的自私的实用目的，也不为这种实用目的所制约和束缚。马克思说："资本主义生产对于某些精神生产部门是敌对的，例如，对于艺术和诗歌就是如此。"② 其所以如此，就是因为资本主义生产为这种狭隘的个人的实用目的所束缚和制约。美感虽然没有狭隘的实用目的，但绝不是与任何功利无关，更不是与功利对立的。事实上审美与功利还是有密切联系的——这就是它的潜移默化的教育作用与娱乐作用。

当美的事物开始从实用的东西中逐渐分化出来之后，它的实用和功利性质，也便日益沉淀于美感的喜悦之中，完全不顾个人的实用功利、个人利益而喜爱美。美感这种相对独立发展，日益以特殊形式——审美的愉悦服务于社会，似乎是审美的愉悦成了非实用非功利的了。正如普列汉诺夫所说："一定的东西在原始人的眼中一旦获得了某种审美价值之后，他就力求仅仅为了这一价值去获得这些东西，而忘掉这些东西的价值的来源，甚至连想都不想一下。"③ 忘掉了这些东西的价值的来源，甚至连想都不想一下，这并不是说它没有价值和功利，而是说明美感的

---

① 普列汉诺夫：《普列汉诺夫美学论文集》Ⅱ，第837页。
② 《马克思恩格斯论艺术》第一卷，第273页。
③ 普列汉诺夫：《普列汉诺夫美学论文集》Ⅰ，第427页。

第十六章 美感的社会根源和反映形式的特征

功利性潜伏地蕴含在喜悦之中。因此，他又说："当狩猎的胜利品开始以它的样子引起愉快的感觉，而不管是否有意识地想到它所装饰的那个猎人的力量或灵巧的时候，它就成为审美快感的对象，于是它的颜色和形式也就具有巨大而独立的意义了。"①

颜色和形式作为审美快感的对象，虽具有巨大的和独立的意义，但并不是说它就没有内容和功利。事实上是它们的内容和功利在长时间的千万次的实践之后，对这内容和功利是太熟悉了，以致它融化在沉淀在审美愉悦之中，所以显得似乎是非实用非功利的了。车尔尼雪夫斯基说："美的欣赏只有在下面这个意义上才是不自私的：譬如，我们欣赏别人的田畴，而绝不想到它不是属于我所有，卖去田中谷物所得的钱也不会落到我的口袋里，但是我却不能不这样想：'谢天谢地，谷子长得好极了，这一回，乡下人可以松口气了！我的天，这田里给人们长了多少人间幸福，多少欢乐呀！'应该指出，这种思想可能是模糊地作用于我们的心里，甚至我们不觉得它是作用于我们的心里，但是它最能引起我们对田畴的美的欣赏。"② 这种"思想可能是模糊地作用于我们的心里，甚至我们不觉得它是作用于我们的心里"，这是对美感的似乎是非实用非功利的最好说明。

在美感这种似乎是非实用非功利的后面，却仍然有着社会的功利内容和性质，显示美的对象与个人、与阶级的一定的功利关系。在这里，美感的特点就表现为："巨大的社会功利的内容和效果经由实用到审美的过渡的漫长历史进程，已沉淀在一种似乎是非实用、非功利的（如娱乐、游戏的）心理形式里，恰恰正是通过这种似乎是非实用功利的形式来实现重大的社会功利的目的。人们通过这种娱乐、观赏，在思想感情上得到感染熏陶、潜移默化，起了不能为其他意识形态所能代替的教育作用。"③ 当然，美感首先是给人的精神上的喜悦、愉快，而不是功利。

---

① 普列汉诺夫：《普列汉诺夫美学论文集》Ⅰ，第 420 页。
② 车尔尼雪夫斯基：《美学论文选》，第 70 页。
③ 王朝闻主编：《美学概论》，第 84 页。

美感不能是作为既定的明确的目的，而是包含在美感的喜悦中。在美感的喜悦中虽不直接想到功利，但正如鲁迅先生所说："然而美的根底里，倘不伏着功利，那事物也就不见得美了。"所以，美感的功用是潜伏在审美喜悦里，通过审美的喜悦来实现的。正因此，我们才说审美的喜悦是无私的，自由的。

美感的功利性，正如我们在前面所说的，可以提高思想境界，可以陶冶我们的情操，可以丰富我们的感情，使人看不见、摸不着，在不知不觉中受到潜移默化教育。老一辈无产阶级革命家有不少是看了进步的革命文艺作品，受到了潜移默化教育，走向艰苦的革命道路的。根据列宁夫人克鲁普斯卡娅的回忆，《怎么办？》是列宁最爱读的作品之一。列宁曾称赞说："这才是真正的文学，这种文学能教育人，引导人，鼓舞人。我在一个夏天把《怎么办？》读了五遍，每一次都在这个作品中发现了新的令人激动的思想。"[①] 鲁迅在《小品文的危机》一文中说，小品文可以"是匕首，是投枪，能和读者一同杀出一条生存的血路的东西；但自然也能给人愉快和休息，然而这并非是小摆设，更不是抚慰和麻痹，它给人的愉快和休息是休养，是劳作和战斗之前的准备。"也说明美感的功利性正是蕴含在愉悦和休息之中。

有的美学家正是夸大了审美的似乎是非实用的、非功利的性质，夸大了审美的喜悦与某种自私的实用功利不相容的情况，从而认为审美是没有一切功利，是没有任何功利目的的。把审美与功利说成是对立和毫无关系的，在美学史上影响最大的代表就是康德，他在对《美的分析》中就曾断言："一个关于美的判断，只要夹杂着极少的利害感在里面，就会有偏爱而不是纯粹的欣赏判断了。"[②] 他比较快适、美和善这三者的关系，"快适，是使人快乐的；美，不过是使他满意；善，就是被他珍贵的，赞许的"。在这三种愉快里，人可以说，"只有对于美的欣赏的

---

① 列宁：《论文学与艺术》，第897页。
② 康德：《判断力批判》，第41页。

愉快是唯一无利害关系的和自由的愉快;因为既没有官能方面的利害感,也没有理性方面的利害感来强迫我们去赞许。"① 他说在上述三种愉快里,快适是"一个偏爱的对象",善是"受理性规律驱使我们去欲求的对象",它们二者都有利害关系,所以判断也是不自由的。审美的愉快则是唯一的自由的愉快。康德认为审美的愉快是自由的愉快,这是对的,但是,他忽略了在审美的自由的愉悦里,蕴藏着、沉淀着有功利的内容,把审美与功利对立起来了。

思 考 题

1. 什么是美感?美感的社会根源是什么?
2. 美感反映形式有什么特征?它与逻辑形式有什么区别?
3. 想象在美感中的作用?在美的欣赏和创造中为什么不能离开想象?
4. 美感有没有功利?如何理解美感的功利性?

参考文献

1. 马克思:《1844年经济学哲学手稿》。
2. 恩格斯:《劳动在从猿到人转变过程中的作用》。
3. 普列汉诺夫:《没有地址的信 艺术与社会生活》。
4. 车尔尼雪夫斯基:《美学论文选》。
5. 《西方美学家论美和美感》。
6. 《美学问题讨论资料》,"关于美感"的部分。

---

① 康德:《判断力批判》,第46页。

第十七章　美感的共性与个性和客观标准

美感是以个人的爱好和趣味为出发点的，由于个人的阶级出身、文化教养、性格、职业和遭遇等的不同，形成个人爱好和趣味上的千差万别，即美感的多样性。在这里给我们提出两个问题，一个问题是：这千差万别的美感有没有共同性，也就是美感的共性与个性问题。第二个问题是：在这千差万别的美感当中，如何区分哪些是正确的，哪些是错误的；哪些是先进的，哪些是反动的，也就是美感的客观标准问题。

下面，就谈谈这两个问题。

第一节　美感的共性与个性

美感的共性与个性是美感中的一个重要问题。什么是美感的共性呢？美感的共性，即美感的普遍性与共同性；个性，则是美感的差异性。美感的共性寓于个性之中，个性则表现美感的共性。二者是辩证地统一在一起的。美感是以个人的爱好，个人的趣味表现出来的，每个人的爱好、趣味都是不同的。这样看来美感好像没有什么共性和普遍性。正因此，在西方美学史上流行着一句谚语："谈到趣味无争辩。"这就是

第十七章 美感的共性与个性和客观标准

只承认美感中个人的爱好、兴趣,而否认美感的共性和普遍性。虽然也有人承认有共性,如康德认为这是人人都有"先验的共同感",所以我认为美的,人人必然也认为是美的。"先验"是先于经验的,也就是人一生下来就具有的。这种"先验的共同感",完全是康德为寻求美感的共性而幻想出来的,是主观的、唯心主义的。

我们认为,美感虽然以个人的爱好、趣味表现出来,但却有美感的共性和普遍性。这是因为美是客观的真实的,凡是符合客观的真实的美的反映,这种美感形式都是正确的,是有客观社会内容和客观的标准的。美是在实践的基础上的自由创造,这是美的本质,也是美的共性,换句话说:凡是美都是直接或间接、这样或那样地与自由创造有联系。美感作为美的一种反映形式,也都直接或间接与自由创造有关,也都具有共性和普遍性。如南京长江大桥是我国自己设计、自己施工、自己建造的,它充分地体现了我国工人阶级的自由创造,显示了我国工人阶级的力量、智慧和才能。南京长江大桥的壮美,引起了成千上万的中外旅游者(包括各个阶级、阶层的人们)的赞美,这种发自内心的赞美的情感,难道还不是共同的吗?

阶级社会里,不同阶级的人们由于不同的经济地位、生活方式,形成了不同阶级的美感。但是由于他们处于同一社会互相对立、互相依存的共同体中,而且各个阶级间的对立又不是"一刀切",而是在思想情感上能够互相渗透、互相影响的,特别是民族的因素的影响,如地理环境的一致,风俗习惯、语言气质,以及历史文化传统等又有许多共同的条件,因此除了各个阶级产生阶级的美感外,又能产生共同的美感。如梁斌的《红旗谱》中的大地主冯老兰与运涛等,本来是冤家对头,属于两个对立的阶级,在靛颏鸟的问题上却有共同的美感。运涛等逮住了一只出奇的鸟,"他先看了看爪,两只爪子苍劲有力。又看了看头,嘴尖又长,是一只靛颏,青毛稍白肚皮"。"扳起下巴一看,嘿!那一片红毛呀,一直到胸脯上。他兴奋得流出眼泪"。扳起鸟嘴高兴地叫春兰看看,叫运涛看看。说:"这叫脯红!这叫脯红!这叫脯红!"一连说了三个脯红,那个高兴劲就勿用提了。运涛等对靛颏鸟是这样的高兴,振奋,是这样的爱不释手。可冯老兰也爱靛颏,他抓着鸟笼子,甚至不惜花三十吊钱要买下,连连说:"三十吊!三十吊!"他爱靛颏鸟是多么的心切!这虽然预示一场阶级斗争的暴风雨就要来临,可是对靛颏鸟来说,它作为审美的对象,它的羽毛鲜艳,啼声的婉转、神态的活泼有趣等,可以引起不同阶级的人们的共同喜爱和共同的美感。虽然对靛颏鸟的喜爱有着不同的内容,但作为美感的喜爱则是共同的。再如桂林山水的美(见彩图20),从古至今不知吸引了多少各阶级的游人,使其流连忘返,引起他们多少意味深长的审美情感啊!庐山的雄伟多姿,黄山的奇峰云海,西湖的秀美飘洒,等等,不都是如此吗?都能够引起不同阶级的人们共同的美感。

有人说,这是欣赏大自然的美。不错,自然美是侧重于自然的形式美,而很少社会内容,所以欣赏起来容易产生共同的美感。那么我们就来看看社会美吧。如诸葛亮的聪明才智,张飞的鲁莽勇敢,大家都是知道的。诸葛亮的《草船借箭》《空城计》表现了多么大的惊人智慧和胆略。张飞的怒打督邮的鲁莽,长坂坡前的勇敢,无论是小说里还是在戏曲舞台上,不都吸引着不同阶级的观众共同的审美喜悦吗?至于冲破封建牢笼的爱情,像梁山伯与祝英台,贾宝玉与林黛玉,《西厢记》中的莺莺与张生,《牡丹亭》中的杜丽娘与柳梦梅的那种忠贞不渝、至死不悔的爱情,吸引了各阶级的多少同情的眼泪与审美的情感啊!由此可见,社会美与自然美一样,也是能引起共同的审美情感的。

社会美一般都是侧重于内容的,在阶级社会里,它比自然美有更多更明显的阶级差异,但社会生活是丰富多彩的,并不是每一件事都是阶级斗争的结果,都有那么明显的阶级性。如人们行为中的传统美德、智慧、才能等等,或多或少地符合不同阶级的共同利益,而又以生动的具体的形象表现出来,就可能产生共同的审美情感。特别是在阶级斗争异常激烈的革命时期,"进行革命的阶级,仅就它对抗另一个阶级而言,

第十七章 美感的共性与个性和客观标准

从一开始就不是作为一个阶级,而是作为全社会的代表出现的;……它之所以能这样做,是因为它的利益在开始时的确同其余一切非统治阶级的共同利益还有更多的联系"[①]。既然进行革命的阶级,就它对抗另一个阶级来说,不是"作为一个阶级"的代表,"而是作为全社会的代表出现的",有着"共同利益",那么,在美和美感的问题上,就必然有着共同美和共同的审美情感。如先进的革命家、思想家为实现革命阶级的及全体人民的利益而奔走、呐喊,作为审美对象来说,他们的品德、智慧、才能与不屈不挠的斗争的生动形象,不是给予各个阶级的人们以强烈的感染和鼓舞吗?

"兄弟阋于墙,外御其侮"的爱国主义精神,高于阶级和阶层的利益。当外族入侵、民族尊严受到屈辱、祖国土地遭到蹂躏的时候,同仇敌忾,保家卫国,就是各个阶级的神圣的义务和责任了。"虽九死其犹未悔"的屈原,"愿将血泪寄山河"的李清照,"待从头,收拾旧山河"的岳飞,"留取丹心照汗青"的文天祥,他们在民族危亡的关头,不顾个人的安危,奋起反抗。这种肝胆照人、千古传颂的诗篇,是他们激昂的爱国主义热情的写照,为各个阶级的人们所反复吟咏,一唱三叹,鼓舞着人们去为祖国而战斗,深受人们的崇敬和喜爱。

那些抨击统治阶级的腐朽没落、同情劳动人民的悲惨命运的诗篇,同样也能引起人们的同情和共同的审美感。如杜甫的千古名句:"朱门酒肉臭,路有冻死骨",不仅为劳动人民所热爱,即使统治阶级内部具有同情心和正义感的人也为之赞叹。当然,我们所说的共同的美感不是抽象的而是具体的、历史的,是受一定的民族文化传统、风俗习惯和一定时代的阶级的社会物质生活条件所规定和制约的。

美感的共性存在于个性之中。每个人的审美认识、审美情感是有千差万别的个性差异的,可以说每个人都是不同的。首先是阶级的差异。在阶级社会中,每一个人都处于一定的阶级地位和社会生活中。不同的

---

① 《马克思恩格斯选集》第1卷,第100页。

阶级地位和社会生活，决定了不同的爱好、趣味、心理和需要，因而形成了不同的审美认识、审美情感。他们的美感在有些问题上甚至是互相对立、互相排斥的。其次，不同的阶级有不同的世界观和审美理想。世界观和审美理想，特别是审美理想是审美认识的灵魂，审美认识都是在一定的审美理想指导下进行的。不同的审美理想规定着审美认识有着不同的内容和倾向。审美认识——美感的具体性，表现在喜爱、爱好什么，不喜爱、不爱好什么的趣味上，一个阶级的趣味往往集中地反映了这个阶级的审美需要、审美态度和审美认识的内容。在阶级社会中，不同阶级的趣味的对立，不仅反映了阶级的对立，而且反映了思想的斗争。这种斗争最集中地反映在不同阶级的文艺思想斗争中。

　　阶级是一个历史的具体的存在，一个阶级的趣味也必然表现具体的历史的内容。处于上升时期的阶级趣味是在先进的世界观，特别是先进的审美理想指导下形成的，表现社会发展的趋向和要求，因而能够认识和反映客观事物的美，具有一定的真实性和进步意义。处于没落时期的反动阶级，由于他们的世界观，特别是审美理想是腐朽的反动的，其审美趣味也是腐朽的反动的，不仅不能反映出客观世界的美的事物，还歪曲了客观事物的真实性质。例如，对历史上的农民起义的看法，农民对起义中的人物形象、战斗场面感到很美，而统治阶级对农民起义却百般诋毁丑化，并感到惊慌、恐惧。我们认为历史上的农民起义的战斗形象是美的，它们如实地反映了生活中客观存在的美，因为这些事物符合社会实践的进步要求和社会发展的方向，与人民的利益是一致的，它们的形象本来就是美的。而反动阶级对农民起义的诋毁则是出自他们的偏见，因此视美为丑。但反动统治阶级也不是铁板一块，除上层反动统治者外，它还有各种阶层，特别是同情人民疾苦、命运的阶层，它的审美理想接近于劳动人民，可以产生共同的审美感受和美感。我们所说的美感的共性，并不是说一个社会中各个阶级的所有的人都具有这种共性（在任何时候任何社会中也有这种例外），而是指各个阶级的大部分人都具有这种美感，这种美感并能正确地反映客观美的性质。郑板桥虽不是

第十七章　美感的共性与个性和客观标准

劳动人民，而是清朝的一位县吏，但在他的《风竹图》（图17.1）的题诗中却写道："衙斋卧听萧萧竹，疑是民间疾苦声。些小吾曹州县吏，一枝一叶总关情。"读了这首诗，再细看风竹的形象，竹叶在风中颤动，枯瘦的幼竹在风中摇曳，感觉会更亲切。这风竹的一枝一叶既是贫苦百姓生活境遇的写照，又是画家真挚情感的流露。他的画不仅能为各阶级的人们所欣赏，而且能从不同方面反映美的本质。在今天，那种明朗、健康、高尚以及充满乐观主义精神的审美趣味，既是无产阶级和劳动人民的，也是共同的审美趣味。只有在这种趣味指导下，才能真实地能动地反映客观的美的性质。

在一个阶级内部，虽然他们的阶级地位相同，但是每个人的生活环境、道路、命运和遭遇，以及文化教养与心境等等，是各不相同的，这种不同决定了一个人的特殊的性格、需要、爱好和情感体验，形成了个人的审美趣味、审美情感。审美活动中的这种个性差异是随时可见的。例如有人喜爱杜甫，有人喜爱李白；有人喜欢激昂的热烈的进行曲，有人则喜欢优美的沉思的抒情曲；有人喜爱李思训的金碧山水，也有人喜欢八大山人的写意抒情；等等。即便是对于同一对象，由于欣赏者的个人生活经历和环境的不同，所引起的审美感受和审美体验也是各不相同的。同是菊花，陶渊明所感

图17.1　郑板桥：《风竹图》

受到的与李清照所感受到的是迥然不同的。陶渊明的"采菊东篱下,悠然见南山",那种怡然自得,田园牧歌式的感受,与李清照的"莫道不消魂,帘卷西风,人比黄花瘦",那种苦闷、忧郁、多愁的感受,是多么的不同啊!同是明月,既有苏轼在《水调歌头》中的"明月几时有?把酒问青天",那种飞进神话世界里的浪漫主义幻想;也有李白在《静夜思》中的"床前明月光,疑是地上霜。举头望明月,低头思故乡",那种悱恻眷恋的乡愁和情怀;更有冯延巳在《三台令》中的:"明月,明月,照得离人愁"的凄戚悲凉的情感。这种个性差异表现在诗词中最为明显。再如杭州的西湖,从古至今,不知吸引了多少诗人骚客,写了那么多诗篇,歌咏吟唱西湖的美,但却没有一篇是完全相同的。

美感在一定程度上随着个人的心境、情绪的不同,而有所不同。心境在美感中的作用有二:一是抑制审美情感的产生。当人们心境不好时,即使平时感兴趣的东西,也没有了兴趣,引不起审美情感的体验。例如马克思说:"忧心忡忡的穷人甚至对最美丽的景色都没有什么感觉"①。鲁迅曾说:"桃花的名所,是龙华,也有屠场,我有好几个青年朋友就死在那里面,所以我是不去的。"② 中国古代的荀子也讲到"心忧恐,则口衔刍豢而不知其味,耳听钟鼓而不知其声,目视黼黻而不知其状,轻暖平簟而体不知其安。"③ 这是说人在心情忧郁、恐惧时,即使是美味佳肴也尝不出味道,动听的音乐也不觉得悦耳,美丽的服饰也感不到好看。这些事实都说明美感的产生受到人的主观心境的影响。忧心忡忡的穷人为什么对美的景色都无动于衷,没有感觉呢?这是由于他处在饥寒交迫中,迫切要求的是维持生存的吃穿问题,没有情趣和心境去欣赏自然风景。但这并不是风景本身不美。二是影响欣赏者从特定的心境去看事物,使事物着上了不同的心境的色彩。所谓"感时花溅泪,

---

① 马克思:《1844年经济学哲学手稿》,第83页。
② 鲁迅:《鲁迅书信集》下卷,人民文学出版社1976年版,第983页。
③ 《中国美学史资料选编》上,第52页。

恨别鸟惊心"是也。花也不会溅泪，鸟也不会惊心，都是由不同的心境，才写出了个人的独特感受。又如《西厢记》中："碧云天，黄花地，西风紧，北雁南飞。晓来谁染霜林醉，总是离人泪。"离人的眼泪，好像染醉了霜林，这是由于崔莺莺在离别张生时的个人心境造成的。个人的生活遭遇、审美经验以及各种文化修养不同，想象和联想也是各不相同的。如《红楼梦》中咏柳絮词时，林黛玉和薛宝钗就有很大不同。林黛玉是"一团团逐对成毬。飘泊一如人命薄，空缱绻，说风流"；"嫁与东风春不管，凭尔去，忍淹留"。薛宝钗则是："万缕千丝终不改，任他随聚随分。韶华休笑本无根，好风凭借力，送我上青云。"一个是那样"缠绵悲戚"，一个是那样"情致妩媚"，这是因为两个人生活遭遇、想象的不同所致。林黛玉是寄人篱下，没有亲人，这种遭遇，作诗填词总带悲戚之感。薛宝钗则是有母亲在身旁疼爱，诸事顺心，自然有"好风凭借力，送我上青云"的欢悦之感。这种差异之中，又从不同的方面表现了柳絮的共同美。总之，美感活动中有着各方面和各种程度的个性差异。这种差异的存在正说明了人的精神需要的丰富性和多样性，在美感活动中是不应该也不能抹杀的。

第二节 美感的客观标准

由以上可以看出，美感既是以个人爱好、个人趣味表现出来，而个人爱好、趣味又是不同的，这就给美感带来丰富的多样性和个性差异。这种丰富的多样性和个性差异是符合人的精神生活需要的，在美感中最忌那种强求一律或一致。违反精神生活的客观规律，事实上也是根本做不到的。

既然个人的爱好、趣味有丰富的多样性和个性差异，那么美感是否还要客观标准呢？我们认为美感虽然从个人的主观爱好、趣味出发，但是美感的多样性和个性差异还是有客观标准的。这是因为，美感虽然是从个人的主观爱好和趣味出发，但它所反映的还是有客观内容的，这就是为一定进步生活所决定的美。如若个人的爱好、趣味是健康的和高尚的，它就必须如实地、正确地反映现实中的和艺术中的美。美是有客观标准的，美感也是有客观标准的。无论个人爱好、趣味有多大差异，有多么的丰富多样，它都必须要正确地、如实地反映客观的现实的美，才能是真实的健康的美感。那么，检验美感的客观标准又是什么呢？这就是社会的实践。社会实践是检验真理的客观标准，也是检验美感是否真实、是否反映了客观的美的标准。这是因为，社会实践是改造客观世界的物质活动，具有变主观为客观的特性。真理是人的思想对于客观世界及其规律的正确反映。因此，作为检验真理的标准，绝不能到主观领域内去找，不能到理论领域内去找，因为思想、理论自身不能成为检验自身是否合乎实际的客观标准，而必须到社会实践中去找。正如马克思所说的："人的思维是否具有客观的真理性，这不是一个理论的问题，而是一个实践的问题。"① 是客观的社会实践才能完成检验真理的任务，即思想、理论在社会实践中变主观为客观的东西、达到了预期的目的或得到了证实，那便是符合客观实际的真理；否则为实践所否定，在社会实践中失败了的理论和思想，那便是错误的，不符合客观实际的。

　　社会实践检验美感的真实性是否反映了客观的美，也是如此。例如，中国《淮南子》中所说的："琬琰之玉，在洿泥之中，虽廉者弗释。敝箪甀甂，在袾茵之上，虽贪者不博。美之所在，虽污辱，世不能贱。恶之所在，虽高隆，世不能贵。"② 这说明美与恶是有客观标准的。美与恶虽然有不同遭遇，但不能改变其客观的价值，这不正说明它们有客观的标准么？这个标准是什么呢？在《淮南子》时代没有解决，也不可能要求它解决。再如近代鸳鸯蝴蝶派的作品在三十年代就很流行，有人称他们的作品是美的，但经过一段时间的社会实践的检验，结果怎样了呢？事实证明了他们的作品并不美，并没有反映客观的现实美，不过

---

① 《马克思恩格斯选集》第1卷，第55页。
② 《中国美学史资料选编》上，第94页。

是迎合了某些人的庸俗的低级的趣味而已。今天它们都已烟消云散，早已成为历史的陈迹了。另外有些作品，如鲁迅的杂文和小说等，在发表的当时虽然受到打击和排挤、恐吓和污蔑，但事实又是怎样呢？经过社会实践的检验，事实证明了他的作品不仅是优秀的美的作品，而且是伟大的革命的作品。它在中国文学史上像一块瑰丽珍宝，放射出永远感人的光彩。像这样的例子，在文学艺术史上并非少数，你认为美的作品并不一定都是美的。有的作品开始曾经红极一时，但经过社会的历史的实践检验，证明它是虚假的，并没有真正反映客观的现实美，经过历史淘汰，以后也就无人问津了。真正经过社会实践检验的作品，历史证明它是如实而又典型地反映了现实美，如希腊的雕塑、文艺复兴时期的绘画，我国的唐诗宋词，以及宋代的山水画，等等，得到了社会实践的检验，淘汰了泥沙，最后被公认是美的作品，才能流传下来，经久不衰。即便是人为地制造能流传下去的假象，在社会实践面前也终究是要泯灭的。

　　一个民族由于生活习惯、地理环境不同于另一个民族，他们所认为美的，所引起的美感也是各不相同的。正如英国18世纪的越诺尔兹所说："只是由于习俗，我们才偏爱欧洲人的肤色而不爱非洲人的肤色，同理非洲人也偏爱他们自己的肤色。我想没有人会怀疑，如果非洲画家画美女神，他一定把她画成黑颜色、厚嘴唇、平滑的鼻子、羊毛似的头发。他们如果不这样画，我认为那反而是不自然；我们根据什么标准能说它的观念不恰当呢？……就美来说，黑种民族和白种民族是不同种的。"① 这种民族的审美判断的差异和不同，是由民族社会生活不同所致。这是不是说美感就没有客观标准了呢？不是的。不论以什么肤色为美，其最后的决定条件还是社会生活，美感的内容只要真实地反映了该民族的社会生活，在一民族的内部还是有客观标准的。凡是经过实践检验的，真实地反映着一定民族生活内容的，这样的审美判断在一个民族

---

① 《西方美学家论美和美感》，第117页。

内部就是正确的。

如果取消了实践作为美感的客观标准，以个人的主观爱好、趣味为准，那么一千个人就有一千个标准，事实上这就等于没有标准。各人都以个人的爱好、趣味为准，都认为自己的美感、自己的审美爱好是正确的、真实的，公说公有理，婆说婆有理，那还有什么客观标准呢？再者，在阶级社会里，各个人都在一定的阶级地位中生活，他的爱好、趣味势必受一定阶级的政治、经济条件所束缚和制约。审美若没有实践作为客观标准，那还有什么先进与落后、进步与反动之分呢？还有什么真与假、美与丑、善与恶之分呢？事实上，历史上一切腐朽没落的阶级，都是以个人的主观爱好、趣味为准，有意混淆审美当中的先进与落后、进步与反动之分，掩盖真与假、美与丑、善与恶之别，以便贩卖其落后的反动的假、恶、丑的爱好和趣味，欺骗、影响广大的劳动人民而已。

我们把社会实践作为美感的客观标准，这就要求人的个性必须符合客观事物的规律和目的，个性的要求和客观的规律达到了真正的统一，正如孔子所说的："从心所欲，不逾矩"。"从心所欲"，就是我个人的爱好、欲望；"不逾矩"，也就是个人的爱好、欲望，不超出规矩与方圆，用现在的话来说，也就是符合客观规律的意思。因此，我在欣赏客观事物的美时，虽然是从我个人的爱好和趣味出发，但是我的趣味和爱好是符合客观事物的规律的，可又不受规律的机械制约和束缚，在事物中，我可以感到自由，感到自由创造的审美喜悦。这就是我个人的主观的爱好和趣味与客观的美的统一。只要是真正的、健康的美感，都需要个人的爱好和趣味与客观美的这种统一和一致。

个人的主观爱好、趣味是多方面的，客观事物的美也是多方面的，如前面所提到的陶渊明与李清照，同是对菊花的感受，而又如此不同，主要是他们两个人的出身、经历、性格等等的不同，因而个人的爱好和趣味不同所致，但这种不同，是从不同的方面反映了菊花的美，都获得了真正的自由感受，真正的美感。再如，在戏曲的爱好上有的喜欢京剧，有的喜欢评剧；在京剧的喜爱者中又有的喜爱梅派唱腔，有的喜爱程派唱腔，即便是都喜爱梅派唱腔，各人欣赏的角度也不一定尽同。这种现象并不能否认美的客观标准，而正是说明美的客观标准是体现在多种多样的个人爱好中。因为不论现实美或是艺术美都具有多样性的特点，而个人爱好的差异性则表现在审美主体的不同的选择上。他们对美的选择虽然不同，但所选择的对象都是美的，不论梅派，还是程派，它们有一个共同点就是都体现了艺术家的创造，都是艺术美。就一个人来说，青年时代和老年时代，就可能有不同的审美爱好和趣味，这可能是由于他的性格、心境发生了变化，或者是他的阅历有了发展和增加。一般说来，老年人喜爱端庄、稳重、优雅、清幽等特点，而青年人喜爱活泼、热烈、鲜艳等特点。这种种不同，都是从不同方面反映了现实美或艺术美。

审美爱好和趣味的多样性虽是主观的，但它反映的内容却是客观的现实的，而且社会实践是唯一检验的标准。社会实践不是僵死的不变的，而是不断发展变化的。因此，作为真理的标准，它既具有绝对的意义，又具有相对的意义。就一切思想、理论和审美的真实性，都必须由社会实践来检验这一点来讲，它是绝对的无条件的；就实践在它发展的一定阶段上都有局限性，还不能无条件地完全证实审美的真实性这一点来讲，它是相对的有条件的。但是，今天社会实践证明不了的问题，以后实践终究会证明它的。正像列宁所说："当然，在这里不要忘记：实践标准实质上决不能完全地证实或驳倒人类的任何表象。这个标准也是这样的'不确定'，以便不让人的知识变成'绝对'，同时它又是这样的确定，以便同唯心主义和不可知论的一切变种进行无情的斗争。"[①]在这里列宁是针对哲学认识论来讲的，但同样也适用于审美的真实性。关于社会实践标准的绝对与相对的统一的辩证观点，使得任何思想、理论和审美感，都毫无例外地要接受实践的检验，才能确定它是否符合客观的真实和客观的美；同时又使人不要以为实践作为标准是不发展的，

---

① 《列宁选集》第 2 卷，人民出版社 1995 年版，第 103 页。

思想、理论和审美观点也是不发展的，以便避免僵化和绝对化。事实是实践是不断发展的，思想、理论和审美观点在实践的基础上也是不断发展的。新发展的思想、理论和审美观点是否是真理，是否符合客观的现实美，还得接受新的实践来检验。思想、理论和审美观点在实践基础上不断发展，反过来又接受实践检验，这样一次比一次高级，循环往复以至于无穷。实践是检验审美观点的唯一的客观标准，第一，这就是说审美观点不经过实践检验，是否真实，是否符合客观现实美，就不得而知。第二，不经过实践检验，这样的审美观点就像空中楼阁，也就无从发展。

关于在审美爱好和趣味问题上有没有客观标准，在美学史上一直就存在着争论。我们在前面提到的"谈到趣味无争辩"，就是否认审美趣味、爱好的客观标准的一个典型例子。否定审美的客观标准不仅在美学史上有，在当前的美学讨论中也有。如有的同志说："对于美感，'社会'标准是不存在的，因为它不是人有计划地制造出来的；对于它，否定是没有意义的。"① 是的，对于不存在的东西，否定它是没有意义的。美感虽不是人有计划地制造出来的，但它的产生是与劳动和社会实践密不可分的，是社会实践的产物。如果真有把丑"作为美感对象的人"，那么在他身上所产生的美感难道不是虚假的吗？事实是，那只能是虚假的，而不能是真实的正确的美感。至于说："他的美感，总是美感，一种心理状态具有了美感特征，那么它就已经是美感了，既已存在的东西，'并不因为你不承认、不认识，而不存在'，谁也无法来否定它。"② 问题不在于无法否定它，而是美感有没有真假、善恶、美丑之别。至于说什么样的"一种心理状态"才具有了美感的特征，作者并未向我们说明，所以，我们也无从知道。即使"一种心理状态具有了美感特征"，都是美感吧？那美感也有真假、美丑、善恶、先进与落后之分，也不能

---

① 文艺报编辑部编：《美学问题讨论集》第三集，作家出版社1959年版，第388页。
② 同上。

是一样的。美感既有先进与落后、真与假的区别，那么社会的客观的标准就总是存在的，这是任何人也否定不了的。如果把丑作为"美感对象的人"，与把美作为美感对象的人，具有同一心理特征，都是美感的话，又没有社会的客观的标准来对真实与虚假、美好与丑恶加以区别，那不成了美丑不分、混沌一团了吗？那不取消了审美欣赏、审美享受了吗？

美感即审美的爱好和趣味虽是主观的，但它反映的内容却是客观的，是有客观标准的，这就是检验美感是否符合客观的现实美的社会的历史的实践。由此可以得出，审美教育的一个重要任务，即根据社会的实践对美感的检验，使我们的主观爱好和趣味，与客观的现实美相一致起来。这样的主观爱好和趣味才是真实的、健康的和高尚的，也只有这样的审美爱好和趣味才能培养出有高尚情操的一代新人。

思 考 题

1. 什么是美感的共性和个性？它们是什么关系？
2. 美感有没有阶级性？阶级性与共性的关系是什么？
3. 美感有无客观标准？你对这个问题如何认识？

参考文献

1. 马克思：《关于费尔巴哈的提纲》。
2. 毛泽东：《实践论》。
3. 《美学问题讨论资料》，"关于审美标准"部分。

第十八章 科 学 美

北京大学老校长蔡元培先生提倡:"沟通文理",即学文科的师生要学点科学,学理科的师生要学点艺术。他说:"有了美术的兴趣,不但觉得人生很有意义,很有价值;就是治科学的时候,也一定添了勇敢活泼的精神,请君试验一试验。"[①] 我试了一试,觉得此话在理。北大有蔡先生的倡导,也有诸多知名的美学教授,因此北大的美学教育在国内有较大的影响,如朱光潜教授的《谈美书简》被教育部指定为"中学生课外文学名著必读书目",宗白华教授的《美学散步》受到海内外美学爱好者的青睐,杨辛、甘霖教授的《美学原理》被定为高等教育文科教材,叶朗教授的《中国美学史大纲》和《胸中之竹》等均有影响。进入21世纪,有人提出"融通文理","文理交融,必由之路"。这就有必要探讨此路怎样走。杨辛、甘霖教授邀请我为《美学原理》写一章"科学美",我愉快地答应。但我是一个业余爱"美"者,只能从自然科学工作者的角度来谈对"美"的体会,供读者参考。

爱因斯坦曾说:"在那不再是个人企求和欲望主宰的地方,在那自由的人们惊奇的目光探索和注视的地方,人们进入了艺术和科学的王国。如果通过逻辑语言来描绘我们对事物的观察和体验,这就是科学;

---

① 《蔡元培选集》,中华书局1959年版,第173页。

如果用有意识的思维难以理解而通过直觉感受来表达我们的观察和体验，这就是艺术。二者共同之处就是摒弃专断，超越自我的献身精神。"① 包括爱因斯坦在内的一些科学家都曾思考、探索科学与艺术的关系，从科学美中享受科研的乐趣。

第一节 科学美的概念

科学研究是探索自然、社会和人本身的奥秘，发现新现象揭露和认识新规律，积累新知识；它侧重于理性的抽象、分析、演绎和概括，即主要是求真。其中，自然科学是指数、理、化、天、地、生（包括人本身）等学科。自然科学的重大发现不仅是科学家以严谨的科学态度，严格的科学方法，敏锐的思维和认真的观察，对自然现象和规律进行探索，而且还和科学家的个性、爱好、人际关系有关，其中很重要的一方面是对美的爱好和认识。科学美同艺术美一样，属于广义的社会文化美，它是审美存在的一种高级形式。科学美是理性探索未知活动中，及其在科研成果中所具有的审美价值形式。由于科学家求真的本质，使得不少人以为科学研究与审美无关。其实不然，人们在对自然的研究中发现了美，感受到审美的愉悦和陶醉。人类对自然的审美是对自然界各种对象与现象的欣赏。它不只是人类审美的基本形态之一，而且很可能也是人类较早的审美形态之一。早在古希腊，毕达哥拉斯学派就已从数学研究中发现了和谐之美，称一切立体图形最美的是球形，一切平面图形中最美的是圆形；并提出"宇宙和谐"的概念。古希腊人就已知道，一根棍从黄金分割点分割最为美妙，其研究成果被欧几里得（前330—前257）编入他的《几何原理》。这些都证明科学美的概念早已存在。现代的科学技术出现在欧洲的文艺复兴之后，是在第一、二次工业革命中

---

① 派特根·里希特：《分形——美的科学》，科学出版社1994年版，第1页。

逐步成长起来的。它的发展愈来愈证明科学美不光存在，而还证明了科学美的重要性。

一、科学美是一种理性逻辑语言的形式

天地、大自然有大美。它的运行是和谐而有规律，但美不自美。科学家在探索自然奥秘时，往往运用理性的逻辑思维和非理性的灵感，力求用少量的字符和数学符号写成简洁的公式。这些用逻辑语言写成的公式能揭示自然的奥秘。它们既具有明显的简洁美，也具有抽象的哲理美。所谓哲理美就是用简单的逻辑语言，揭示自然规律，揭示得越深刻，哲理美越凸显。这种简洁美和哲理美是科学美的重要表现形式。这种令人愉悦的哲理美往往有助于科学探索，并能促进科学和技术的发展。

二、科学美是视觉艺术形象美的一种

随着科学技术的发展，愈来愈多的新现象和新规律被发现，其中有许多是可以用视觉来欣赏的科学图片。这些激动人心的科学发现具有很高的艺术欣赏价值，它是人类前所未见的形象美。人类的视觉有许多局限，例如太远的宇宙空间中的星星我们看不清；太小的微观世界我们也看不见。依靠科学技术可以逐步解决这些难题。科学家有不可磨灭的好奇心，在探索自然的实验中获得愈来愈多的艺术性图片。

三、科学美具有简洁、对称、有序的抽象形式

自然科学的任务是探索大自然的新现象和新规律，而这些现象和规律都具有简洁、对称、有序等特性。正是这种理性活动及其成果能显示审美形式而使人激动。这些审美形式是另一类审美形式。

第二节 科学美的客观存在

自然科学研究的对象是大自然，研究过程包括观察、实验、数据资料处理、建立理论模型、逻辑推理、检验、得出研究成果、发表论文。科学审美也存在于上述各个阶段。

一、科学美反映大自然的统一与和谐

作为研究对象的大自然是物质的。不论在地球上还是在宇宙空间，物质都是由原子和分子组成，而且原子由带正电荷的原子核和环绕它的一些带负电荷的电子组成。科学研究发现各种元素原子的结构是有规律的，可以排列成周期表，并能解释原子和分子如何构成物质世界万物。人们不能不惊叹，这五彩缤纷的花花世界竟如此统一于原子的周期排列，竟如此和谐。自然界的形成、运行、演化、生长、繁衍、消亡都是有规律的，和谐的，这就是令人信服的科学美。正如恩格斯在《自然辩证法》导言中曾深刻指出的，由于物质世界的统一性和普遍性，自然科学理论把自己的自然观尽可能地制成一个和谐的整体，因而反映自然物质运动的科学理论必定包含美学的因素。

《庄子》"知北游"说："天地有大美而不言，四时有明法而不议，万物有成理而不说。圣人者，原天地之美，而达万物之理……。"前三句说明"美"是客观存在的。第四句说明"美"是要由人去探究的。

诗人波普在赞美牛顿的伟业时吟道："自然与它的奥秘/都隐藏在黑暗中/上帝说/让牛顿去干吧/于是一切顿现光明"。牛顿彰显世界的秩序与和谐的画面，能使后人获得美的感受。

爱因斯坦曾说过："物理上真理的东西一定是逻辑上简单的东西。"爱因斯坦的助手罗森说："在构造一种理论时，他采用艺术家常用的方法，以求得简单性和美。"自然界总是按照共同的统一性存在

着、运动着。在统一的大自然中,又存在着无穷无尽的特殊性和多样性;简单中蕴含着复杂性,简洁美和浩瀚美并存。笔者认为"天道崇美",并为此写了《天道崇美·人道颂勤——纳米相薄膜的生长》《天道崇美·人道彰美——祝贺北京大学建校 105 周年》《天道崇美·人道好美——美妙的黄金分割及发现 DNA 双螺旋 50 周年》3 篇文章公开发表。

二、科学美反映和利用科学研究过程中的美感

科学美存在于科学研究的各个过程,科研工作者在各研究过程中应该判断和利用自己的美感。

(1)科学实验中的美感。这体现在科学实验指导思想的创造性、实验装置的新颖性和实验技术的艺术性。最典型的例子是 1887 年迈克尔逊和莫雷用自己设计的干涉仪把光栅的分析能力提高了一个数量级,并用多面旋镜精确地测定了光速,还证明了光速在不同方向上都是相同的。实验的成功使他们产生由衷的美感。爱因斯坦称赞说:"我总认为迈克尔逊是科学中的艺术家。他的最大乐趣似乎来自实验本身的优良和所使用方法的精湛。"

(2)建立模型时的美感。在科学研究时总要使研究问题简化,提出模型,通常可以提出几个加以选择,有选择就会有判断,符合美学原则(包括简单、对称等)的模型往往是符合客观真实的模型。

(3)逻辑推理的美感。一种科学理论如果能以尽可能少的基本假设,运用严密的逻辑推演,得出具有普遍而深远含义的结论,这种理论往往被认为是美的。爱因斯坦相信,"有可能把自然规律归结为一些简单的原理;评论一个理论是不是美,标准正是简单性,不是技术上的困难性。"

三、科学美反映在科学公式的简洁美

随着各种门类科学的数学化,数学美已成为人们的共识,愈益显示

其璀璨光辉。牛顿的三大力学定律,爱因斯坦的质能关系式,只用几个字母和数学符号写出内容极为丰富的简单关系式。法国哲学家狄德罗说,"所谓美的解答,是指一个困难复杂的问题的简单回答。"追求简单性和美,就是返璞归真,就是探求大自然的本质。彭加勒在《科学的价值》中强调"普遍和谐是众美之源","内部和谐是唯一的美"。这些观点是有代表性的。

四、科学美实例——葵花子、人体模特儿

地球上人们常见的例证:

(1)葵花子。葵花子在花盘上的排列呈螺旋线,有顺时针方向和逆时针方向,葵花子就生长在两列螺旋线的交叉点上(见图18.1)。花盘上有21列逆时针,34列顺时针;或34列逆时针,55列顺时针。其他如菠萝表皮上的疙瘩,斜向左下方的有8列,向右下方的有13列。松树果球的鳞片也有螺旋状排列,向左下或右下有5列,反向为8列;也有各为8列和13列的。这些奇怪的数字之间又有什么关系?原来它们都属于费波纳契(Fibonacci)数列。它的规则很简单,前面邻近两项之和就是下一项。如设第一二项为1和2,就可以写出费波纳契数列为1,2,3,5,8,13,21,34,55,89,144,233,377,610,987……这些数列有一个特点,就是前项被后项除,其值从第八项以后均为0.618。

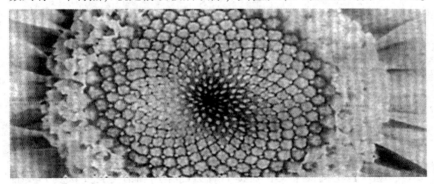

图18.1 葵花子花盘

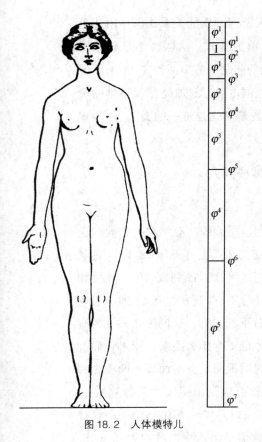

图 18.2 人体模特儿

原来这些天然生长的螺旋列均与黄金分割（见下面讨论）有关联，怪不得这样地有序与和谐。

（2）人体模特儿。人体本身是很精美的。模特儿要长得比例匀称和谐。匀称的人，肚脐应是他（她）的黄金分割点。黄金分割问题引起许多艺术家的兴趣。例如达·芬奇在《绘画论》中称之为"神圣比例"，认为美感完全建立在各部分之间的比例上，各要素必须同时发生作用才能奏效。

图 18.2 表示一位艺术家所研究的模特儿的各部分的比例关系，可以看出各部分有美妙和谐的比例，肚脐以上和以下的比例为 0.618……可见这个模特多么合乎黄金分割规律，真是美妙之极。如若不信，可实测维纳斯石膏像（见本书彩图 12）。实际上，一般人体的比例都会与此有所偏离。

第三节　科学美在创新知识中的作用

进入知识经济时期，创新智力的培养成为素质教育的核心问题。素质教育使受教育者在德智体美有全面的发展。笔者在《科学与艺术的交融》的前言中写道："希望每一位受教育者都能把逻辑思维与形象思维融合起来，对求真与寻美有自觉的兴趣，做一个有修养的文明人。我们要珍惜和认真挖掘汉字文化对提高智力的作用和潜力，要认真开发右脑，提高创新能力，为振兴中华作出自己应有的贡献。"① 这里涉及艺术熏陶和美学基本知识对创新有潜移默化的作用。正如哲人科学家彭加勒所说："缺乏审美的人，永远不会成为真正的创造者。"

一、为什么科学家应该对美学感兴趣

美学是科学家灵感的激发剂。德国康斯坦茨的科学史学家恩斯特菲舍尔教授认为，所有伟大的科学家都追求美的感受，他们懂得从美学中获得科学灵感，从而揭示自然界的真理。笔者认为，美学不能取代逻辑思维和为发现规律而做的实验，但美学确实有助于对事物及其规律的认识。

二、科学发现靠直觉、想象力和洞察力

科学研究中新的发现不是靠逻辑推论，而是靠直接观察或先进仪器帮助下的观察，靠直觉、想象力和洞察力。彭加勒说："逻辑是证明的工具，直觉是发现的工具。"爱因斯坦说："想象力比知识更重要。"1905年，爱因斯坦发表了五篇有深远影响的论文。他的质能关系式（$E = mc^2$）为原子弹的制造和原子能发电产业开辟了道路。这种直觉、想象力和洞察力的培养，不能靠智育，而要靠美育。美育主要作用于人的感性和情感层面，包括"潜移默化"的无意识的层面，它影响人的情感、趣味、气质、性格、胸襟等等。

三、美感在创新中的作用

科学发展，不论过去、现在和将来，都会遇到阻力和风险，不可能一帆风顺，有时还要付出生命的代价。阻力来自统治阶级、宗教势力、社会的愚昧无知、对研究对象的无知等。哥白尼发表了《天体运行论》，

---

① 吴全德：《科学与艺术的交融——纳米科技与人类文明》，北京大学出版社2001年版，第5页。

动摇了教会的地心说,宣告了神学宇宙观的破产。1600年,布鲁诺因宣传哥白尼的学说而被烧死在广场上。研究放射性镭的居里夫妇,首次研究铍的科学家等都因求真而付出代价。

德国数学家魏尔(H. Weyl)写过一本小册子《对称》①,其中有一句话经美国物理学家弗里曼·戴森引用而出名:"我的工作总是尽力把真和美统一起来;但当我必须在两者中挑一个时,我通常选择美。"他在《空间·时间和物质》一书中提出引力规范理论,并认为这个理论作为一个引力理论是不真实的,但它显示出的美又使他不愿放弃。多年之后,当规范不变性被应用于量子电动力学时,他的规范不变性理论被证明是完全正确的。1928年狄拉克写下了著名的狄拉克方程,其灵感来自他对数学美的直觉欣赏。此方程"无中生有"地指出为什么电子有"自旋",而且其动量是1/2而不是整数。他的"负能"更是令人不能接受。他随后提出"反粒子"理论(1931)来加以解释,遂被安德森发现正电子(1932)所证实②。可见具有哲理性的科学美除了使人愉悦之外,还能推动科学的发展。

四、汉字文化与炎黄子孙的智力

中国是世界文明古国之一,中国为什么不像其他文明古国那样被历史湮没,而独历经几千年仍屹立在东方?笔者以为其功劳应归功于汉字。中国的文化可称之为汉字文化。"许多古老的文字体系,如玛雅人的古文字、埃及圣书字、苏美尔人的楔形文字等都已被历史所淘汰,而唯独汉字历经数千年沧桑而长盛不衰,探其缘由。汉字适应汉语,适应中国人的思维方式,也许是其中最为重要的原因。"这是北京大学西方语言文学系教授李秀琴的观点。西方文字走拼音道路,受语言制约,有利于方言的发展,有利于小国林立格局的发展。方块汉字不随音转,因

---

① 魏尔:《对称》,上海科技教育出版社2002年版。
② 参见杨振宁:《美与物理学》,《中华读书报》1997年9月17日、10月15日。

此尽管中国幅员辽阔，方言众多，但汉字的字形自秦王朝加以统一和规范化后，就具有很高的稳定性。中国自秦汉以来形成大一统的规模，"书同文"的伟大功绩是永世不没的。中科院外籍院士、中国科技史专家李约瑟曾明确指出："中国文字在中国的文化发展被地理上的重重障碍所分割的情况下，成为促进中国的文化统一的一个多么有力的因素。"他还说："的确，这种古老的文字，尽管字义很暧昧，却有一种精练、简洁和玉琢般的特质，给人的印象是朴素而优雅，简练而有力，超过人类创造出来的表达思想感情的任何其他工具。"华人学者唐德刚对汉字的功绩亦有精辟的见解："'方块字'是维系我中华民族两千年来大一统的最大功臣，是我们'分久必合'的最大能源！"这是汉字的第一功劳。汉字是数千年来人类保存下来的唯一的活文字，源远流长，推陈出新，富有活力、表现力和艺术魅力。炎黄子孙应倍加珍惜，代代相传。

汉字有形体复杂的空间架构，但不管多么错综复杂，都是由几种笔画构成的，即横、竖、撇、点、折五种。它们按相离、相接、相交三种方式构成成千上万个汉字。其构形常常有理可循。汉字的视觉分辨率高，字形所占空间小，阅读速度快，易产生联想和想象。汉字具有集形、音、义于一身的综合功能。它是中国人综合思维模式的产物。用汉字搭构成的词科学性强、简练并易于理解和记忆，便于望文生义，便于联想，体现了整体性、稳定性、直感性的中国传统文化特色。汉字的记忆和使用归于大脑的右半球，但其语音又属于大脑的左半球。汉字有助于开启大脑左右半球之间的沟通，所以汉字属于"复脑文字"，学习和使用汉字，能使人的左右脑都得到开发，因此，汉字有助于提高学习者的智力。人的智力水平可以用智商（IQ）值来衡量。智商是对某一个人的语言、乐感、数学逻辑、时空概念、运动感觉等方面的综合测试参数。它等于智力年龄除以实际年龄再乘以100。如果某人的智力年龄与实际年龄相等，则其智商为100，说明其智力为中等；智商在120以上，则表示聪明；在80以下则表示智障者。

英国心理学家在《科学家》杂志上曾发表过一篇论文显示：欧美孩子智商平均为100，而日本孩子则为111；欧美国家智商高达130的小孩，每100人中有2个，而日本则有10个。其中重要原因就是因为日本孩子学习自己的母语是经由"汉字"来学习的。如5岁开始学汉字，平均智商为115，而3岁开始学习汉字，其平均智商可达130以上。可惜这里没有中国孩子智商的测验数据，但学习汉字能提高智力，则是确定无疑的。

学习汉字文化，使左右脑都得到发展，这使得炎黄子孙受益匪浅。应该说，汉字文化对提高炎黄子孙的智力和民族素质是立了大功的，这是它的另一功劳。

五、开发左右脑与创新知识

人的大脑分左右脑，其构造与功能属于亟须研究的科学问题。科学家不断有新的发现和阶段性结论。美国神经生理学家罗杰·斯佩里成功地证明了左右脑在功能上具有高度专门化，因而获1981年诺贝尔医学生理学奖。他的结论是：左脑是"理性脑"，主管抽象思维，侧重语言、逻辑记忆、逻辑推理、数学计算、分类、书写等；右脑是"感情脑"，主管形象思维，与知觉和空间判断有关，具有对音乐、图形、整体映象和几何空间的鉴别能力，侧重情感、图形知觉、美术、音乐、舞蹈和想象功能等。近来的研究表明，左右脑的功能比上述简单分工要复杂。有人称左脑为"自身脑"，存储出生后得到的信息；右脑为"祖先脑"，存储着人类的智慧。

人脑的信息存储空间如此之大，人的一生使用过的存储空间仅占5%—10%，余下的存储空间白白浪费掉，实在可惜。人的聪明才智潜力如此之大，如何开发这种潜力引起了人们极大的关注；如何科学教育，发挥人脑的最大潜力，从婴儿、少年、青年、中年到老年，教育应各有特色；使他们为人类、为国家、为社会做出应有的贡献。

新中国成立后的"应试教育"，一边倒地开发左脑，易使人长期处于紧张状态，加速衰老，并成为缺乏文化艺术修养的残疾人。其后果是缺少创意，缺乏整体意识，偏执于个人的成败得失。目前提倡素质教育，强调德、智、体、美全面发展。美育、开发右脑、创新体系等已受到主管领导、新闻界、出版界的关注，已发表了一些文章和书籍。开发右脑能提高艺术鉴赏力，提高创新欲望，容易激发灵感，令人心平气和，生活平静、协调。一般认为，右脑的信息容量远比左脑大。不开发右脑，浪费了部分生命，降低了生活质量，于个人、于社会都没有好处。我国历代思想家都认为，一个人如果心烦意乱，心胸狭窄，眼光短浅，那么他将难以在事业上有所成就。美育给人以潜移默化，使人获得宽阔、平和的胸襟和广阔的眼界，成为明事理、有作为的人。心理学的研究表明，对于成功的人来说，情商（即情绪智力）比智商更重要。情商（EQ）用以表示人认识自然情绪、妥善管理情绪、自我激励、认知他人情绪和处理人际关系的水平。现代心理学研究表明，一个人的生活和事业上的成功，只有20%依赖于智力水平，80%决定于情商水平。

素质教育就是要同时开发左、右脑。左右脑之间有许多沟通渠道，会协调发展。开发右脑有许多途径。有实验证明，在婴儿会说话前就教他认汉字，可以提高他的智力，影响他的一生。对小学生来说，提倡用毛笔写汉字也是一种办法，因为汉字文化是两脑文化。学习美术、音乐、手工劳作、接触大自然和观察大自然等也是有效途径。对大学生来说，不应只注意基础知识和专业知识，着重逻辑思维而忽略形象思维。大学应该有精美的艺术博物馆和美术、音乐活动室。大学生应该德、智、体、美全面发展，应该受到艺术熏陶。

第四节　科学美与艺术美的融合

一、求真与寻美

蔡元培先生在这个问题上有这样一些话："科学与美术有不同的特

点；科学是用概念的，美术是用直观的。""但是科学虽然与美术不同，在各种科学上，都有可以应用美学眼光的地方。""治科学的人，不但治学的余暇，可以选几种美术，供自己陶养，就是所专研的科学上面，也可以兼得美术的趣味，岂不是一举两得么？"蔡元培提倡"美感之教育"和"以美育代替宗教"有其时代背景。目前我国提倡"素质教育"来替代"应试教育"，强调"德、智、体、美"全面发展，也有时代背景。现在是处在以知识为经济基础的信息社会，它以高新技术产业为支柱，强大的科学体系作后盾。"素质教育的目的为了创新，包括知识创新、技术创新、管理创新等。""创新是民族的灵魂"，这是从提高中华民族素质的层次上提出来的。这与蔡元培当时的"美育教育"是有区别的。

鲁迅在《科学史教篇》里一方面赞颂"科学者，神圣之光，照世界者也，可以遏末流而生感动"。他又指出，仅片面地推崇科学，"人生必大归于枯寂"，如是既久，美好高尚的感情就会淡薄消解，深刻敏锐的思想也要丧失。鲁迅认为"人类所当希冀要求者"，不仅是牛顿，也应有莎士比亚；不仅要有波意耳，也应要有拉斐尔那样的画家，既要有康德，也必须有贝多芬；既要有达尔文，也必须要有莱尔似的著作家。凡此种种，"皆所以致人性于全，不使偏倚，因此见今日之文明者也。"在工业社会，这是有卓识的见解；把人分成科学家、文学家、艺术家，符合工业社会分工精细的要求。在欧洲文艺复兴时期，或更早些，大师学者往往一专多能，兼长文理，既是艺术家也是科学家。文艺复兴运动的伟大旗手——意大利的科学家、技术发明者和艺术大师达·芬奇把艺术与科学融于一身，他的名画《蒙娜丽莎》成为每位到卢浮宫参观者首选的对象；他斗胆指责教会是"贩卖欺骗的店铺"，认为"理智是实验的女儿"。今后的知识经济社会，艺术家须有良好的科学基础知识；科学家、技术专家亦应有良好的艺术修养，有高尚的艺术欣赏力，敏锐的洞察力，丰富的想象力，才能充分发挥他的创新能力。不论什么家，都应开发左右脑，自觉调动其创造性。科学家有一种直觉，正如爱因斯坦所说："物理上真理的东西一定是逻辑上简单的东西。"自然界总是按照共同的统一性存在着，运动着。在统一的大自然中，又存在着无穷无尽的特殊性和多样性；简单中蕴含着复杂性。除简洁美之外，还有浩瀚美。

上面是科学家从哲理上谈论美，当然也可从艺术角度谈论美。美是永恒的话题，也是一直在争论的话题。但美是一种客观存在，这是科学家们一致的认识。

寻美要有艺术家的眼光和头脑，要有一定的艺术修养。艺术家善于用右脑。右脑活跃时分泌出脑内吗啡，令他觉得愉快、满足、平静、舒服，能给予他灵感和强烈的创作意图。

社会、人生和大自然并不总是美好的，也会充满矛盾、混乱和灾难。艺术家要从美好的世界和不和谐的社会中寻找美和激发人为和平、正义而奋斗的题材，创造出使人愉悦、惊喜和同情的艺术作品，引发人的高尚情感和执着追求的激情。

寻美与艺术欣赏一样，都有着极为复杂的心理过程，它包含着感知、理解、认知、情感、想象、联想等心理因素的协调活动。

寻找美与科学研究一样，要全神贯注。假如他悲愤异常，或整天想着发财，他会对一切美视而不见，听而不闻。因此，不论创作、审美和寻美时，都应有平静的心情。中国画家很重视这一点，即要怡情养性。

美可以从大自然、社会、生活中寻，要从欢乐的场合中寻，也要从悲壮的生活中寻；从浩瀚世界中寻，亦要从微观毫末中寻；要从动的节律中寻，也要从静的幽思中寻；要从明快的场合中寻，也要从朦胧的场合中寻；有时还要从下面、背面、上面、仰面去寻。东晋大书法家王羲之在《兰亭序》里写道："仰观宇宙之大，俯察品类之盛，所以游目骋怀，足以极视听之娱，信可乐也。"

寻美不光是为自娱，也能为艺术创作提供素材；不光要寻找美，还应寻找美的规律和条件，提高生活境界和意趣。这应是素质教育的重要组成部分。

寻美不光是科学家和艺术家的事，也是与普通人有关的事。《美国艺术教育国家标准》写道："我们的儿童教育成功与否，有赖于形成一种文明的、富于想象的、有竞争力和富于创造性的社会，这个目标反过来有赖于是否能够向儿童提供有力的工具，使他们能够理解这个世界，并能用他们自己的创造性方式为这个世界做出贡献。没有艺术来帮助学生促进他们的感知和想象，我们的儿童就极有可能带着文化上的残疾步入成人社会。我们绝不能允许这样的事情发生。"可以说，美育是培养想象力和直观洞察力的。彭加勒说："发明就是选择，选择不可避免地要由科学上的美感所支配。"美感对于发现新的规律、创建新的理论有着重要的作用；对发明高科技产品，对提高日常生活的品质也有着重要的作用。为了适应知识经济的到来，为了参与国际竞争，必须努力提高中华民族的艺术修养。

二、艺术与科学的异同和融合

有人认为，科学尊重客观事实，追求客观真理，是求真；而艺术是符合美学原则的主观创作，是求美，两者完全不同，无法相通。笔者认为科学和艺术不仅可能相通，而且应该结合，在某些场合下可以融合。

什么是美，各有各的说法，仍未统一。《真与美》的作者诺贝尔奖获得者钱德拉塞卡采用两个标准。第一个是培根的标准：一切出色的美都有结构上的奇异性（指奇特到引起好奇和惊讶的程度）！第二个标准是海森伯的"美是各部分之间，以及各部分与整体之间，恰到好处的协调一致。"我曾谈过："美体现在和谐、有规律、有节奏、简单又稍有变化、对称又略有不同、重复而不单调。"或者说，"美的韵味，就是要有重复，要有节奏，而且流畅；但又不能单调，要复杂，但又不能零乱，要删繁就简，使有序与无序和谐地搭配起来。"

什么是艺术，各有各的说法。面对丰富多彩的艺术种类和浩如烟海的艺术作品，许多思想家、艺术家和美术家都想找出它的本质和规律，对它下的定义不下百种。李政道先生的说法是："艺术，就是用创新的手法去唤醒每个人的意识或潜意识中深藏着的已经存在的情感。表达的手法越简单，叙述的感情越普遍，艺术的境界也就越高。"再举一例，张大千的说法："绘画既是艺术，就不能太真实，就应该集中大自然中的美和创造大自然所没有的美。"马克思的看法是："艺术是一种特殊的精神生产。"艺术性原本于艺术家的精心创造。这种创造与艺术家的阅历、艺术修养和掌握的技艺密不可分。

我国最早探讨"美"与"真"关系的是梁启超。他认为："从表面看来，艺术是情感的产物，科学是理性的产物，两个东西很像是互不相容的。但是西方文艺复兴的历史却证明，艺术可以产生科学。这又是什么缘故呢？"[①] 他解释说：艺术和科学有一共同因素——自然，两者的关键都是"观察自然"。它们有共同要求：（1）要肯观察、会观察；热心与冷脑相结合是创造第一流艺术品的主要条件，也是科学成立的主要条件；（2）要有"同中观异"的分析精神，要从寻常人不会注意的地方，找出各人情感特色。这种分析精神，不又是科学成立的主要成分吗？（3）要善于把握事物的整体与生命，而且要深刻；（4）要有精密的科学头脑，否则，恐怕画也画不成，看也看不到。

总之，"科学的精神，全在养成观察力，最要紧的是观察自然之真。能观察自然之真，不惟美术出来，连科学也出来了。所以美术可以算得是科学的金钥匙。"梁启超的艺术和科学的四个共同要求是精辟的见解，但他没有讨论它们的差异，因此得出"真即是美，真才是美，所以求美先从求真入手。""美术可以算是科学的金钥匙"等值得商榷的结论。

科学与艺术的相同或相关点有：（1）它们都产生于神话，后来才发展为两支，成为人类文化的两翼，犹如车之两轮，鸟之双翼，一个金币的两面；李政道认为："科学家追求的普遍性是一类特定的抽象和总结，适用于所有自然现象，它的真理性植根于科学家以外的外部世界。艺术家追求的普遍真理也是外在的，它植根于整个人类，没有时间和空间的

---

① 参见叶朗：《中国美学史大纲》，上海人民出版社1985年版，第586页。

界限。"（2）创新性，没有创新两者都将失去生命力，无法发展。（3）协同性，美感是科学家灵感的激发剂，而艺术亦需要科学技术发展的帮助，犹如车子的两个轮子，缺一无法快速前进。

科学与艺术的不同点有：（1）科学用逻辑思维，要求对自然现象有所发现，寻找它的规律；科学与技术相结合，促进物质生产，满足人们的物质需求。艺术用形象思维，强调符合美学原则的主观创作，而其作品能引发观赏者的愉悦或者艺术享受，满足人们的精神需要。（2）艺术创作离不开自然环境和社会体验。科学研究离不开对物的客观观察和实验研究。（3）对成果的评价不同。钱德拉塞卡写道："在评价艺术家时，常常区分早期、中期、晚期；这种区分一般就是成熟和深刻程度的区分。但评价科学家的方式却不是这样。科学家是根据他在观念或事实领域做出的一个或几个发现的意义（重要性）来评价的。一个科学家最重要的发现常常是他的第一个发现，一个艺术家最深刻的创作常常是他最后的创作。"

三、形象思维与逻辑思维的融合

古希腊人朴素的自然科学研究影响西方文化和文明的发展，他们重视分析、分解、假设、推理、推导、实验、验证等思维方式。这与东方重视整体、模糊处理、直觉综合、和谐大同、"仁者爱人"等思维方式和思想有明显的差别。胡适在《中国的文艺复兴》一文中说："当孟子在对人性的内在美德进行理论探讨时，欧几里得正在完善几何学，正在奠定欧洲的自然科学的基础。"这种说法不全面，东方的中华文明有过比西方更辉煌的历史；但在近五百多年来，西方经历了继承希腊的文艺复兴和工业革命，使科学和技术快速发展，而中国因封建统治和闭关锁国等原因而衰落。现在应该撷取东西方文明的长处，把它们整合起来，创建中华复兴。

（1）创新需要多种思维。古今的哲人和科学家都在观察、发现和探究自然界千变万化、错综复杂的现象，深化对自然的理解，寻找其内在的规律和万物的本原，再通过对客观规律的认识来解释、预见更多的自然现象，因而科学是客观的，经得起实验检验和实践考验的。这种要求推动了逻辑思维和科学理性的发展。人是主观世界的主体，也是客观世界的主体。自然界客观未知规律的探索需要人去做。但探索未知规律不可能用已有知识和逻辑思维来推导，只能用非逻辑思维，包括形象思维、思维灵感、洞察力、想象力等等，加上"天道崇美"，因此还须加上"美"的选择，即要利用科学美感。科学研究和科学思维不能排斥形象思维和科学美感，而是要自觉地利用它们。许多大科学家都直言，他们在做研究和评价别人成果时都利用形象思维和科学美感。例如，爱因斯坦就说过："我不是用语言来思考的，而是用跳跃式的形状和形象来思考，思考完成后，才用语言表达出来。"可见他是先用形象思维，再用逻辑思维的。

（2）创新思维需要洞察力、想象力、审美鉴别力。源头创新要求研究者或学术带头人有较好的洞察力、想象力和审美鉴别力。人们把直觉、灵感、洞察力、想象力、审美鉴别力称为非逻辑思维。它比逻辑思维具有更大的创新能力。逻辑思维和非逻辑思维有相互作用；有时想象诱发直觉或灵感，有时直觉和灵感会激发想象。直觉来自广博的基础知识和经验积累；灵感来自对复杂问题的深思熟虑，是在情绪最充沛和最活跃时的突发奇想，或从某事物的突发联想；善于在事物多样性中寻求高层次的和谐与统一；善于综合运用形象思维和逻辑思维来处理尚未认识的事物；等等。这些都是创新思维所要求的。创新是科学的灵魂，也是科学发展和人类进步的需要。

直觉往往与洞察力有关联。有人能依靠直觉洞察力，一眼就能看穿疑难重重、错综复杂的事物，带来突然的清晰和光明的感觉。这种能力需要辛勤劳动和积累经验，要有一定的基础知识和气质才能的修养。在研究方向的选择和课题的选择时，洞察力尤为重要。雕塑家罗丹说过："所谓大师，就是这样的人，他们用自己的眼睛去看别人见过的东西，在别人司空见惯的东西上能够发现出美来。"

没有想象力无法突破逻辑思维的束缚，未知事物背后的规律通常不可能用逻辑思维推理求得答案。要建立新模型和新理论必定要突破旧框框，此时需要想象力。这种想象力不是胡思乱想，而是要符合物质世界的统一性和和谐性的审美判断。爱因斯坦说过，提出新问题，从新的角度去看旧问题，需要创新的想象力。

审美鉴赏力是与洞察力和想象力密切相关的创新思维之一。贝弗里奇称之为"科学鉴赏力"，有人称之名为"战略直觉力"。这种"科学鉴赏力"能否在今后的实践中成为现实，还须实践检验。

总之，这些创造性思维，对科学的发展会起推动作用。我们要培养具有一定洞察力、想象力、审美鉴赏力的创新人才。

（3）科学美在创新思维中的作用。一个民族的思维方式不仅会影响科学技术的发展，而且也会影响社会、经济、政治、文化和教育诸方面。

前面谈到爱因斯坦的质能关系式的简洁美。1905年爱氏发表了举世闻名的五篇论文，其中第四篇是讨论物体高速运动时其质量随运动速度而改变，这是狭义相对论的结论。在这篇论文中，静止质量 m 是用能量 E/c^2 来表示的。这是在他所用特定讨论系统中推导出来的。但质能关系式能否用于其他体系而具有普遍性？例如，能否把质量转变成能量？从它的简洁美来看是可能的，但这只是猜想而不是推导，需要实验的检验。爱氏此文的最后说："用那些所含能量是高度可变的物体（比如用镭盐）来验证这个理论，不是不可能成功的。"后来的科学研究发现，当中子打入重原子的核时，由裂变现象发现质能是可以转换的，证明亏损的质量已转变为能量。此外，两个氢同位素原子在特定条件下可能产生核聚变而释放能量。这是制造原子弹、氢弹和原子能利用的依据。

人类崇拜和敬爱太阳，是因为它带来光明和温暖，它提供人类生存的条件，包括能源、粮食等等。从太阳系的形成开始，太阳就提供能源，它怎么会有这么多的能源呢？原来它是由核聚变产生的。质能关系式不光有简洁美，而且能解释太阳为什么能带来持久的光明。这就是科学的魅力。

素质教育要求对学生的德、智、体、美诸方面都得到培养，其目的是培养创新人才。创新包括知识创新、技术创新、管理创新等。素质教育就是培养受教育者有创新欲望，从创新中得到乐趣。这就要求把艺术的形象思维与科学的逻辑思维结合起来，甚至融合起来。

从创新知识的角度来看，应分为认识世界和改造世界两大类知识。对理工科来说，认识世界就是探索客观事理，就是求真；而改造世界属于工、农业的知识，现在信息产业又使世界大为改观。要使知识经济不断发展就必须探索新知识、积累新知识，就要培养左右脑并用的创新人才。"求真寻美"是创新知识的动力和途径。每一位受教育者都应把逻辑思维与形象思维融合起来，对求真和寻美有自觉兴趣，做一个有修养的文明人。

第五节 科学美随科技进步而发展

进入新世纪，迈向知识经济社会，知识创新的要求更加明显，一些发达国家都想抢占高新科技的制高点，由政府组织投入资金和人力，实施各种计划，并鼓励非政府组织参加研究。但许多原始性的创新探索往往不属于上述范围，不少科学家为探求科学真理而终身忙碌。那么他们追求什么？爱因斯坦说："真正投身于科学事业的人是对自然和谐与美的追求。"著名哲人科学家彭加勒曾写道："科学家研究自然是因为他从中得到欢乐；他从中得到快乐是因为它美，是根源于自然各部分和谐秩序、纯理智能够把握的内在美。"他还说："正因为简洁和浩瀚都是美的，所以我们优先寻求简洁的事实和浩瀚的事实。"

科学研究中新的发现不是靠逻辑推论，而是靠直接观察或先进仪器帮助下的观察，靠直觉、想象力和洞察力。随着科技的发展，这种直觉、想象力和洞察力也与时俱进。

中国画家历来有"师法造化"的优良传统，造化就是大自然。唐代张璪的"外师造化，中得心源"和"读万卷书，行万里路"成为画家的创作信条。他们强调用肉眼认真观察，在脑中积累形象，再进行创作。但他们对用望远镜观察星空和用显微镜观察微观世界缺乏兴趣，认为这是科学家的事。这样，他们也就放弃了扩大视野和师法肉眼无法看见的造化。

这里介绍一些科学美随科技发展的事例。

一、古希腊人关于黄金分割的研究

古希腊人喜欢抽象研究；抽象研究又分为逻辑推理研究和形象推理研究，后者所用的工具有直尺和圆规。代数和平面几何为两者的典型代表。

古希腊人曾提出这样一个问题："一根棍从哪里分割最为美妙？"答案是："前半段与后半段之比应等于后半段与全长之比"。其解为0.618，即黄金分割值。古希腊人就已知道用直尺和圆规求解黄金分割值和制作五角星。

二、宇宙的浩瀚美

进入20世纪，科学技术迅速发展，大大改进了天文观察仪器的性能。现在，在人造卫星上设立天文观察站，可以避免大气层的干扰，利用哈勃空间望远镜拍得十分精彩的图片。

德国哲学家康德就说过："世界上有两种东西能够深深地震撼人们的心灵，一件是我们心中崇高的道德准则，另一件是我们头顶上灿烂的星空。"而荷兰画家凡·高说得更直率："星星是天上的花朵，花朵是地上的星星。"

在图书资料里，有众多介绍宇宙星空的书籍和图片可供阅读和欣赏。最近中国科学院北京天文台胡景耀研究员发表了《从行星状星云看天文学——美的科学》和一组引人注目的照片①，证明康德所说的星空多么灿烂。

三、纳米科学实验中的艺术美

科学实验中出现的形象是自然造化形成的，不可能符合西方艺术家"再现一个具体的物像"的要求，但却与中国艺术家"妙"的要求不谋而合，具有中华民族艺术的韵味和风格。所谓韵味，就是要有重复而不单调；要复杂但又不零乱；要有节奏而且流畅，使有序与无序和谐地搭配起来。

石画系造化（即大自然）形成，早在唐代就有人收藏。前不久，在我国南方发现了一批奇石，人们惊奇地发现，这些石头上的花纹均像完整的水墨画，韵味十足。令人惊奇的是：天公在四亿五千万年前太古形成时怎能创造出中国风格的水墨画呢！可见自然造化对中国画情有独钟，与中国画确有相通的地方。

科学实验能否把科学与艺术融合起来，使它既反映出深奥的科学问题，又有艺术欣赏价值？1979年，笔者发表了几张电子显微镜照片，其中示出银胶粒可以聚成"野花"，花蕊部分银胶粒较少。从那时起，笔者就收集这类有特殊形状的带艺术性的显微镜照片。但带有艺术性的照片的确很少。请读者欣赏《科学与艺术的交融》（下面简称《交融》）书中彩色插页中的一些"奇花""鲜果""鱼虾"等，它们都是在北京大学的实验室里拍摄到的。

毛泽东的一句"吴刚捧出桂花酒"，把月宫描写得异常温馨。由此可以想象，广寒宫除了桂花树和兔二爷，还应有"只应天上有，人间无处寻"的奇花异草。能引发出人们美好的想象，这就是艺术的魅力。我们拍摄到的就有这种"奇花"（见彩图26）。此花世上没有，故定名为"广寒春暖"。此花花瓣花蕊齐全，朵朵相似而略有不同，但无花茎和

---

① 见《科技导报》2003年第4期。

根。再看，百花园内，"藤萝"长得多姿多态（见《交融》图13），至于它们生长在"广寒宫"还是在"南天门"，就不必认真去考证了。天女散花，应散奇花，洒落在小溪水面上的奇花，确是可爱，每朵花还都有大型花托（彩图27）。仙女们除了吃乌鸦炸酱面（见鲁迅的故事新编），还有什么？她们有"地瓜"（《交融》图8、10，其上长有奇特漂亮排列整齐的根须）；荤的有"鱼和虾"（《交融》图18），还有中药"海马"（彩图24），可以保养身体。她们也有玩的吗？有，除了嫦娥独舞，她们喜欢看古典的"龙凤对话"（见彩图25）。除了天上的，有没有人间的？有，如"风雨芭蕉"（《交融》图20）和"古战场"（《交融》图14）。这里要强调一下，所有这些图片都是不可重复的，真像天上落下的雪花，没有两片是完全相同的。

北京大学电子学系师生在进行薄膜的超高密度信息存储实验，发现有机材料 C_{60}-TCNQ 薄膜有很好的电学双稳态特性，同时也发现此种薄膜会形成美丽的图形。我们曾有一篇文章发表在美国材料研究杂志（1994）上，引起该编辑部的兴趣，并将其中海马图重新发表在《材料研究协会会报》1995 年第 4 期上，还说编辑部有人看到"两只海马在有机海洋中跳舞"（见彩图24）。

龙与凤在中华文化中占有重要地位。龙是先人的图腾，炎黄子孙都是龙的传人。龙的形象到处可见，可是谁也没有见过天然生长的实物。当我们在纳米薄膜实验中拍摄到纳米薄膜中生长的龙与凤时，能不激动么！

四、奇妙的 DNA 双螺旋——生命曲线的审美

20 世纪 40 年代底，有三支队伍在向 DNA 进军，其中最年轻的一组是剑桥卡文笛许实验室的沃森和克里克。1953 年元旦刚过，他们就制造出一个新模型，在两股糖与磷酸组成的双螺旋链（L_1、L_2）之间夹着碱基对。当时已知的碱基有四种：腺嘌呤（A）、鸟嘌呤（G）、胞嘧啶（C）和胸腺嘧啶（T）。当 A 与 A 和 T 与 T 相对接，可以符合已知的数据，但因碱基分子大小不同，使两条螺旋骨架扭曲。沃森陷入了沉思，

认为自然界 DNA 应该有简洁、和谐及美的结构，不可能如此丑陋。他终于把模型拆开，按长短搭配，让 A 和 T 及 G 和 C 配对。这样装配的模型具有舒展自如的和谐美，而且符合 A 和 T 及 G 和 C 数目各相等的要求。DNA 结构之谜从此解开。沃森和克里克写了一篇《核酸的分子结构——脱氧核糖核酸的结构》发表在 1953 年 4 月英国《自然》杂志上。今年是这篇论文发表 50 周年。这篇短文只有一页多一点，上有一张 DNA 结构图（见图 18.3a）。该结构由双螺旋链 L_1L_2 和两种碱基对（横杠）A-T、T-A 和 G-C、C-G 从 L_1 到 L_2 连接起来，排列成特殊的旋转梯状。所有 DNA 双螺旋都是右旋螺旋。

沃森和克里克的这篇论文不足 1000 字，从总体上解开了遗传之谜。沃森、克里克和威尔金斯一起获得了 1962 年诺贝尔医学和生理学奖。

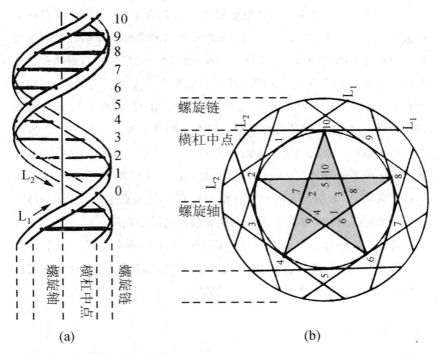

图 18.3　DNA 双螺旋与五角星勋章

笔者用投影几何的方法把双螺旋链和横杠与五角星联系起来，彰显DNA与黄金分割的关系，说明生物生生不息与美有多么奇妙的关系。笔者将沃森和克里克在英国《自然》（171卷（1953）737—738页）上的插图看成是该模型在平行于螺旋主轴的侧面投影（见图18.3a），再画其与螺旋轴垂直平面上的投影，即顶视图。将此图中碱基横杠偶数号的中点用直线相连即得正五角星，如图18.3b所示。我们戏称此图为双螺旋五角星勋章。

从黄金分割的研究历史大致可以看出东西方思维方式的差异。地球上，"大千世界，芸芸众生，忙忙碌碌，悠悠自得，战争与和平共在，和谐与美丽长存。"作者把老子在《道德经》所说的"道生一，一生二，二生三，三生万物"，去其头一句，改'三'为'四'，即"一生二，二生四，四生万物"，并用来描述"芸芸众生"。这样，既有科学严谨性，又符合美学原理，具有总体的简单性和个体的复杂性的辩证关系。对地球上的生物来说，"只有一种双螺旋，生有两种碱基横杠，并可拆分为四种分子单元，它们的排列组合衍生出万物。"实际上，地球上有170万种生物，其中微生物约10万种，植物约30万种，动物约130万种①。每时每刻有物种消亡，也有新物种产生。目前，消亡数目大于新生数目，令人担忧。提倡"天人合一"，使人类与大自然和谐相处，既保护了生态环境，也保护了人类自己。我们要纪念50年前沃森和克里克对DNA双螺旋的发现，使我们对"芸芸众生"有新的理解，这可以促进当前和今后生命科学和生物技术的蓬勃发展。

总之，文科师生要学点科学，理工科师生要学点艺术，要学点美学。要培养有创新能力的人才，这是科技发展的需要，是实现中华民族复兴的需要，也是提高个人生活质量的需要。

---

① 参见 T. A. 库克：《生命的曲线》，吉林人民出版社2000年版，第630页。

思 考 题

1. 什么是科学美？它与自然美有什么关系？
2. 科学美在创新知识中能起什么作用？
3. 科学与艺术能沟通吗？怎样沟通？
4. 融通文理有必要吗？有可能吗？

参考文献

1. 丹纳：《艺术哲学》。
2. 叶朗：《中国美学史大纲》。
3. 叶朗：《胸中之竹——走向现代之中国美学》，安徽教育出版社1998年版。
4. 吴全德：《科学与艺术的交融——纳米科技与人类文明》。
5. 季羡林：《文理交融 必由之路》，《科学中国人》2002年第3期。
6. 孙小礼：《文理交融——奔向21世纪的科学潮流》，北京大学出版社2003年版。
7. 派特根·里希特：《分形——美的科学》。
8. 刘福智等：《美学发展大趋势——科学美与艺术美的融合》，河南人民出版社2001年版。

（本章由吴全德教授撰写，并提供相关的彩色和黑白插图）

结 束 语

上面所讲概括起来主要有三方面的内容：一、关于美的本质。这里面简略地介绍了中国和西方美学上关于美的一些论述，并力图在马克思主义哲学的指导下，对美的本质做一些具体的探索，从纵的方面注意对美的产生、发展做一些具体的历史的分析；从横的方面注意从美和真善、美和丑的关系以及美的各种形态去分析美的特点。由于美的本质是一个尚待解决的问题，因此，我们主要是提出一些问题，也谈一点我们的看法。二、关于美的表现。这里面谈到美的各种不同形态（社会美、自然美、艺术美）的特点和相互关系，还分析了在各种不同的美的形态中都普遍存在的两种类型——优美与崇高（壮美）。悲剧和喜剧则是把美和丑放到特定的历史条件下去考察，由于美丑斗争力量对比的变化，显示出美丑的不同特点。悲剧是在丑暂时压倒美的条件下把有价值的东西毁坏给人看；讽刺性喜剧是在美压倒丑的条件下把丑揭露给人看；歌颂性喜剧则是在特定的矛盾条件下显示美。三、关于美感问题。说明美和美感的联系和区别，美感的根源及其反映形式的特征，还分析了美感的多样性和审美的客观标准问题。这三方面的内容中最核心的问题是美的本质问题。

在这里我们对美的认识简要地作几点补充说明：

一、美是一种可爱的、具有精神上感染力的形象

美的事物都是具体可感的个别的形象，个体性是美的重要特征，形象有如美的躯体，离开形象，美的生命也就无所寄托了。不论社会美、自然美、艺术美都是以其鲜明生动的形象（由色彩、线条、形体、声音等形式因素构成）诉诸人的感受，影响人的思想感情，给人以审美感受。车尔尼雪夫斯基说："个体性是美的最根本特征。"这里所说的"个体性"，就是指事物可感的具体形象。由于美的个体性决定了美的多样性、丰富性，所以美是一个五光十色、丰富多彩的感性世界。美虽然离不开形象，但并不是所有形象都是美的。美是一种能够怡情悦性的可爱形象。崇高则是美的升华和壮丽的表现形式，它唤起人的崇敬和惊赞，崇高引起的感受接近于道德感。美学史上一些美学家指出美具有一种情感上的感染力。"美包含着一种可爱的，为我们所宝贵的东西"（车尔尼雪夫斯基）。"美是指物体中能引起爱或类似感情的某一性质或某些性质"（博克）。托尔斯泰说过："人并不是因为美而可爱，而是因为可爱才美丽。"别林斯基也说过："没有爱伴随着的美就没有生命，没有诗。"但美的事物一旦形成，它又能引起人们的喜爱。明代祝允明曾说："事之形有美恶，而后吾之情有爱憎"，这是就美所引起的效果来说的。所以事物可爱的性质既可以是美的事物形成的原因，又可以是美的事物作用于人的感情的结果。

二、人的自由创造赋予形象以美的生命

美之所以使人感到可爱在于形象中所蕴含的人的本质、人的最珍贵特性，这就是人的自由创造。它之所以是人的最珍贵的特性，就在于它体现了人类自由自觉的活动。在生活中哪里出现人的自由创造，哪里就出现美。在美的事物中闪耀着人的本质的光辉。人的自由创造都是在一定社会关系中进行的，它有着一定的具体的历史内容。美所体现的人类创造、智慧、才能和力量，不仅是人类历史发展的结果，而且体现了历

史发展的先进水平。社会生活中美的事物和社会发展的规律、社会实践中的前进要求、人类的进步理想是一致的。美是规律性和目的性的统一，是实践中真与善的形象体现。

在美的各种存在形式中有些直接体现人类的自由创造，有些是间接体现人类的自由创造。但其总的根源都在于实践，都在于实践中的人类自由创造。自由创造是人类的最珍贵的特性，所以能为人类所普遍地接受和喜爱，能够普遍地引起人的美感和审美享受，在精神上给人巨大的鼓舞和感染力量，从而人们热爱美、追求美、欣赏美也就成为很自然的了。正如高尔基所说："照天性来说，人都是艺术家。他无论在什么地方，总是希望把'美'带到他的生活中去。"① 这里所说的人的"天"性，并不是指"天赋"，而是指人的自由创造的特性。人们喜爱美就是喜爱人的自由创造的特性，就像艺术家喜爱艺术作品中所凝结的创造性劳动一样。

三、美具有潜在的功利性；美是社会实践的产物

实践是有目的性和功利性的，美也是有功利性的。从美的形成看，最初是实用价值先于审美价值。对人首先是有用、有益的，然后才可能成为美的。美的事物和功利有密切联系。但是美的事物并不像善的事物那样具有直接的功利性。在美的事物中善的直接功利性被扬弃了，善升华为形象，善消融在形象中，因此在美的形象中功利性是潜在的，就像糖溶化在水中，虽然再也看不见糖，但水之所以甜，正是由于里面溶化着糖。人们欣赏美的时候，几乎不去考虑功利，但是人们在欣赏美的形象时却潜伏着功利。所谓功利性，除了实用的功利外，还有精神上的功利。艺术作品所给予人精神上的"陶冶"、怡悦和感染作用，就是艺术美的社会功利性。否认了美的事物中的潜在的功利性就否认了美对于人生的意义和价值，那也就不成其为美了。

---

① 《高尔基选集　文学论文选》，人民文学出版社 1958 年版，第 71 页。

四、美虽是主观因素起重要作用，但它是客观的

从美的事物产生和发展的过程来说，虽然主观因素起着重要的作用，虽然主观与客观因素互相影响、互相作用，但美归根到底不是主观意识的产物，不是人的精神创造出来的，而是客观的社会实践的产物，是独立于人的精神、意识之外的一个客体。所以，美是客观的，而不是主观的。美的客观性来源于社会实践的客观性。美的客观性不等同于自然的客观性，如说牡丹花是红的和说牡丹花是美的，这两种客观性是不一样的。说牡丹花是红的，这是自然的客观性，它可以离开人类社会、离开人类社会实践，在人类社会出现以前就客观地存在着。说牡丹花是美的，它的客观性是社会的，它不能离开人类社会，不能离开人类社会实践，它不能在人类社会出现以前就客观地存在。牡丹花的红与牡丹花的美是两种不同的客观性，虽然它们都具有不依人的意志而独立的特点，但不能等同和混淆。如果把美的客观性等同于自然的客观性，那么美就可以脱离人类社会、脱离人类社会实践，在人类社会出现以前就存在着，这是不可能的。美的客观性是社会的，是在社会实践基础上形成的客观性。事物的自然性虽不是美的根源，但在美的事物产生以后，事物的自然性便包含在美的客观性中，因此，事物的自然性在构成美的形象中是一个不可缺少的条件。

五、美随着时代向前发展

美根源于实践，随着实践的发展，美也在不断发展。在各种美的形态中，社会美、艺术美变化更为显著，相对说来自然美是较稳定的。特别是社会变革时期，社会生活发生急遽的变化，产生了许多新的美的事物，因为在社会变革时期人民群众的创造精神能够充分地显示出来。在整个美的历史发展过程中，每一个时代的美都具有相对性；但是对于它所产生的那个历史时代来说，又具有绝对的因素。所以，美是在相对性中包含有绝对性。美是相对性与绝对性的统一。

总之，美是人的自由创造的形象体现。在自由创造中主观与客观、自由与必然、内容和形式是统一的。我们研究美，不仅在于说明什么是美，更重要的是运用美的规律去创造美，去创造一个新的世界。

学 习 文 献

必读文献

1. 马克思:《1844 年经济学哲学手稿》。
2. 马克思:《〈黑格尔法哲学批判〉导言》。
3. 马克思:《关于费尔巴哈的提纲》。
4. 马克思:《〈政治经济学批判〉导言》,"生产和消费"部分。
5. 马克思、恩格斯:《德意志意识形态》第一卷,第一章费尔巴哈部分。
6. 马克思:《资本论》第一卷,第五章。
7. 恩格斯:《劳动在从猿到人转变过程中的作用》。
8. 恩格斯:《费尔巴哈和德国古典哲学的终结》。
9. 恩格斯:《共产主义在德国的迅速进展》。
10. 《马克思致斐迪南·拉萨尔》(1859 年 4 月 19 日)。
11. 《恩格斯致斐迪南·拉萨尔》(1859 年 5 月 18 日)。
12. 列宁:《党的组织和党的文学》。
13. 毛泽东:《在延安文艺座谈会上的讲话》。
14. 普列汉诺夫:《没有地址的信 艺术与社会生活》。
15. 普列汉诺夫:《车尔尼雪夫斯基的美学理论》。
16. 高尔基:《论文学》。
17. 吴子敏等编:《鲁迅论文学与艺术》,人民文学出版社 1980 年版。
18. 王朝闻主编:《美学概论》。

参考文献

1. 柏拉图：《文艺对话集》。
2. 亚里士多德：《诗学》。
3. 狄德罗：《美的根源及性质的哲学研究》。
4. 康德：《判断力批判》。
5. 黑格尔：《美学》第一卷。
6. 车尔尼雪夫斯基：《生活与美学》《美学论文选》。
7. 《乐记》。
8. 刘勰：《文心雕龙》,"原道""神思""情采""谐隐"。
9. 谢赫：《古画品录》。
10. 孙过庭：《书谱》。
11. 郭熙：《林泉高致》。
12. 李渔：《闲情偶寄》。
13. 《王朝闻文艺论集》（第一、二、三集）。
14. 《朱光潜美学文学论文选》。
15. 朱光潜：《谈美书简》。
16. 蔡仪：《新美学》《探讨集》。
17. 李泽厚：《美的历程》《美学论集》。
18. 全国高等院校美学研究会、北京师范大学哲学系合编：《美学讲演集》,北京师范大学出版社 1981 年版。
19. 《中国美学史资料选编》上、下。
20. 《西方美学家论美和美感》。
21. 蒋孔阳：《建国以来我国关于美学问题的讨论》。

插 图 索 引

彩图索引

彩图 1	〔意〕达·芬奇《蒙娜丽莎》(油画)	/26
彩图 2	东晋·王羲之《兰亭序》(书法)	/43
彩图 3	杨辛《泰山颂》(书法)	/137
彩图 4	战国·曾侯乙墓出土《编钟》	/2
彩图 5	西汉·双人舞扣饰(青铜器)	/144
彩图 6	山东·泰山	/133
彩图 7	隋·展子虔《游春图》(国画)	/125
彩图 8	敦煌壁画《飞天》	/44
彩图 9	敦煌壁画《射猎图》	/172
彩图 10	五代·顾闳中《韩熙载夜宴图》(国画局部)	/179
彩图 11	北京·紫禁城(建筑)	/150
彩图 12	北京·颐和园玉带桥	/183
彩图 13	杨辛《春》(独字书法)	/192
彩图 14	〔法〕米勒《拾穗者》(油画)	/173
彩图 15	〔法〕巴斯蒂昂·勒帕热《垛草》(油画)	/203
彩图 16	北京·鸟巢夜景(建筑)	/195
彩图 17	〔古希腊〕米罗《维纳斯》(雕塑)	/178
彩图 18	〔法〕罗丹《思想者》(雕塑)	/202
彩图 19	北京·天坛祈年殿(建筑)	/145
彩图 20	桂林漓江《水映青峰》	/135

彩图 21	中国·长城	/246
彩图 22	〔俄〕艾伊凡佐夫斯基《九级浪》（油画）	/243
彩图 23	安康《当人们还在熟睡的时候》（摄影）	/193
彩图 24	海马双舞（电子显微镜摄影）	/350
彩图 25	龙凤对话（电子显微镜摄影）	/350
彩图 26	广寒春暖（电子显微镜摄影）	/349
彩图 27	小溪流花（电子显微镜摄影）	/350

黑白插图索引

图 1.1	凤夔人物	/2
图 1.2	汉画像砖弋猎石	/3
图 1.3	洛神赋图（摹本）局部	/4
图 2.1	教堂	/22
图 2.2	铜版画	/27
图 3.1	青铜器	/39
图 3.2	说书俑	/41
图 3.3	马踏飞燕	/42
图 3.4	兰亭集序（部分）	/44
图 3.5	颜真卿书法	/44
图 3.6	柳公权书法	/45
图 3.7	怀素草书	/45
图 4.1	南宋小品	/54
图 4.2	恽寿平花卉	/61
图 5.1	春到西藏	/67
图 5.2	金农书法	/74
图 5.3	教皇英诺森十世像	/79
图 5.4	列宾：《祭司长》	/80
图 5.5	假山	/82
图 6.1	打制石器	/85
图 6.2	石器	/86
图 6.3	骨针	/87
图 6.4	饰品	/87

图 6.5	磨制石器	/88
图 6.6	甲骨文"羊"	/90
图 6.7	古文字"美"	/90
图 6.8	马家窑尖瓶	/92
图 6.9	大汶口兽形器	/92
图 6.10	半山类型壶	/93
图 6.11	植物花纹	/94
图 6.12	俯视半山花纹	/94
图 6.13	平视半山花纹	/94
图 6.14	彩绘陶缸	/95
图 6.15	卡拉耶人装潢品上的图形	/96
图 6.16	半坡类型碗上的几何图形	/97
图 6.17	半坡类型碗上几何图形的演化过程	/97
图 7.1	女史箴图两段	/109
图 7.2	彝族服饰	/112
图 7.3	维吾尔族服饰	/112
图 7.4	瑶族服饰	/113
图 7.5	贝多芬像	/115
图 7.6	卡西莫多	/115
图 7.7	话剧《伊索》	/116
图 7.8	巴黎圣母院电影剧照	/117
图 8.1	阿尔塔米拉山洞壁画	/121
图 8.2	新石器时代彩陶	/122
图 8.3	李可染画	/129
图 8.4	夔门	/134
图 8.5	承德棒槌山	/135
图 9.1	纹饰	/143
图 9.2	天宁寺塔	/149
图 9.3	蜡染图案	/152
图 10.1	李公麟：《马》	/159
图 10.2	徐悲鸿书法	/160
图 10.3	清明上河图局部	/163

图 10.4	王希孟：《千里江山图局部》	/168
图 10.5	徐悲鸿：《奔马》	/175
图 10.6	东山魁夷：《湖》	/178
图 10.7	版画	/179
图 10.8	管桦：《劲竹》	/179
图 11.1	石涛：《唐诗画意》	/188
图 11.2	徐悲鸿：《逆风》	/189
图 11.3	李苦禅：《落雨》	/190
图 11.4	郑板桥：《无根兰花》	/192
图 11.5	李可染：《漓江雨》	/193
图 11.6	列维坦：《符拉基米尔路》	/194
图 11.7	秦始皇兵马俑人像头部	/197
图 11.8	步辇图	/202
图 11.9	伏尔泰像	/204
图 11.10	钱绍武人像	/205
图 11.11	柯勒惠支：《面包》	/206
图 12.1	八大山人：《枯木小鸟》	/219
图 13.1	黄果树瀑布	/242
图 13.2	柯勒惠支：《磨镰刀》	/244
图 14.1	安提戈尼	/251
图 14.2	被缚的普罗米修斯	/256
图 14.3	祥林嫂	/257
图 15.1	卓别林喜剧	/272
图 15.2	淘金记	/273
图 15.3	威廉四世	/276
图 15.4	摩登时代	/277
图 15.5	对自己与对别人	/278
图 15.6	华君武：《决心》	/279
图 15.7	韦启美漫画	/280
图 15.8	无效劳动	/280
图 16.1	拉斐尔绘画	/288
图 16.2	盲姑娘	/292

图 16.3　石涛：《竹》　　　　　　　　　　　　　/294
图 16.4　打秋千　　　　　　　　　　　　　　　/305
图 16.5　掷铁饼者　　　　　　　　　　　　　　/305
图 17.1　郑板桥：《风竹图》　　　　　　　　　　/319
图 18.1　葵花子花盘　　　　　　　　　　　　　/333
图 18.2　人体模特儿　　　　　　　　　　　　　/334
图 18.3　DNA 双螺旋与五角星勋章　　　　　　　/351